高等学校计算机教育信息素养系列教材

大学计算机基础

(Windows 10 +
WPS Office 2019)

U0346953

吴华光 邓文锋 ◎ 主编

温凯峰 郭其标 巫满秀 房宜汕 赵鑫 刘航 ◎ 副主编

人 民 邮 电 出 版 社

北 京

图书在版编目（CIP）数据

大学计算机基础：Windows 10+WPS Office 2019 /
吴华光，邓文锋主编. -- 北京 : 人民邮电出版社，
2023.2（2024.3重印）
高等学校计算机教育信息素养系列教材
ISBN 978-7-115-61039-3

Ⅰ. ①大… Ⅱ. ①吴… ②邓… Ⅲ. ①Windows操作系
统－高等学校－教材②办公自动化－应用软件－高等学校
－教材 Ⅳ. ①TP316.7②TP317.1

中国国家版本馆CIP数据核字(2023)第018022号

内 容 提 要

　　本书以 Windows 10+WPS Office 2019 为平台，全面介绍了计算机基础知识和操作方法。全书共 7 章，主要内容包括计算机基础知识、Windows 10 操作系统、WPS 文字、WPS 表格、WPS 演示、计算机网络和信息技术基础。本书在每章章末安排了思考题，方便读者及时对所学知识进行练习和巩固。

　　本书内容全面、条理清晰、结构完整、语言精练，适合作为普通高等学校大学计算机基础课程和信息基础课程的教材或参考书，也可以作为各类计算机培训班的培训教材，还可供初学 WPS Office 2019 办公应用的读者使用。

◆ 主　　编　吴华光　邓文锋

　　副 主 编　温凯峰　郭其标　巫满秀　房宜汕　赵　鑫　刘　航

　　责任编辑　张　斌

　　责任印制　王　郁　陈　犇

◆ 人民邮电出版社出版发行　　北京市丰台区成寿寺路 11 号

　　邮编 100164　　电子邮件 315@ptpress.com.cn

　　网址 https://www.ptpress.com.cn

　　固安县铭成印刷有限公司印刷

◆ 开本：787×1092　1/16

　　印张：15.25　　　　　　　　　　2023 年 2 月第 1 版

　　字数：438 千字　　　　　　　　 2024 年 3 月河北第 4 次印刷

定价：59.80 元

读者服务热线：（010）81055256　印装质量热线：（010）81055316
反盗版热线：（010）81055315
广告经营许可证：京东市监广登字 20170147 号

前言 FOREWORD

　　随着计算机科学和信息技术的飞速发展及计算机教育的普及，国内高校的计算机基础教育已踏上了新的台阶，步入了一个新的发展阶段。"大学计算机基础"作为普通高等学校非计算机专业学生的一门必修课程，以培养学生计算机技能、信息化素养、计算思维能力为目标，是后续课程学习的基础。尽管大部分中小学已开设了信息技术课程，但来自不同地区的学生的计算机技能水平仍存在较大差异，而且高等学校学科种类繁多，各学科对计算机应用能力的要求也不尽相同，因此有必要在大学阶段开设"大学计算机基础"课程，以提高学生的计算机应用操作能力。

　　本书以 Windows 10 和 WPS Office 2019 为工作环境，第 1 章介绍了计算机的基础知识，第 2 章介绍了 Windows 10 操作系统，第 3～5 章介绍了 WPS Office 2019 中 3 个基础软件的操作方法，第 6 章介绍了计算机网络的基础知识，第 7 章介绍了信息技术基础的知识。

　　参加本书编写的作者是多年从事一线教学的教师，具有较为丰富的教学经验。本书注重理论与实践紧密结合，以及学生实践能力的培养；案例的选取注意从读者日常学习和工作的需要出发；文字叙述深入浅出，通俗易懂。另外，为了提升学生实践能力，本书提供了配套的实验指导与习题集。

　　本书各部分编写分工如下：邓文锋编写第 1 章，刘航编写第 2 章，巫满秀、温凯峰编写第 3 章，赵鑫、郭其标编写第 4 章，房宜汕编写第 5 章，温凯峰编写第 6 章，吴华光编写第 7 章。全书由吴华光、邓文锋担任主编，由温凯峰、郭其标、巫满秀、房宜汕、赵鑫和刘航担任副主编，并由吴华光、邓文锋统稿。

　　由于编者水平有限，书中难免存在不足与疏漏之处，恳请广大读者批评指正。

编者

2022 年 10 月

目录 CONTENTS

01 第1章 计算机基础知识

在人类文明发展的漫长历史中，计算工具经历了不断优化的演变，从简单到复杂、从低级到高级。电子计算机则是人类历史上最伟大的发明之一，它的迅速发展给人类的生产、生活、学习和工作带来了巨大的影响。计算机是一门兼具"科学""数学""技术""工程"和"方法"的庞大学科，掌握以计算机为核心的信息技术基础知识并具备应用能力，是当代社会必备的基本素养。本章主要介绍计算机的发展、计算机数值、计算机字符编码、计算机系统、计算机工作原理和计算机组成部件等相关知识，为我们以后学习和使用计算机打下坚实的基础。

1.1 计算机概述

1.1.1 计算机的概念

关于计算机的概念，在《现代汉语词典（第 7 版）》中的解释是能进行数学运算的机器，现多用作电子计算机的简称。日常生活中，通常会称其为"电脑"。计算机是一种用于高速计算的现代化智能电子设备，可以进行数值计算，又可以进行逻辑计算，还具有存储记忆功能，能够按照程序运行，自动、高速处理海量数据。一般情况下，计算机由硬件和软件两个部分组成，没有安装操作系统和任何软件的计算机称为裸机。

20 世纪 40 年代是现代科技突飞猛进的时代，导弹、火箭、原子弹等军事科学技术快速发展，很多复杂的数学问题迫切需要处理，原有的计算工具已经远远不能满足需求，而电子学和自动控制技术的迅速发展，为研制新的计算工具提供了物质和技术条件。1946 年，世界上第一台电子数字计算机在美国宾夕法尼亚大学研制成功，被命名为 ENIAC（Electronic Numerical Integrator And Calculator，电子数字积分计算机），如图 1-1 所示。它被广泛认为是世界上第一台具有现代意义的计算机，它的出现标志着计算机时代的到来。

ENIAC 是美国军方为计算炮弹的运行轨迹而定制的，它使计算一条弹道的工作时间从 7～20 小时减少至 30 秒，

图 1-1 ENIAC

极大减轻了科学家的计算工作压力。它主要使用了 18000 多个电子管，还使用了 1500 个继电器，总占地面积 170 平方米，重量达 30 多吨，功率为 150 多千瓦，造价达 40 多万美元。这台计算机每秒能完成 5000 次加法运算、300 多次乘法运算，比当时最快的计算工具快 300 倍。这台计算机的性能虽然无法与今天的计算机相比，但它的诞生具有划时代的意义，代表着当时人类计算技术的最高成就，也为电子计算机的发展奠定了基础。

1.1.2　计算机的发展

从第一台计算机诞生至今的 70 多年间，计算机技术以惊人的速度迅猛发展。根据计算机的性能和使用的主要元器件不同，可将计算机的发展划分成如下几个阶段，如表 1-1 所示。

表 1–1　计算机发展阶段

阶段	时间	电子元件	每秒的运算量	存储器
第一代	20 世纪 40 年代中期至 50 年代末期	电子管	数千次至数万次	磁鼓、磁带
第二代	20 世纪 50 年代末期至 60 年代中期	晶体管	数万次至数百万次	磁带、磁盘
第三代	20 世纪 60 年代中期至 70 年代初期	集成电路	数百万次至数千万次	半导体存储器
第四代	20 世纪 70 年代中期至今	大规模或超大规模集成电路	数千万次至数十万亿次	存储芯片
第五代	未来			

第一代：电子管计算机时代。其特征是采用电子管作为逻辑元件，如图 1-2 所示。它主要应用在军事和科学研究方面，缺点是体积大、功耗高、速度慢、造价高。这个时期的计算机代表产品是 UNIVAC（Universal Automatic Computer，通用自动计算机）。

第二代：晶体管计算机时代。其特征是用晶体管代替了电子管，如图 1-3 所示，与第一代计算机相比，其体积小、能耗低、功能强、速度快、可靠性高，主要应用以科学计算和事务处理为主，并开始进入工业控制领域。这个时期的计算机代表产品是 IBM 公司（International Business Machine Corporation，国际商业机器公司）IBM-7000 系列机。

图 1-2　电子管　　　　　图 1-3　晶体管

第三代：集成电路计算机时代。其特征是用集成电路代替了分立元件晶体管，如图 1-4 所示。这一代计算机的体积、功耗进一步减小，运算速度和可靠性进一步提高。集成电路计算机开始被广泛应用于科学计算、事务管理、数据处理和工业控制等领域。这个时期的计算机代表产品是 IBM-360 系列机，它是最早采用集成电路的通用计算机。

第四代：大规模或超大规模集成电路计算机。其特征是以大规模集成电路（Large Scale Integrated Circuit，LSI）或超大规模集成电路（Very Large Scale Integrated Circuit，VLSI）为计算机主要功能部件，如图 1-5 所示。其特点主要包括速度快、存储容量大、外部设备种类多、用户使用方便、操作系统和数据库技术进一步发展等。这个时期的计算机主流产品有 IBM4300、3080、3090 和 9000 系列机。

图 1-4　集成电路　　　　　　　　　　　　图 1-5　超大规模集成电路

第五代：人工智能计算机。1981 年，在日本东京召开的第五代计算机国际会议正式提出第五代计算机的概念。这一代计算机将把信息采集、存储、处理、通信与人工智能结合在一起形成智能计算机系统。

我国计算机事业是从 20 世纪 50 年代中后期开始的，1956 年编制了《1956—1967 年科学技术发展远景规划》（又称《十二年科学技术发展规划》），从此开始了计算机的研制工作。20 世纪 70 年代后期，电子部 32 所和国防科技大学分别研制成功 655 机和 151 机，运算速度达到了每秒百万次级。20 世纪 80 年代，我国的计算机科学技术进入了迅猛发展的新阶段。

2016 年，由国家并行计算机工程技术研究中心研制，安装在国家超级计算无锡中心的超级计算机"神威·太湖之光"（见图 1-6），在当年全球超级计算机 500 强榜单中登顶榜首，它是国内第一台完全使用自主知识产权芯片的超级计算机。目前，该计算机主要用于医疗研究、预防自然灾害等领域。

图 1-6　"神威·太湖之光"超级计算机

1.1.3　计算机的分类

随着计算机技术和应用的发展，加之计算机种类繁多，分类方法也不尽相同，下面从不同角度对其进行分类。

1. 按照信息和数据的处理方式分类

按照信息和数据的处理方式分类可将计算机分为数字计算机、模拟计算机和数字模拟混合计算机。数字计算机是用不连续的数字量即"0"和"1"来表示信息，其基本运算部件是数字逻辑电路，具有运算速度快、准确、存储量大等优点，人们通常所说的计算机就是指数字电子计算机。模拟计算机是用连续变化的模拟量（即电压）表示信息，其解题速度快，但精度较低、信息不易存储、通用性差，因此目前很少生产应用。数字模拟混合计算机是综合了数字和模拟两种计算机的优势设计出来的，它既能处理数字量，又能处理模拟量。

3

2. 按照计算机应用范围分类

按照计算机应用范围分类可将计算机分为通用计算机和专用计算机。通用计算机广泛适用于一般科学运算、学术研究、工程设计和数据处理等，具有功能多、配置全、用途广、通用性强的特点，市场上销售的计算机多属于通用计算机。专用计算机是为适应某种特殊需要而设计的计算机，通常增强了某些特定功能，忽略了一些次要需求，所以其能高速度、高效率地解决特定问题，具有功能单纯、使用面窄甚至专机专用的特点。模拟计算机通常都是专用计算机。

3. 按照性能、规模和处理能力分类

按照性能、规模和处理能力分类可将计算机分为巨型机、大型机、小型机、微型机、工作站和服务器等。

（1）巨型机

巨型机又称超级计算机，是在 1929 年《纽约世界报》的报道中首次出现的一个名词，它是指运算速度超过每秒 1 亿次的高性能计算机，也是功能最强、速度最快、软硬件配套齐全、价格最贵的计算机，主要用于解决诸如气象、太空、能源、医药等尖端科学研究和战略武器研制中的复杂计算问题。其研制水平、生产能力及应用程序已成为衡量一个国家经济实力与科技水平的重要标志。2022 年公布的超级计算机 Top500 名单中，美国橡树岭国家实验室的超级计算机 Frontier（见图 1-7）排名榜首，其运算速度达到 110 亿亿次浮点运算/秒，这也是目前国际上公布的首台具有每秒百亿亿次运算性能的计算机。

图 1-7　Frontier

（2）大型机

大型机也称为大型主机、大型计算机或大型通用机（常说的大中型机），其特点是通用性强、有很强的综合处理能力，但价格较贵。大型机的运算速度可达到百万次/秒至千万次/秒，主要应用于科研、商业和管理部门。图 1-8 所示是 IBM 公司推出的 Z 系列大型机 Z16。

图 1-8　Z16

（3）小型机

小型机具有规模较小、结构简单、成本较低、操作简单、易于维护、与外部设备连接容易等特点，是 20 世纪 60 年代中期发展起来的一类计算机。当时微型计算机还未出现，因而小型机得以广泛推广应用，许多工业生产自动化控制和事务处理都采用小型机。例如，高等院校的计算机中心以一台小型机为主机，配以几十台甚至上百台终端机，以满足大量学生学习程序设计课程的需要。典型的小型机有美国 DEC 公司的 PDP 系列计算机、IBM 公司的 AS/400 系列计算机、我国的 DJS-130 计算机等。

（4）微型机

微型机简称"微机"，自 IBM 公司于 1981 年采用 Intel 微处理器推出系列微机以来，因其体积小、功耗低、成本低、灵活性强等优点成为当今使用最广泛、产量最大的一类计算机，可以按结构和性能划分为单片机、单板机、个人计算机（Personal Computer，PC）等几种类型。

（5）工作站

工作站是介于微型机和小型机之间的一种高档微型机，是为了某种特殊用途而将高性能的计算机系统、输入/输出设备与专用软件结合在一起的系统。它通常配有大容量的存储器、大屏幕显示器，特别适合于计算机辅助工程。

（6）服务器

服务器如图 1-9 所示，一般是指可以通过网络为其他机器提供服务的高性能计算机系统，相对于普通计算机来说，在稳定性、安全性等方面都要求更高，因此在硬件方面与普通计算机有所不同。服务器在互联网中扮演着非常重要的角色，其为用户提供网页浏览、电子邮件收发、文件传输、数据保存和处理等服务。

图 1-9　服务器

1.1.4　计算机的特点

随着科学技术的进步，计算机技术也在不断地快速发展，根据著名的摩尔定律，计算机性能基本上以每 18 个月翻一番的速度提升，其主要特点如下。

1. 运算速度快

由于计算机采用了高速的电子器件和优化的电路，并利用先进的计算技术使其可以高速准确地完成各种算术运算，如今超级计算机运算峰值速度超过每秒 100 亿亿次，普通微机的运算速度也可达每秒亿次以上。

2. 计算精度高

计算机内采用二进制数字进行运算，其计算精度可通过增加表示数字的设备获得，例如使数值计算可根据需要获得千分之一到几百万分之一甚至更高的精确度。

3. 存储容量大

计算机内部的存储器具有记忆特性，可以存储大量的数据和信息。目前，计算机的存储容量越来越大，已经达到了千万亿字节。而且计算机具有"记忆"功能，这是其与传统计算工具最大的区别。

4. 逻辑判断能力强

计算机不仅能进行算术运算，还可以进行比较、判断等逻辑运算，并能根据判断结果自动决定之后执行的命令。

5. 自动化程度高

计算机能够存储程序，且能根据存储程序预设好的次序执行多个指令，不需要人工干预，可实现高度的自动化。

6. 连网通信功能

计算机接入互联网或者在局域网内能够通过网络进行资料共享、信息交流。目前，已有近两百个国家和地区的数以亿计的计算机连接至互联网。中国互联网络信息中心发布的第50次《中国互联网络发展状况统计报告》显示，截至2022年6月，我国网民规模达10.51亿。

1.1.5　计算机的应用

随着计算机技术的不断发展，计算机的应用已无处不在。它对生产、生活和教育等方面也产生了巨大的影响，推动着人类社会的不断进步。计算机的应用主要体现在以下几个方面。

1. 科学计算

科学计算又称数值计算，是指利用计算机来完成科学研究和工程技术中提出的数学问题的计算。它是计算机应用的一个重要方面，如应用于高能物理、工程设计、地震预测、气象预报、航天技术等许多科学领域，其运算速度和精度是其他计算工具无法达到的。

2. 数据处理

数据处理又称信息处理或非数值处理，是指对各种数据进行收集、存储、分类、统计、加工、利用、传输等一系列活动的统称。数据处理中的"数据"不仅包括"数值"，而且包括其他数据形式，例如文字、表格、图形、声音和视频等。数据处理的应用最为广泛，根据统计数据显示，80%以上的计算机应用于此。

3. 过程控制

过程控制又称实时控制，是指利用计算机在生产过程中进行及时采集、检测数据，并按最佳值迅速地对控制对象进行自动控制或自动调节，以提高产量和质量、节约原料消耗、降低成本、实现过程的最优控制。计算机过程控制在石油、冶金、电力、机械、化工及各种自动化部门得到广泛的应用，同时还可应用于导弹发射、雷达系统、航空航天等各个领域。

4. 计算机辅助系统

计算机辅助系统是利用计算机辅助完成各项工作的系统总称。一般来说，计算机辅助技术包括计算机辅助设计、制造、测试和教学等。

（1）计算机辅助设计（Computer Aided Design，CAD），是利用计算机系统辅助进行工程或产品设计，以实现最佳设计效果的一种技术。它已广泛应用于飞机、汽车、机械、电子、建筑和服装等领域。

（2）计算机辅助制造（Computer Aided Manufacturing，CAM），是利用计算机系统进行生产设备的管理、控制和操作的过程。它的核心是计算机数值控制（简称数控）。1952年美国麻省理工学院首先研制出数控铣床。

（3）计算机辅助测试（Computer Aided Testing，CAT），是利用计算机协助进行测试的一种方法。它是随着计算机技术发展，为应对越来越复杂的、大规模的、高速和精确的测试要求而出现的一种新的综合性计算机应用技术。

（4）计算机辅助教学（Computer Aided Instruction，CAI），是指利用计算机辅助进行各种教学活动，以提高教学质量和效率的一种新型教学形式。如利用其制作的多媒体课件可以使教学内容生动、形象逼真，取得良好的教学效果。

5. 人工智能

人工智能（Artificial Intelligence，AI），是指用计算机模拟人类的某些思维过程或智能活动，如模拟人脑学习、推理、判断、理解、问题求解等过程。人工智能是计算机科学的一个分支，但它是计算机科学发展最前沿的研究领域，由不同的领域组成，如机器学习、计算机视觉等。

6. 网络通信

随着计算机技术和通信技术的发展和融合，产生了计算机网络。计算机网络就是将不同地理位置的计算机与专用的外部设备，通过通信线路连接成一个规模大、功能强的计算机系统，从而实现计算机之间的信息传递，以及各种硬件、软件和数据信息等资源的共享。例如，Internet（因特网）是目前世界上最大的计算机互联网。

7. 嵌入式系统

嵌入式系统是以应用为中心，以计算机技术为基础，并能够根据应用系统的功能、稳定性、功耗、成本、体积需求进行软件硬件模块增减的专用计算机系统。它是当前热门的研究领域之一，已经广泛应用于科学研究、工程设计、军事技术、各类产业以及人们日常生活所需的各种电器中。

8. 多媒体应用

多媒体一般是指数字、文字、声音、图形、视频和动画等信息的载体，而多媒体技术是指通过计算机对多媒体信息进行采集、获取、编辑、压缩、解压、存储等加工处理，使其能以单独或综合形式表现的一种具有良好交互性的系统技术。多媒体技术的应用领域很广泛，主要包括教育培训、多媒体通信、娱乐、电子出版物、桌面出版与办公自动化等。

1.2　计算机数值

1.2.1　进制及其特点

进位计数制的特点是表示数值大小的数码与其在数中的位置有关。例如，十进制数 12.34，数码 1 处于十位，代表 $1×10^1=10$，即 1 处的位置具有 10^1 权；2 代表 $2×10^0=2$，而 3 处于小数点后第一位，代表 $3×10^{-1}=0.3$，最低位 4 处于小数点后第二位，代表 $4×10^{-2}=0.04$。

十进制运算中，逢 10 就要向高位进一位，两个相邻数码之间是 10 倍关系，10 称为进位"基数"。同理，若是二进制，则进位基数为 2，八进制的进位基数为 8，十六进制的进位基数为 16。因此，任何进位计数制都有两个要素：数码的个数和进位基数。

1. 十进制

十进制是人们最为熟悉的计数制。它有 0、1、2、3、4、5、6、7、8、9 这 10 个数字符号，数字符号可按照一定规律排列起来表示数值的大小。

任意一个十进制数，都可表示为 $(X)_{10}$、$[X]_{10}$ 或 XD，如 591 可表示为 $(591)_{10}$、$[591]_{10}$ 或 591D。

【例 1.1】十进制数 $[X]_{10}=123.41$，可以写成：

$$[X]_{10}=[123.41]_{10}=1×10^2+2×10^1+3×10^0+4×10^{-1}+1×10^{-2}$$

从上面的十进制数表达式中，可以总结出十进制数有如下特点：

（1）每一个位置（数位）只能出现 10 个数字符号 0～9 中的一个。通常把这些符号的个数称为基数，而十进制数的数字符号共有 10 个，则其基数为 10。

（2）同一个数字符号在不同的位置代表的数值是不同的。例 1.1 中，左右两边的数字都是 1，但右边第一位数的数值为 0.01，而左边第一位数的数值为 100。

（3）十进制的基本运算规则是"逢十进一"。例 1.1 中，小数点左边第一位为个位，记作 10^0；第二位为十位，记作 10^1；第三为百位，记作 10^2；小数点右边第一位为十分位，记作 10^{-1}；第二位为百分位，记作 10^{-2}。通常把 10^{-2}、10^{-1}、10^0、10^1、10^2 等称为对应数位的权，也称为基数的幂。每个数位对应的数字符号称为系数。如此可得出，某数位的数值等于该位的系数与权的乘积。

一般 n 位十进制正整数 $[X]_{10}=a_{n-1}a_{n-2}\cdots a_1a_0$ 可表示为以下形式：

$$[X]_{10}=a_{n-1}\times 10^{n-1}+a_{n-2}\times 10^{n-2}+\cdots+a_1\times 10^1+a_0\times 10^0$$

式中，a_0，a_1，$\cdots$，a_{n-1} 为各数位的系数（a_i 是第 i+1 位的系数），可以取 0～9 这 10 个数字符号中的任意一个；10^0，10^1，$\cdots$，10^{n-1} 为各数位的权；$[X]_{10}$ 中的下标 10 表示 X 是十进制数。十进制数的括号可被省略。

2. 二进制

二进制只有两个数字符号（即 0 和 1），其基数为 2。二进制的基本运算规则是"逢二进一"，各数位的权为 2 的幂。

任意一个二进制数都可表示为 $(X)_2$、$[X]_2$ 或 XB，如 110 可表示为 $(110)_2$、$[110]_2$ 或 110B。一般来说，n 位二进制正整数 $[X]_2$ 的表达式可以写成：

$$[X]_2=a_{n-1}\times 2^{n-1}+a_{n-2}\times 2^{n-2}+\cdots+a_1\times 2^1+a_0\times 2^0$$

式中，a_0，a_1，$\cdots$，a_{n-1} 为系数，可取 0 或 1 两种值；2^0，2^1，$\cdots$，2^{n-1} 为各数位的权。

【例 1.2】二进制数 $[X]_2=11110001$，可以写成：

$$[X]_2=[11110001]_2=1\times 2^7+1\times 2^6+1\times 2^5+1\times 2^4+0\times 2^3+0\times 2^2+0\times 2^1+1\times 2^0=[241]_{10}$$

除了使用二进制和十进制外，在计算机的一些运算中，还会用到八进制和十六进制。

3. 八进制

在八进制中，有 0、1、2、3、4、5、6、7 这 8 个数字符号，因此它的基数为 8，八进制的基本运算规则是"逢八进一"，各数位的权为 8 的幂。

任意一个八进制数都可表示为 $(X)_8$、$[X]_8$ 或 XO，如 212 可表示为 $(212)_8$、$[212]_8$ 或 212O（为了区分 0 与 O，常把 O 用 Q 来表示）。

n 位八进制正整数 $[X]_8$ 的表达式可写成：

$$[X]_8=a_{n-1}\times 8^{n-1}+a_{n-2}\times 8^{n-2}+\cdots+a_1\times 8^1+a_0\times 8^0$$

【例 1.3】八进制数 $[X]_8=152.3$，可以写成：

$$[X]_8=[152.3]_8=1\times 8^2+5\times 8^1+2\times 8^0+3\times 8^{-1}=(106.375)_{10}$$

4. 十六进制

在十六进制中，有 0、1、2、3、4、5、6、7、8、9、A、B、C、D、E、F 这 16 个数字符号，因此它的基数为 16，十六进制的基本运算规则是"逢十六进一"，各数位的权为 16 的幂。

【例 1.4】十六进制数 $[X]_{16}=4AF.C8$，可以写成：

$$[X]_{16}=[4AF.C8]_{16}=4\times 16^2+10\times 16^1+15\times 16^0+12\times 16^{-1}+8\times 16^{-2}=(1199.78125)_{10}$$

综上所述，各进制数都可以用权展开来表示，公式为：

$$N=a_{n-1}\times r^{n-1}+a_{n-2}\times r^{n-2}+\cdots+a_1\times r^1+a_0\times r^0+a_{-1}\times r^{-1}+\cdots+a_{-m}\times r^{-m}$$

总结以上四种进位计数制，它们的特点可概括如下。

（1）每种计数制各有一个固定的基数，每一个数位可取基数中的不同数值。

（2）每种计数制各有自己的位权，遵循"逢 r 进一"的运算原则。

不论是哪一种数制，都包含三个基本要素：数位、基数和位权。数位是指数码在一个数中所处的位置；基数是指某种数制中所含的数字符号的个数，用 r 表示。数制中每一固定位置对应的单位值称为位权，各种数制中位权的值恰好是基数 r 的某次幂，如有小数的话，则小数点左边位权依次为 r^0，r^1，r^2，$\cdots$，小数点右边位权依次为 r^{-1}，r^{-2}，$\cdots$。常用的四种进制数的表示方法如表 1-2 所示。

表 1–2 常用的四种进制数的表示

进位制	十进制	二进制	八进制	十六进制
数字符号	0, 1, $\cdots$, 9	0, 1	0, 1, $\cdots$, 7	0, 1, $\cdots$, 9, A, B, $\cdots$, F
基数	$r=10$	$r=2$	$r=8$	$r=16$
位权	10^i	2^i	8^i	16^i
运算规则	逢十进一	逢二进一	逢八进一	逢十六进一
形式表示	D	B	O（Q）	H

例如，八进位计数制中，每个数位上可以使用的数码为 0，1，2，$\cdots$，7 这 8 个数码，即其基数为 8。小数点左边第一位位权为 8^0，左边第二位位权为 8^1，左边第三位位权为 $8^2$$\cdots\cdots$小数点右边第一位位权为 8^{-1}，小数点右边第二位位权为 $8^{-2}$$\cdots\cdots$

1.2.2 数制的转换

计算机的运算采用二进制，输入、输出通常采用十进制，因此需要一个十进制向二进制转换或二进制向十进制转换的过程，如图 1-10 所示，即在计算机处理数据时，需先把输入的十进制数转换成二进制数，计算机在运行结束后，再把二进制数转换为十进制数输出，这个过程在计算机系统中自动完成。

图 1-10 数值在计算机中的转换过程

将数由一种数制转换成另一种数制称为数制的转换。二进制、八进制、十进制和十六进制之间可以互相转换。

1. r 进制数转换成十进制数

r 进制数转换成十进制数采用"位权法"，就是将各位数码乘以各自的权值并累加求和，即按权展开求和，可用如下公式表示：

$$N=\sum_{i=-m}^{n-1} a_i \times r^i$$

【例 1.5】将下列各数转换成十进制数。

$(11011.11)_2 = 1 \times 2^4 + 1 \times 2^3 + 0 \times 2^2 + 1 \times 2^1 + 1 \times 2^0 + 1 \times 2^{-1} + 1 \times 2^{-2} = (27.75)_{10}$

$(136.11)_8 = 1 \times 8^2 + 3 \times 8^1 + 6 \times 8^0 + 1 \times 8^{-1} + 1 \times 8^{-2} = (94.140625)_{10}$

$(1D2.C8)_{16} = 1 \times 16^2 + 13 \times 16^1 + 2 \times 16^0 + 12 \times 16^{-1} + 8 \times 16^{-2} = (466.78125)_{10}$

2. 十进制数转换成 r 进制数

数制之间进行转换时,通常对整数部分和小数部分分别进行转换。将十进制数转换成 r 进制数时,先将十进制数分成整数部分和小数部分,然后再利用各自的转换法则进行转换,小数点位置不变,再将转换后的两部分结果整合在一起即可。

整数部分的转换法则：除以基数,逆着取余数,直到商取 0 为止。

小数部分的转换法则：乘以基数,顺着取整数,直到小数部分取 0 或达到所要求的精度为止。

【例 1.6】 将十进制数 307.815 转换成二进制数。

（1）整数部分（除 2 取余法）　　　　　　（2）小数部分（乘 2 取整法）

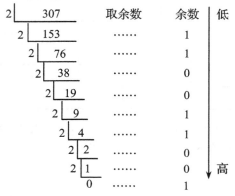
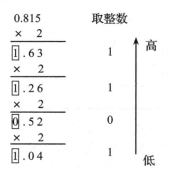

转换结果：$(307.815)_{10} \approx (10010011.1101)_2$

有时小数部分乘以基数后可能永远不会得到 0,这时只要按照要求的精度进行取值即可。

十进制数转换成八进制数或十六进制数,方法与十进制数转换成二进制数相同,只是整数部分的"除 2 逆取余法"变成了"除 8 逆取余法"或"除 16 逆取余法",小数部分的"乘 2 顺取整法"变成了"乘 8 顺取整法"或"乘 16 顺取整法"。

【例 1.7】 将十进制数 183.15 转换成八进制数。

（1）整数部分（除 8 取余法）　　　　　　（2）小数部分（乘 8 取整法）

转换结果：$(183.15)_{10} \approx (267.11463)_8$

十进制的精确度计数保留法为四舍五入；二进制为零舍一入；八进制为三舍四入；十六进制为七舍八入。

【例 1.8】将十进制数 81.625 转换成十六进制数。

（1）整数部分（除 16 取余法）

16	81	取余数	余数		低
16	5	……	1		
	0	……	5		高

（2）小数部分（乘 16 取整法）

$$
\begin{array}{r}
0.625 \\
\times \quad 16 \\
\hline
10.00
\end{array}
$$
取整数　　A

转换结果：$(81.625)_{10} = (51.A)_{16}$

3. 八进制数与二进制数之间的转换

八进制数与二进制数之间的关系是一位八进制数相当于三位二进制数，如表 1-3 所示。根据它们之间的对应关系，在将八进制数转换成二进制数时，可以以小数点为界，向左或向右每取八进制数的一个位数，就用相应的三位二进制数取代，简记为"以一换三"。反之，如果二进制数要转换成八进制数，则按照上述方法进行逆操作，即以小数点为界，向左或向右每三位二进制数用相应的一位八进制数取代，如不足三位，则用 0 补足。

表 1–3　八进制数与二进制数之间的对应关系

八进制数	二进制数
0	000
1	001
2	010
3	011
4	100
5	101
6	110
7	111

【例 1.9】将八进制数 123.456 转换成二进制数。

1	2	3	.	4	5	6
001	010	011		100	101	110

即 $(123.456)_8 = (1010011.10010111)_2$

【例 1.10】将二进制数 1101101.010110111 转换成八进制数。

001	101	101	. 010	110	111
1	5	5	2	6	7

即 $(1101101.010110111)_2 = (155.267)_8$

4. 十六进制数与二进制数之间的转换

十六进制数与二进制数之间的关系是一位十六进制数相当于四位二进制数，如表 1-4 所示。根据它们之间的对应关系，在将十六进制数转换成二进制数时，可以以小数点为界，向左或向右每取十六进制数的一个位数，就用相应的四位二进制数取代，简记为"以一换四"。反之，如果二进制数要转换成十六进制数，则按照上述方法进行逆操作，即以小数点为界，向左或向右每四位二进制数用相应的一位十六进制数取代，如不足四位，则用 0 补足。

表 1–4　十六进制数与二进制数之间的对应关系

十六进制数	二进制数	十六进制数	二进制数
0	0000	8	1000
1	0001	9	1001
2	0010	A	1010
3	0011	B	1011
4	0100	C	1100
5	0101	D	1101
6	0110	E	1110
7	0111	F	1111

【例 1.11】将十六进制数 57D.1D5 转换成二进制数。

5	7	D	.	1	D	5
0101	0111	1101		0001	1101	0101

即 $(57D.1D5)_{16} = (10101111101.000111010101)_2$

【例 1.12】将二进制数 10100111000101.111001101 转换成十六进制数。

0010	1001	1100	0101	.	1110	0110	1000
2	9	C	5		E	6	8

即 $(10100111000101.111001101)_2 = (29C5.E68)_{16}$

1.2.3 数值的存储

计算机的基本功能是对数据进行计算和加工处理，包括输入、处理、存储和输出数据，数据不仅是数值，还包括文字、符号、声音、图形和图像等。在计算机中，所有数据都是采用二进制表示的，计算和加工处理也是通过二进制规则进行的。

计算机存储最常见的存储单位有位、字节和字。

位是二进制数字（Binary Digit）的缩写，称为比特（bit）。它是存储在计算机中的最小的数据单位，也就是二进制数的最小单位。用小写字母 b 表示，即二进制数的一位"0"或"1"所占的空间。

在计算机中，通常将长度为 8 的位模式称为字节（Byte），8 个位（bit）组成一个字节（Byte），即 1Byte = 8 bit。字节用大写字母 B 表示。一个字节可存放一个 ASCII，两个字节可存放一个汉字。

字节是用于表示、衡量内存储器或者其他存储设备容量大小的基本单位，常用单位还有 KB、MB、GB、TB、PB 和 EB。

$1KB = 2^{10}B = 1024B$

$1MB = 2^{10}KB = 1024KB$

$1GB = 2^{10}MB = 1024MB$

$1TB = 2^{10}GB = 1024GB$

$1PB = 2^{10}TB = 1024TB$

$1EB = 2^{10}PB = 1024PB$

字指的是 CPU（Central Processing Unit，中央处理器）进行数据处理和运算的单位，即 CPU 一次能够直接处理的二进制数据的位数。它的长度即字长，直接关系到计算机的计算精度、运算速度和功能的强弱，常用于衡量 CPU 的性能。字长越长，计算精度越高，处理能力越强。早期的 CPU 字长有 8 位、16 位、32 位，目前已达到 64 位。

1. 有符号数的机器数表示

数在计算机中的表示统称为机器数，其有如下 3 个特点。

（1）数的符号数值化。由于计算机内部的硬件只能表示两种物理状态（用 0 和 1 表示），因此数据的正号"+"或负号"–"在机器中就用 0 或 1 分别表示。通常把二进制数的最高位放数据的符号称为符号位，用 0 代表符号"+"，1 代表符号"–"，其余位仍表示数值。机器数是把机器内存放的正、负符号数值化后的数，带符号位的机器数对应的数值称为机器数的真值。例如二进制真值数–011011，它的机器数为 1011011。

若一个数占 8 位，则机器数的表示形式如图 1-11 所示。

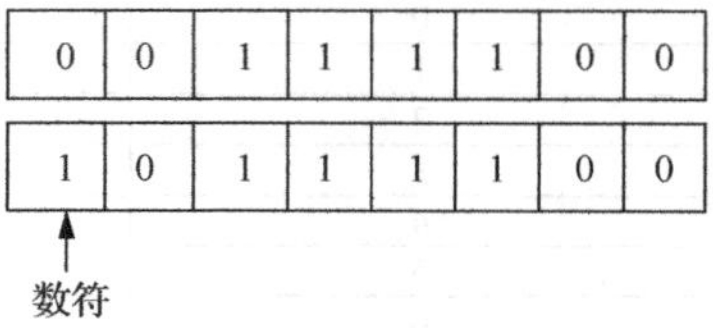

（2）计算机中常用定点数表示整数和纯小数，将小数点约定在一个固定的位置上，不再占用 1 个数位。

（3）机器数表示的范围受字长和数据类型的限制，即字长和数据类型确定了，机器数能表示的范围也就确定了。例如，用 16 位二

0	0	1	1	1	1	0	0
1	0	1	1	1	1	0	0

数符

图 1-11　机器数

进制数表示十进制数-567 为 1000001000110111。

2. 定点数与浮点数

计算机中的数除了整数之外，还有小数。小数点的位置如何确定，通常有两种方法：一是定点数；二是浮点数。在计算机中，用定点数表示的整数和纯小数，分别称为定点整数和定点小数。对于既有整数部分，又有小数部分的数，一般用浮点数表示。

（1）定点数是指小数点位置在数中固定不变的数。

定点整数：小数点默认为在整个二进制数的最后（小数点不占二进制位），即在这种表示方法中，符号位右边的所有位数表示的是一个整数。

例如，用 8 位二进制定点整数表示十进制数-88：

$$(-88)_{10} = (11011000)_2$$

定点小数：小数点默认为在符号位之后（小数点不占二进制位），即在这种表示方法中，符号位右边的第一位是小数的最高位。

例如，用 8 位二进制定点小数表示十进制纯小数 0.7265625：

$$(0.7265625)_{10} = (01011101)_2$$

（2）浮点数在计算机中通常是指小数点位置不固定的数。一个既有整数部分又有小数部分的十进制数 R 可以表示成如下形式：

$$R = Q \times 10^n$$

其中 Q 为一个纯小数，n 为一个整数。例如，十进制数 -12.345 可以表示成 -0.12345×10^2，十进制数 0.00001234 可以表示成 0.1234×10^{-4}。纯小数 Q 的小数点后第一位一般为非零数字。

同样，对于既有整数部分又有小数部分的二进制数 P，也可以表示成如下形式：

$$P = S \times 2^n$$

其中 S 为二进制定点小数，称为 P 的尾数；n 为二进制定点整数，称为 P 的阶码，它反映了二进制数 P 的小数点后的实际位置。为使有限的二进制位数能表示最多的数字位数，定点小数 S 的小数点后的第一位（即符号位的后面一位）一般为非零数字（即为"1"）。

1.3 计算机字符编码

计算机中的字符包括西文字符和中文（汉字）字符，其中西文字符指的是字母、数字和各种符号。在计算机内部，所有信息的存储和处理都是采用二进制，因此字符必须经过加工才能进入计算机，这个加工过程就是根据特定的规则进行二进制编码。用以表示字符的二进制编码称为字符编码。字符编码的方法是先确定需要编码的字符总量，然后根据顺序为每一个字符确定一个序号，这个序号的值无大小、无意义，仅作为识别与使用每个字符的依据。由于西文字符与中文（汉字）字符形式不同，因此它们使用的编码也不同。计算机中的编码过程如图 1-12 所示。

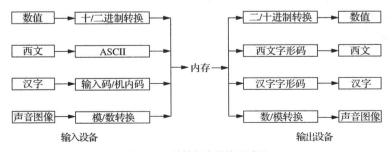

图 1-12 计算机中的编码过程

1.3.1 西文字符编码

"字符"是常见的非数值型数据，计算机中最常用的西文字符编码是 ASCII（American Standard Code for Information Interchange，美国信息交换标准码），是国际标准化组织指定的国际标准。

ASCII 共有 128 个字符，用 7 位二进制数就可以对这些字符进行编码。一个字符的二进制编码占 8 个二进制位，即 1 个字节，在 7 个二进制位前面的第 8 位码是附加的，即最高位，常以 0 填补，称为奇偶校验位。7 位二进制数共可表示 $2^7=128$ 个字符，包括 10 个阿拉伯数字、52 个英文大小写字母、32 个通用控制字符、34 个控制码。ASCII 表如表 1-5 所示，纵向的 3 位（高位）和横向的 4 位（低位）组成 ASCII 的 7 位二进制代码。

表 1–5　7 位的 ASCII 表 b₇b₆b₅b₄b₃b₂b₁

$b_4b_3b_2b_1$	$b_7b_6b_5$							
	000	001	010	011	100	101	110	111
0000	NUL	DLE	SP	0	@	P	`	p
0001	SOH	DC1	!	1	A	Q	a	q
0010	STX	DC2	"	2	B	R	b	r
0011	ETX	DC3	#	3	C	S	c	s
0100	EOT	DC4	$	4	D	T	d	t
0101	ENQ	NAK	%	5	E	U	e	u
0110	ACK	SYN	&	6	F	V	f	v
0111	BEL	ETB	'	7	G	W	g	w
1000	BS	CAN	(	8	H	X	h	x
1001	HT	EM	)	9	I	Y	i	y
1010	LF	SUB	*	:	J	Z	j	z
1011	VT	ESC	+	;	K	[	k	{
1100	FF	FS	,	<	L	\	l		
1101	CR	GS	-	=	M	]	m	}
1110	SO	RS	.	>	N	^	n	~
1111	SI	US	/	?	O	_	o	Del

1.3.2 汉字编码

1. 汉字国标码和区位码

从表 1-5 中可以看出，ASCII 只对英文字母、数字和各种符号进行编码，如果需要对汉字进行编码，则需要制定一套用于汉字的编码标准。我国于 1980 年发布了汉字编码国家标准 GB2312—1980，全称是《中华人民共和国国家标准信息交换汉字编码字符集（基本集）》（简称 GB 码或国标码）。该标准共收录汉字和图形符号 7 445 个，其中一级常用汉字 3 755 个（按汉语拼音字母顺序排列），二级常用汉字 3 008 个（按部首顺序排列），图形符号 682 个。由于汉字数量庞大，用一个字节无法表示，故一个汉字编码采用 2 个字节表示。

GB2312—1980 规定，全部国标汉字及符号组成一个 94×94 的矩阵。在此矩阵中，每一行称为一个"区"，每一列称为一个"位"，于是构成了一个有 94 个区（01～94 区）、每个区有 94 个位（01～94 个位）的汉字字符集。区码与位码组合在一起就形成了"区位码"，区位码最多可以表示 94×94=8 836 个汉字。

区位码的分布规则如下。

（1）01～09 区：图形符号区。

（2）10～15 区：自定义符号区。

（3）16～55 区：一级汉字区，按汉字拼音排序，同音字按笔画顺序。

（4）56～87 区：二级汉字区，按偏旁部首、笔画排序。

（5）88～94 区：自定义汉字区。

2. 汉字的处理过程

计算机内部只能识别二进制数，而汉字需要经过处理后才能进入计算机，并在计算机中存储、显示或者打印。这个处理过程就是汉字编码的转换过程，主要包括汉字输入码、国标码、机内码、地址码、字形码等，汉字信息处理过程如图 1-13 所示。

图 1-13　汉字信息处理过程

从图 1-13 可以看出，通过键盘输入每个汉字对应的代码，即输入码（例如拼音输入码），然后计算机将输入码转换为对应的国标码，再转换为机内码，就可以在计算机内进行存储或者处理了。输出汉字时，先将汉字的机内码转换为对应的汉字地址码，然后通过地址码在汉字库中提取汉字的字形码，最后输出（显示或打印）。

（1）输入码

汉字输入码也称外码，就是用于使用西文键盘输入汉字的编码。每个汉字对应一组由键盘符号组成的编码，对于不同的汉字输入法，其输入码不同。汉字输入码方案目前有 600 多种，已经在计算机中实现的有 100 多种。

（2）机内码

无论用户用哪种输入法，汉字输入计算机后都要转换成汉字内码，才能在机器内进行存储、传输和处理。汉字内码是采用双字节的变形国标码，每个字节的低 7 位与国标码相同，每个字节的最高位为 1，以与 ASCII 字符编码区别，变换后的国标码称为汉字内码。

（3）地址码

汉字地址码是指汉字库中存储汉字字形信息的逻辑地址码。它与汉字内码有着简单的对应关系，通过地址码能够快速方便地在汉字库中找到所需的汉字字形信息。

（4）字形码

汉字字形码又称为汉字输出码，是将点阵组成的汉字模型数字化而形成的一串二进制数，主要用于输出汉字。输出汉字时，将汉字字形码再还原为由点阵构成的汉字。

汉字是一种象形文字，每一个汉字可以看作一个特定的图形，这种图形可以用点阵、轮廓向量、骨架向量等多种方法表示，而最基本的是用点阵表示。如果用 16×16 点阵来表示一个汉字，则一个汉字占 16 行，每一行有 16 个点，其中每一个点用一个二进制位表示，白点表示值"0"，黑点表示值"1"。由于计算机存储器的每个字节有 8 个二进制位，因此，16 个点要用 2 个字节来存放，16×16 点阵的一个汉字字形需要用 32 个字节来存放，这 32 个字节中的信息就构成了一个 16×16 点阵汉字的字模。"宝"字的 16×16 字形点阵和代码如图 1-14 所示。

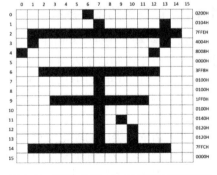

图 1-14　"宝"字的 16×16 字形点阵和代码

1.4 计算机系统概述

一个完整的计算机系统是由硬件系统和软件系统两部分组成的。硬件系统是指构成计算机的电子线路、电子元器件和机械装置等物理设备的总称，是看得见、摸得着的实实在在的有形实体。软件系统是指程序、程序运行时所需要的数据，以及开发、使用和维护这些程序所需要的文档的集合，包括计算机本身运行所需要的系统软件、各种应用程序和用户文件等。如果计算机硬件系统相当于人的躯体，那么计算机软件系统就相当于人的大脑，由软件系统控制、协调硬件系统的动作，完成用户交给计算机的任务。

1.4.1 计算机系统的组成

计算机系统如图 1-15 所示。冯·诺依曼（von Neumann）在"存储程序通用电子计算机方案"中明确指出组成计算机硬件系统的五大功能部件：运算器、控制器、存储器、输入设备和输出设备。其中运算器和控制器合在一起被称作 CPU，习惯上又常将 CPU 和主存储器（也称为"内存储器"）称作主机，而将输入设备、输出设备和辅助存储器（也称为"外存储器"）称为外部设备。软件系统是各种程序及有关文档资料的集合，它可分为系统软件和应用软件两大类。

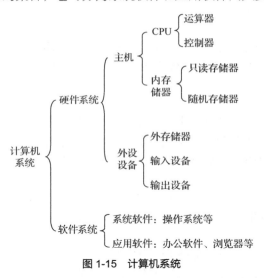

图 1-15 计算机系统

1.4.2 计算机的硬件系统

20 世纪初，物理学和电子学科学家就在争论制造可以进行数值计算的机器应该采用什么样的结构。人们被十进制这个人类习惯的计数方法所困扰。因此，那时研制模拟计算机的呼声更为响亮和有力。20 世纪 30 年代中期，冯·诺依曼大胆地提出：抛弃十进制，采用二进制作为数字计算机的数制基础。同时，他还提出预先编制计算程序，然后由计算机按照人们事先制定的计算顺序执行数值计算工作。

冯·诺依曼提出的理论要点如下。

（1）计算机应由五个部分组成：运算器、控制器、存储器、输入设备和输出设备。

（2）程序和数据以同等地位存放在存储器中，并要按地址寻访。

（3）程序和数据以二进制表示。

人们把冯·诺依曼提出的这种体系结构称为冯·诺依曼体系结构。从 ENIAC 到当前最先进的计算机都采用的是冯·诺依曼体系结构，因此冯·诺依曼被称为"现代计算机之父"。

　　一个完整的计算机硬件系统从功能角度而言必须包括运算器、控制器、存储器、输入设备和输出设备五部分，每个功能部件各尽其职、协调工作。它们之间的关系如图 1-16 所示。其中箭头为数据信息流向，虚线箭头表示由控制器发出的控制信息流向。

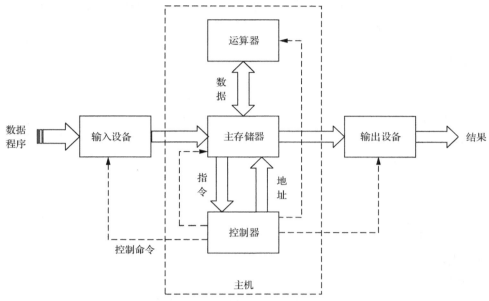

图 1-16　计算机硬件系统的基本结构及工作过程

1. 运算器

　　运算器又称算术逻辑部件（Arithmetic and Logic Unit，ALU），它是计算机对数据进行加工处理的部件，包括算术运算（加、减、乘、除等）和逻辑运算（与、或、非、异或比较等）。运算器中的数据取自内存，运算结果又送回内存。运算器对内存的读写操作是在控制器的控制下完成的。

2. 控制器

　　控制器是计算机的神经中枢，用来控制程序的运行，协调各部件的工作。控制器是对计算机发布命令的"决策机构"，用于协调和指挥整个计算机系统的操作，它本身不具有运算功能。控制器负责从存储器中取出指令，并对指令进行译码，根据指令的要求，按时间先后顺序向各部件发出控制信号，保证其协调一致地完成各种操作。控制器主要由指令寄存器、译码器、程序计数器和操作控制器等组成。

　　运算器和控制器是计算机的核心部件，合称 CPU，如果将 CPU 集成在一块芯片上作为一个独立的部件，则该部件称为微处理器（Microprocessor）。

3. 存储器

　　存储器是用来存储数据和程序的"记忆"装置，相当于存放资料的"仓库"。计算机中的全部信息，包括数据、程序、指令及运算的中间数据和最后的结果都要存放在存储器中。

　　存储器由若干个存储单元组成，每个存储单元可存放 8 位二进制数，标识每个单元的唯一编号称为地址。信息可以按地址写入（存入，即把信息写入存储器，原来的内容被抹掉）或读出（取出，即从存储器中取出信息，不破坏原有内容）。

　　存储器分为两大类：一类是内部存储器，简称内存储器、内存或主存；另一类是外部存储器或辅助存储器，简称外存储器、外存或辅存。

（1）内存储器，是指设置在计算机内部的存储器，用来存放当前正在使用的或随时要使用的程序或数据。CPU 可以直接访问。

从输入设备输入计算机的程序和数据都要送入内存，需要对数据进行操作时，再从内存中读出数据（或指令）送到运算器（或控制器），由控制器和运算器对数据进行规定的操作，其中间结果和最终结果保存在内存中，输出设备输出的信息也来自内存。内存中的信息不能长期保存，如要长期保存，需要转送到外存储器中。

（2）外存储器，是指设置在主机外部的存储器，用来存储暂时不用的信息。外存储器一般不直接与微处理器打交道，而是将数据先调入内存，再由微处理器进行处理。

外存和内存虽然都是用来存放信息的，但是它们有很多不同之处。一是受技术、价格和速度等因素的限制，内存的存储容量不能过大，而外存的容量不受限制；二是 CPU 可以直接访问内存，而外存的内容需要先调入内存再由 CPU 进行处理，因此 CPU 访问内存的速度比较快；三是外存中存储的信息断电后仍然存在，磁盘中的信息一般可保存数年之久，而内存中的信息断电后即消失；四是外存的价格要比内存低很多。

4. 输入设备

输入设备用来接受用户输入的原始数据和程序，并将它们转变为计算机可识别的形式（二进制）存放到内存中。常用的输入设备有键盘、鼠标、摄像头、扫描仪、光笔、手写输入板、游戏杆、语音输入装置等。其中最常用的是键盘和鼠标。

5. 输出设备

输出设备用来将存放在内存中并由计算机处理的结果转变为人们所能接受的形式。常用的输出设备有显示器、影像输出系统、磁记录设备、打印机、语音输出系统、绘图仪等。

1.4.3　计算机的软件系统

一台性能优良的计算机硬件系统能否发挥其应有的功能，取决于为之配置的软件是否完善、丰富。因此，在开发和使用计算机系统时，必须考虑软件系统的发展与提升，必须熟悉与硬件配套的各种软件。从计算机系统的角度可将计算机软件分为系统软件和应用软件。

1. 系统软件

系统软件是为提高计算机效率和方便用户使用而设计的各种软件，一般是由计算机厂家或专业软件公司研制。系统软件又分为操作系统、支撑软件、编译系统和数据库管理系统等。

（1）操作系统。操作系统（Operating System，OS）是硬件基础上的第一层软件，是硬件与其他软件沟通的桥梁（或者说接口、中间人、中介等）。操作系统会控制其他程序运行并管理系统资源，提供最基本的计算功能，如管理及配置内存、决定系统资源供需的优先次序等，同时还提供一些基本的文件系统、设备驱动程序、用户接口和系统服务等程序，操作系统与用户、应用软件、硬件的关系如图 1-17 所示。

目前流行的服务器和计算机操作系统有 Linux、Windows、UNIX 等，手机操作系统有 Android、iOS 等，嵌入式操作系统有 Windows CE、PalmOS、嵌入式 Linux 等。本书使用的操作系统是 Windows 10。

（2）支撑软件。支撑软件是支持其他软件的编制和维护的软件，是为了对计算机系统进行测试、诊断和排除故

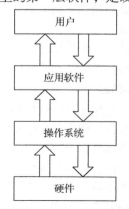

图 1-17　操作系统与用户、应用软件、硬件的关系

障而进行文件的编辑、传送、装配、显示、调试，以及进行计算机病毒检测、防治等的程序，是软件开发过程中进行管理和实施而使用的软件工具。在软件开发的各个阶段选用合适的软件工具可以大大提高工作效率和软件质量。

（3）编译系统。要使计算机能够按照人的意图工作，就必须使计算机能接受人向它发出的各种命令和信息，这就需要有用于人和计算机进行信息交换的"语言"。计算机语言的发展经历了机器语言、汇编语言和高级语言三个阶段。

（4）数据库管理系统。数据库是以一定组织方式存储起来且具有相关性数据的集合，它的数据冗余度小且独立于应用程序而存在，可以为多种不同的应用程序共享。也就是说，数据库的数据是结构化的，对数据库输入、输出及修改均可按一种公用的可控制的方式进行，使用十分方便，大大提高了数据的利用率和灵活性。数据库管理系统（Database Management System，DBMS）是对数据库中的资源进行统一管理和控制的软件，是数据库系统的核心，是进行数据处理的有力工具。

2．应用软件

应用软件是为计算机在特定领域中的应用而开发的专用软件，由各种应用系统、软件包和用户程序组成。各种应用系统和软件包是提供给用户使用的针对某一类应用而开发的独立软件系统，例如科学计算软件包、文字处理系统（如 WPS 等）、办公自动化系统、管理信息系统、决策支持系统、计算机辅助设计系统等。应用软件不同于系统软件，系统软件利用计算机本身的逻辑功能，合理地组织用户使用计算机的硬件和软件资源，以充分利用计算机的资源，最大限度地发挥计算机效率，以便于用户使用、管理为目的；而应用软件是用户利用计算机及其提供的系统软件，为解决自身的、特定的实际问题而编制的程序和文档。

要使计算机按人的意图运行，就必须使计算机懂得人的意图，接受人向它发出的命令和信息，计算机语言就是人与计算机之间交流信息的工具。人们要利用计算机解决问题，就必须采用计算机语言编制程序。程序就是为完成既定任务而编写的一组指令序列，是为完成特定目标而用计算机语言编写的一组命令（指令）序列的集合。编制程序的过程称为程序设计，计算机语言又被称为程序设计语言。计算机语言通常分为机器语言、汇编语言和高级语言三类，其中机器语言和汇编语言属于低级语言。

（1）机器语言。机器语言是一种通过二进制代码（以 0 和 1）表示的、能被计算机直接识别和执行的语言。用机器语言编写的程序，称为计算机机器语言程序。它是一种低级语言，用机器语言编写的程序不便于记忆、阅读和书写。因此通常不用机器语言直接编写程序。

（2）汇编语言。汇编语言（Assembly Language）是一种用助记符表示的、面向机器的程序设计语言，用它编写的程序称为汇编语言程序。汇编语言程序不能直接识别和执行，必须由"汇编程序"翻译成机器语言程序才能由计算机执行，这种"汇编程序"就是汇编语言的翻译程序。汇编语言指令比机器语言好记，简洁、高效，但与 CPU 等硬件的相关性强，存在指令多、烦琐、易错、不易移植、每条指令功能弱等缺点，主要用于编写直接控制硬件的底层程序，一般的计算机用户很少使用这种语言编写程序。

（3）高级语言。由于机器语言和汇编语言的局限性，不少计算机科学工作者开始研究、探讨和设计便于应用且能充分发挥计算机硬件功能的程序设计语言。高级语言是一种比较接近自然语言（即人们通常所说的语言）的计算机语言。在高级语言中，一条命令可以代替几条、几十条甚至几百条汇编语言命令。高级语言由于接近自然语言，因此有易学、易记、易用、通用性强、兼容性好、便于移植等优点。用高级语言编写的程序一般称为"源程序"，计算机不能识别和执行源程序，要把源程序翻译成计算机能识别的机器指令，通常有编译和解释两种方式。

①　编译程序是将用高级语言编写的程序（源程序）翻译成目标程序，然后通过链接程序将目标程序链接成可执行程序，这个可执行程序可以独立于源程序直接运行，如 C 语言。

② 解释程序是在运行高级语言源程序时，对源程序进行逐行翻译，边翻译边执行，与编译过程不同的是，解释过程不产生目标程序。

1.5 计算机的工作原理

计算机的工作原理就是计算机执行程序的原理。"存储程序控制"原理是 1946 年由冯·诺依曼提出的，根据此概念设计的计算机统称为"冯·诺依曼机"。该原理即为现代计算机的基本工作原理。

1. 基本概念

（1）指令

指令是指挥计算机完成某种操作的指示或命令。一条指令使用一个二进制数表示，由操作码和操作数（地址码）两部分组成，前面是操作码部分，后面是操作数部分。操作码指明该指令要完成的操作（加、减、传送、移位等）。操作数是指参加运算的数或者数所在的单元地址。

（2）指令系统

一台计算机所能执行的所有指令的集合，称为该计算机的指令系统，也称为指令集。指令系统反映了计算机的基本功能，不同型号的计算机指令系统也不相同，因而其功能也不同。

（3）指令格式

指令格式是指一条指令由哪些代码组成，包括哪些内容。计算机中的指令由操作码和地址码两部分组成，其中操作码规定了操作的类型，地址码则规定了要操作的数据所存放的地址及操作结果的存放地址，如图 1-18 所示。计算机的指令格式与机器的字长、存储器的容量及指令的功能都有很大的关系。

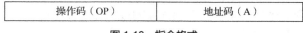

操作码（OP）	地址码（A）

图 1-18　指令格式

① 操作码。操作码一般位于指令的前部，由若干位二进制数组成，由于每一种操作都要用不同的二进制代码表示，所以操作码部分应有足够的位数，以便表示指令系统的全部操作。

② 地址码。指令中包括的地址码信息不尽相同，根据地址码字段可以分成零个、一个、两个或三个，通常称为零地址、一地址、二地址或三地址指令。例如单操作指令就是一地址指令，它只需要指定一个操作数。

③ 指令字长度。任何指令都是用二进制机器字表示的。通常，把一条指令的机器字称为指令字。一条指令中包括的二进制代码的位数就是指令字长度或指令字长。指令字长度主要取决于操作码的长度和操作数地址的个数及长度。目前，Intel 的 Core（酷睿）系列 CPU 的指令长度全部为 64 位。

2. 计算机的工作过程

按照冯·诺依曼提出的存储程序的原理，计算机的工作过程如下。

第一步：将程序和数据通过输入设备送入内存储器。

第二步：执行程序后，计算机从存储器中取出程序指令送到控制器去识别，分析该指令要进行什么操作。

第三步：控制器根据指令的含义发出相应的命令，将存储单元中存放的操作数取出送往运算器进行运算，再把运算结果送回存储器指定的存储单元。

第四步：当运算任务结束后，就可以根据指令通过输出设备输出结果。

1.6　微型计算机的组成部件

　　微型计算机又称个人计算机，是计算机中应用最广的。与其他类型的计算机一样，微型计算机也是由硬件系统和软件系统两大部分组成的。本节主要介绍微型计算机硬件系统的组成。

　　典型的微型计算机硬件系统一般由主机、显示器、键盘、鼠标等部件（见图 1-19）组成。连在计算机主机以外的设备叫外部设备。

图 1-19　典型的微型计算机系统

1.6.1　主机

　　微型计算机的主机（见图 1-20）中一般有主板、硬盘、光驱、电源等，主板上一般插有 CPU、内存、显卡等。

　　下面重点介绍 CPU、内存储器、外存储器和主板。

　　1. CPU

　　CPU 是微型计算机的"心脏"，是完成计算机内部指令的读取、解释和执行的重要部件，如图 1-21 所示。它的性能直接决定了微型计算机的性能。能够处理的数据位数是 CPU 最重要的品质标志，通常所说的 8 位机、16 位机、32 位机、64 位机即指 CPU 可同时处理 8 位、16 位、32 位、64 位的二进制数据。

图 1-20　主机内部结构

图 1-21　CPU

　　CPU 有多个种类，目前微型计算机使用的主流 CPU 生产厂商有 Intel 公司和 AMD 公司。Intel 公司生产的 CPU 有 Celeron（赛扬）系列和 Core（酷睿）系列等，AMD 公司生产的 CPU 有 RYZEN（锐龙）系列等。国产 CPU 目前处于奋力追赶的阶段，厂商主要有龙芯、飞腾、申威、兆芯、鲲鹏、海光等。

　　2. 内存储器

　　微型计算机的存储器分为内存储器和外存储器两种。内存储器是指主机内部的存储器，用来存放程序与数据，可直接与 CPU 交换信息。它一般是采用大规模或超大规模集成电路工艺制造的半导体存储器，具有体积小、重量轻、存取速度快等特点。

　　在计算机中，内存储器按其工作特点可分为随机存储器（Random Access Memory，RAM）、只读存储器（Read-Only Memory，ROM）和高速缓冲存储器（Cache）。

（1）RAM

RAM 是一种既能写入又能读出数据的存储器，用来存放正在执行的程序和数据。计算机中的内存一般是指随机存储器，如图 1-22 所示。RAM 可分为动态随机存储器（Dynamic RAM，DRAM）和静态随机存储器（Static RAM，SRAM）。

RAM 具有以下特点：一是可读可写。读出时不改变原有内容，写入时才修改原有内容。二是随机存取。与顺序存取不同，写入或读出数据时都可以不考虑原有数据写入时的顺序和当前的位置排列。取数据时可直接找到要读的数据，存数据时可直接找到要写入的位置。三是断电或关机时，存储的内容全部消失，且不能恢复。

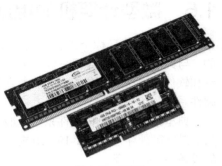

图 1-22　RAM

（2）ROM

ROM 是计算机内部一种只能读出数据信息而不能写入信息的存储器。当机器断电或关机时，只读存储器中的信息不会丢失。ROM 中主要存放计算机系统的设置程序、基本输入输出系统等对计算机运行十分重要的信息。如 IBM PC 系列微机及其兼容机中的 BIOS（Basic Input/Output System，基本输入/输出系统）就存储在 ROM 中。ROM 中存放的信息是制造厂预先用特定的方法写入芯片的，断电后原写入的数据信息不丢失。常用的只读存储器有可编程只读存储器（Programmable ROM，PROM）、可擦可编程只读存储器（Erasable PROM，EPROM）、闪存（Flash Memory）。

（3）Cache

现在的 CPU 速度越来越快，它访问数据的周期可达到几纳秒（ns），而 RAM 访问数据的周期最快也需 50ns。计算机在工作时，CPU 频繁地与内存储器交换信息，当其从 RAM 中读取数据时，就不得不进入等待状态，放慢运行速度，因此极大地影响了计算机的整体性能。为有效地解决这一问题，目前微机中采用了 Cache。Cache 是介于 CPU 和 RAM 之间的一种可高速存取信息的芯片，是 CPU 和 RAM 之间的桥梁，用于解决它们的速度冲突问题，它的访问速度是 DRAM 的 10 倍左右。CPU 要访问内存中的数据，需先在 Cache 中查找，当找到所需的数据时，CPU 直接从 Cache 中读取，如果没有，就从内存中读取数据，并把与该数据相关的一部分内容复制到 Cache，为下一次访问做好准备，从而提高工作效率。

从实际使用情况看，尽量增大 Cache 的容量和采用回写方式更新数据是一种不错的选择。但当 Cache 达到一定的容量后，速度的提高不再明显，且制造成本较高，故不必将其容量提升过高。Cache 一般由 SRAM 组成。

3. 外存储器

外存储器也称辅助存储器，简称"外存"，常见的外存就是硬盘。为了增加内存容量，方便读写操作，有时将硬盘的一部分当作内存使用，这就是虚拟内存。虚拟内存利用在硬盘上建立"交换文件"的方式，把部分应用程序（特别是已闲置的应用程序）所用到的内存空间搬到硬盘上，以此增加可使用的内存空间和弹性，当然，容量的增加是以牺牲速度为代价的。交换文件是暂时性的，应用程序执行完毕便将其自动删除。常用的外存储器有硬盘、光盘、U 盘等。

（1）硬盘

硬盘可分为机械硬盘和固态硬盘，如图 1-23 所示。机械硬盘是常用的普通硬盘，用磁盘碟片来存储，由磁头、盘片、盘片转轴、数据转换器、接口、缓存、控制电机和磁头控制器 8 个部分组成。固态硬盘则用闪存颗粒存储，由固态电子存储芯片阵列（存储单元）和控制单元组成的硬盘，固态硬盘的接口规范和定义、功能及使用方法与机械硬盘相同。它们各自的优缺点有：在抗震抗摔性方面，固体硬盘采用闪存颗粒，因此具有绝对优势；在数据存储速度方面，固态硬盘远远快于机械硬盘；在使用寿命和价格方面，固态硬盘则逊色于机械硬盘；在重量和噪声方面，固态硬盘更轻、更静。

（2）光盘

光盘是一种利用激光技术将信息写入和读出的、具有盘状结构的高密度的光存储器。它的最大特点是存储量大，并且价格低、寿命长、可靠性高，特别适合于需要存储大量信息的计算机使用，例如百科全书、图像、声音信息等。光盘和光盘驱动器如图1-24所示。

图1-23 机械硬盘和固态硬盘

图1-24 光盘和光盘驱动器

光盘的存储原理不同于磁盘存储器。它是将激光聚焦成很细的激光束照射在记录媒体上，使介质发生微小的物理或化学变化，从而将信息记录下来；再根据这些变化，利用激光将光盘上记录的信息读出。常用的光盘类型有只读型光盘（Compact DiscRead-Only Memory，CD-ROM）、一次性可写入光盘（Compact Disc-Recordable，CD-R）、可反复擦写光盘（Compact Disc-Rewritable，CD-RW）。

只读型光盘中的信息是制造商事先写入和复制好的，用户只能读取或再现其中的信息。目前这类光盘的技术比较成熟，信息存储密度比磁盘等介质高得多，是市场上的主流产品。一次性可写入光盘不仅可以读出信息，还能记录新的信息，但需要专门的光盘刻录机完成数据的写入。现在光盘刻录机具有光驱的读盘功能，且其价格与光驱相差不大，得到了广泛的应用，常见的一次性可写入光盘的容量为650MB。可反复擦写光盘则不仅可多次读，而且可多次写，信息写入后可以擦掉，并重写新的信息，可代替磁带、磁盘。

（3）U盘

U盘是一种移动存储设备，其存储介质为闪存。闪存是一种集成电路芯片，它是由ROM派生出来的，以块为单位进行写入和删除操作，存取速度快。U盘无机械装置，具有防震、防潮、防磁、耐高低温等特性。U盘体积小，重量轻，数据安全可靠，且使用寿命长。

U盘采用USB接口，可热插热拔，即插即用，不需要驱动器和外接电源。但是插拔USB设备时，静电容易直接通过USB设备传回计算机主板，此时瞬间产生的较高电压会烧毁主板的重要部件，导致系统无法正常开机工作，因此插拔USB设备一定要按指定的操作方式进行。

4. 主板

主板又称主机板（Mainboard）、系统板（Systemboard）或母板（Motherboard），安装在机箱内，是微机最基本、最重要的部件之一。主板一般为矩形电路板，上面集成了组成计算机的主要电路系统，一般有BIOS芯片、I/O控制芯片、键盘和面板控制开关接口、指示灯插接件、扩充插槽、主板及插卡的直流电源供电接插件等元件。主板结构如图1-25所示。

（1）CPU插槽。在主板上有一个正方形、布满插孔的插座，它就是CPU的插槽，用于连接和固定CPU，不同类型的CPU使用的插槽结构不一样。

（2）内存插槽，用于连接和固定内存。内存插槽通常有多个，可以根据需要插不同数目的内存。

图 1-25　微型计算机主板

（3）SATA 接口。SATA 是 Serial ATA 的缩写，即串行 ATA。这是一种完全不同于并行 ATA 的硬盘接口，因采用串行方式传输数据而得名。SATA 总线使用嵌入式时钟信号，具备了更强的纠错能力，能对传输指令（不仅仅是数据）进行检查，如果发现错误会自动矫正，这在很大程度上提高了数据传输的可靠性。串行接口还具有结构简单、支持热插拔的优点。

（4）USB 接口。它也是一种串行接口。目前许多设备都采用这种设备接口，如打印机、扫描仪、数码相机等。它的优点是数据传输速率高，支持即插即用，支持热插拔，无须专用电源，可以连接多个设备等。

（5）鼠标和键盘接口，也称 PS/2 接口，仅能用于连接键盘和鼠标。PS/2 接口来源于 IBM 公司曾推出的 IBM PS/2 计算机，虽然此计算机已被淘汰，但 PS/2 接口却被保留下来，被后来的计算机所使用，此接口的最大好处就是不占用串口资源。

（6）音频接口，包括 Line Out、Line in 和 MIC 接口。其中，Line Out 接口用来连接扬声器或耳机，Line in 接口用来连接外接播放器或其他音频设备，MIC 接口用来连接话筒。

（7）PCI 插槽。即 PCI 总线，又称外部设备互连总线，是 1991 年由 Intel 公司推出的，用于解决外部设备接口的问题。PCI 插槽是目前主板上最常见的插槽，为显卡、声卡、网卡等提供了连接接口。

（8）AGP 插槽。AGP（Accelerated Graphics Port，加速图形端口）插槽是 AGP 图形显示卡的专用插槽。AGP 专门用于高速处理图像，使用 64 位图形总线将 CPU 与内存连接，以提高计算机的图像处理能力。

1.6.2　常用外部设备

常用的外部设备包括输入设备和输出设备。

1. 输入设备

输入设备是将数据、程序等转换成计算机能接受的二进制数，并将它们送入内存。常用的输入设备有键盘和鼠标、扫描仪、光笔等，键盘和鼠标如图 1-26 所示。

2. **输出设备**

输出设备是将计算机处理的结果转换成人们能识别的形式显示、打印或播放出来。常用的输出设备有显示器、打印机、绘图仪等，打印机如图 1-27 所示。

图 1-26 键盘和鼠标　　　　　　　　　　　　　图 1-27 打印机

1.7 微型计算机的主要性能指标

微型计算机的性能指标决定了微型计算机的性能优劣及应用范围的大小，其主要性能指标由以下几部分组成。

1. **CPU 的主要性能指标**

（1）字长。计算机运算部件一次能处理的二进制数据的位数。在其他指标相同时，字长越大，计算机处理数据的速度就越快，数据的运算精度和运算功能就越强。早期的微型计算机的字长一般是 8 位和 16 位，目前大部分 CPU 已达到 64 位。

（2）运算速度。用以衡量计算机运算的快慢程度，通常给出每秒所能执行的机器指令数，以 MIPS（Million of Instructions Per Second，百万指令数/秒）为单位。主频被称为时钟频率，是反映 CPU 性能高低的一个很重要的指标，以 MHz 和 GHz 为单位，主频越高，计算机的速度越快。

2. **内存的主要性能指标**

（1）内存储器容量。容量的大小能够体现计算机即时存储信息的能力，内存容量越大，计算机处理时与外存交换数据的次数就越少，处理速度就越快，处理的数据量就越庞大。目前，大部分计算机的内存标准配置为 4GB 以上。

（2）存取速度。它是指请求写入（或读出）到完成写入（或读出）所需的时间，其单位为纳秒（ns）。

3. **硬盘的主要性能指标**

硬盘是计算机中主要的存储设备，其性能指标如下。

（1）容量大小。硬盘容量越大，可存储的信息就越多，可安装的应用软件就越丰富。

（2）读取速度。5400 转的机械硬盘的平均读写速度为 60～90MB/s，7200 转的机械硬盘平均读写速度为 130～190MB/s。固态硬盘的平均读写速度为 150～300MB/s，最快的可以达到 500MB/s。

4. **总线的主要性能指标**

总线的主要性能指标有总线的带宽、总线的位宽和总线的工作频率。

（1）总线的带宽。它是指单位时间内可传送的数据，即每秒钟可传送多少字节。

（2）总线的位宽。它是指总线同时传送的数据位数。如工作频率确定，总线的带宽与总线的位宽成正比。

（3）总线的工作频率。它也称为总线的时钟频率，是指用于协调总线上各种操作的时钟信号的频率，以 MHz 为单位。工作频率越高，总线工作速度越快，即总线带宽越宽。

本章小结

本章介绍了计算机的发展史、计算机的主要特点及应用，计算机中的数制转换、字符编码和计算机的工作原理。同时，讲解了整个计算机系统的构成（硬件与软件）及常用的微型计算机的组成部件和主要性能指标，这些内容为以后知识的学习打下坚实的基础。

思考题

1. 划分计算机发展各个阶段的依据是什么？
2. 计算机采用二进制的原因是什么？
3. 计算机是如何分类的？各有什么特点？
4. 计算机系统主要包括哪几个部分？
5. 计算机的工作原理是什么？

02 第2章 Windows 10 操作系统

操作系统是配置在计算机硬件上的第一层软件，是对硬件系统的首次扩充。操作系统在计算机系统中占据着特别重要的地位；而其他诸如汇编程序、编译程序和数据库管理系统等系统软件，以及大量的应用软件，都依赖操作系统的支持，获取它的服务。操作系统是现代计算机必备的、最基本的系统软件，它为用户和应用程序提供了访问计算机的接口。了解操作系统的基本知识，掌握操作系统的基本使用方法，已成为现代信息社会人们的必备技能之一。本章主要介绍 Windows 10 操作系统的基本使用方法。

2.1 操作系统概述

2.1.1 操作系统的基本功能

操作系统具备下列 5 种基本功能。

（1）处理器管理。它主要包括中断事件处理和处理器调度，其目的在于提高 CPU 的使用效率。中断事件处理是指在 CPU 执行程序的过程中，出现某种紧急情况或异常的事件时，暂停正在执行的程序，转而处理该事件，并在处理完该事件之后返回断点处，继续执行刚刚被暂停的程序。操作系统使用进程的概念来实现处理器调度，一个计算机程序可以分为多个进程执行。处理器调度包括进程调度、进程控制、进程同步和进程通信等。

（2）存储器管理。它是指对内存的管理，主要包括分配内存、回收内存、保证各程序占用内存空间的独立性等。

（3）设备管理。它是指管理计算机的外部设备，包括设备的分配、启动和故障处理等。例如，在执行打印任务时，操作系统负责启动打印机、将打印任务发送到打印机、监控打印机能否顺利完成打印任务等。

（4）文件管理。操作系统使用文件来存储程序和数据，每个文件都有一个文件名。文件管理主要包括文件的存储、检索、修改、保护等功能。操作系统的文件管理模块称为文件系统。

（5）作业管理。为完成用户任务所执行的一系列操作称为作业。作业管理主要包括作业的输入、输出、调度和控制等。

2.1.2 操作系统的分类

操作系统可按多种方式进行分类。

（1）按同时使用计算机的用户和任务数量，操作系统可分为单用户单任务操作系统、单用户多任务操作系统和多用户多任务操作系统。

（2）按计算机的硬件规模，操作系统可分为大型机操作系统、中型机操作系统、小型机操作系统和微型机操作系统。

（3）按操作方式，操作系统可分为批处理操作系统、分时操作系统、实时操作系统、PC 操作系统、网络操作系统和分布式操作系统。

2.1.3 典型操作系统简介

1. DOS

磁盘操作系统（Disk Operating System，DOS）是微软公司为 IBM 个人计算机开发的一个单用户单任务操作系统，在 20 世纪 80 年代占据了计算机操作系统的绝对主流地位。DOS 的特点是简单易学、硬件要求低、存储能力有限、仅支持单用户，用户通过命令行输入命令实现与计算机的交互。DOS 被 Windows 淘汰，Windows 的命令提示符窗口保留了 DOS 命令的风格。

2. Windows

1983 年，微软公司推出了第一款 Windows 操作系统，因其可视化的图形用户界面、简单易学等特点，受到众多用户的喜爱，成为使用最广泛的操作系统。

Windows 1.x 至 Windows 3.x 需要依赖 DOS，因此不能算严格意义上的独立操作系统。1995 年，微软公司推出了 Windows 95，它可独立运行于硬件之上，标志着真正的 Windows 操作系统的诞生。

Windows 家族产品繁多，主要分为 Windows 系列和 Windows NT/Server 系列，Windows 主要产品及其发布年份如表 2-1 所示。

表 2–1　Windows 主要产品及其发布年份

年份	Windows 产品	年份	Windows 产品
1985 年	Windows 1.0	2001 年	Windows XP
1987 年	Windows 2.0	2003 年	Windows Server 2003
1990 年	Windows 3.0	2005 年	Windows Vista
1992 年	Windows 3.1	2008 年	Windows Server 2008
1993 年	Windows NT 3.1	2009 年	Windows 7
1995 年	Windows 95	2012 年	Windows 8、Windows Server 2012
1996 年	Windows NT 4.0	2015 年	Windows 10
1998 年	Windows 98	2019 年	Windows Server 2019
2000 年	Windows Me、Windows 2000	2021 年	Windows 11

Windows 系列属于个人操作系统，主要用于个人计算机。Windows NT/Server 系列属于服务器操作系统，主要用于小型机、服务器等。

安装 Windows 10 硬件的基本要求如下。

（1）1GHz 及以上的 64 位 CPU 或系统级芯片（System on a Chip，SoC）。

（2）系统最少 2GB 内存。

（3）系统最少 20GB 硬盘可用空间。

（4）支持 WDDM（Windows Display Driver Model，微软图形驱动程序模型）1.0 或更高版本的驱动程序。

Windows 10 是微软公司于 2015 年发布的操作系统，包括家庭版、专业版、企业版和教育版。它除了具有图形用户界面操作系统的多任务、"即插即用"、多用户账户等特点外，与以往版本的操作系统不同，它是一款跨平台的操作系统，能够同时运行在 PC、平板电脑等平台，为用户带来统一的操作体验。Windows 10 系统功能和性能不断提高，在用户的个性化设置、与用户的互动、用户的操作界面、计算机的安全性、视听娱乐的优化等方面都有很大改进，并通过 Microsoft 账号将各种云服务及跨平台概念带到用户身边。

3. UNIX

UNIX 操作系统是一种多用户、多任务的分时操作系统，最早由 AT&T（American Telephone and Telegraph Company，美国电话电报公司）推出。20 世纪 70 年代，UNIX 源代码被免费公开。众多个人、学校、研究所、公司等参与 UNIX 的改进、完善和传播，使其成为目前唯一能运行于巨型机、大型机、微型机、工作站等多种类型计算机上的操作系统。

4. Linux

Linux 是一种免费使用和自由传播的类 UNIX 操作系统，它继承了 UNIX 的特点和优点，支持多用户、多任务、多线程和多 CPU 等功能。1991 年，林纳斯•本纳第克特•托瓦兹（Linus Benedict Torvalds）将 Linux 内核发布在互联网上，供用户免费下载。Linux 遵循通用公共许可证（General Public License，GPL）规则，允许用户自由获取其源代码、自由修改、自由获利。由于开放源代码，互联网上掀起了一股 Linux 热潮，众多爱好者和商业公司参与到 Linux 的改进、完善和扩展中，并贡献了关键性更新，也使得 Linux 被广泛用于个人计算机和服务器，并在服务器领域占据了绝对的主流地位。

5. macOS

macOS 是苹果公司开发的图形用户界面操作系统，专门用于苹果公司的 Macintosh 系列计算机，缺乏兼容性。

2.2　Windows 10 的基本操作

2.2.1　Windows 10 的启动和退出

1. 启动

（1）依次打开外设电源开关和主机电源开关，计算机进行开机自检。

（2）通过自检后，进入 Windows 10 登录界面（若用户设置了多个用户账户，则有多个用户选择），如图 2-1 所示。

（3）选择需要登录的用户名，用户名下方的文本框中会提示输入登录密码。输入登录密码，然后按【Enter】键或者单击文本框右侧的按钮，即可开始加载个人设置，进入 Windows 10 系统桌面。

2. 退出

计算机系统的退出和家用电器不同，为了延长计算机的寿命，用户要学会正确退出系统的方法。常见的关机方法有两种：使用系统关机和手动关

图 2-1　Windows 10 登录界面

机。前面介绍了正确启动 Windows 10 的具体操作步骤，用完计算机后，需要退出 Windows 10 操作系统并关闭计算机，下面介绍正确退出系统的具体操作步骤。

（1）关机前先关闭当前正在运行的程序，然后单击屏幕左下角的"开始"按钮█████，弹出菜单如图 2-2 所示。

（2）单击"电源"选项，在弹出的"电源"菜单中单击"关机"选项后，系统开始自动保存相关信息，如果用户忘记关闭软件，则会弹出相关警告信息。

（3）系统正常退出后，主机的电源也会自动关闭，指示灯熄灭代表已经成功关机，然后关闭显示器即可。除此之外，退出系统还包括睡眠、重启、注销、锁定操作。单击图 2-2 中"电源"或"用户"按钮后，弹出"电源"菜单和"用户"菜单，如图 2-3 所示，选择相应的选项，也可完成不同程度的系统退出。

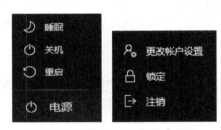

图 2-2　"开始"菜单　　　　图 2-3　"电源"菜单和"用户"菜单

① 睡眠。选择"睡眠"选项后，计算机能够以最小的能耗处于锁定状态，当需要恢复到计算机的原始状态时，只需要按键盘上的任意键即可。

② 重启。选择"重启"选项后，系统将自动保存相关信息，之后计算机重新启动并进入"用户登录界面"，再次登录即可。

③ 注销。所谓注销计算机是指将当前正在使用的所有程序关闭，但不会关闭计算机，这是因为 Windows 10 操作系统支持多用户共同使用一台计算机的操作系统。当用户需要退出操作系统或切换账户时，可以通过"注销"命令快速切换到用户登录界面。在进行该操作时，用户需要关闭当前运行的程序，保存打开的文件，否则会导致数据丢失。

④ 锁定。当用户需暂时离开计算机，但是还在进行某些操作又不方便停止，也不希望其他人查看自己机器里的信息时，就可以选择"锁定"选项使计算机锁定，返回到用户登录界面。再次使用时，要重新输入用户密码才能开启计算机进行操作。

在用户使用计算机的过程中，可能会出现非正常情况，包括蓝屏、花屏和死机等。这时用户不能通过"开始"菜单退出系统，而需要按住主机机箱上的电源按钮几秒，这样主机就会关闭，然后关闭显示器的电源开关，即可完成手动关机操作。

2.2.2　桌面及其操作

Windows 系统启动后，首先显示系统桌面，如图 2-4 所示。桌面上呈现"此电脑"和"回收站"

等图标，桌面底部为任务栏。单击任务栏最右侧的"显示桌面"按钮，或按【　+D】组合键，可切换到桌面。

1. 设置桌面背景

桌面背景可设置为单张图片，或者多张图片组成的幻灯片。设置桌面背景的操作如下：用鼠标右键单击桌面空白位置，在弹出的快捷菜单中选择"个性化"命令，打开个性化设置窗口，如图 2-5 所示。

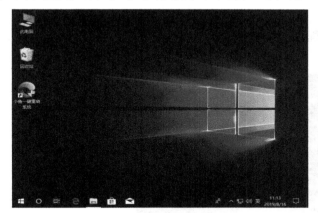

图 2-4　系统桌面　　　　　　　　　　　　　　图 2-5　个性化设置窗口

2. 更改桌面图标

桌面中的图标包括系统图标和用户图标。用户图标包括用户的文档、文件夹或者快捷方式。系统图标包括回收站、此电脑、网络等系统对象。

更改桌面系统图标的操作步骤如下。

（1）鼠标右键单击桌面空白位置，在弹出的快捷菜单中选择"个性化"命令，打开个性化设置窗口。

（2）在个性化设置窗口左侧单击"主题"，然后在窗口右侧单击"桌面图标设置"选项，打开"桌面图标设置"对话框，如图 2-6 所示。

（3）在"桌面图标设置"对话框的"桌面图标"框中，选中"计算机""回收站""用户的文件""控制面板"或"网络"复选框时，对应的图标可显示在桌面上。

（4）更改图标样式。在图标列表中单击选中某个图标，如"此电脑"，然后单击"更改图标"按钮，打开"更改图标"对话框，如图 2-7 所示。在对话框的图标列表中单击选中要使用的图标，再单击"确定"按钮关闭对话框，确认更改图标样式。

图 2-6　"桌面图标设置"对话框　　　　图 2-7　"更改图标"对话框

（5）单击"还原默认值"按钮，可使桌面图标还原显示为默认样式。

（6）在桌面图标设置窗口中单击"确定"按钮，可保存修改并关闭窗口。

3. 排列桌面图标

用鼠标右键单击桌面空白位置，在弹出的快捷菜单中选择"排序方式→名称""排序方式→大小""排序方式→项目类型"或"排序方式→修改日期"命令，可对桌面图标进行排序。

4. "开始"菜单

"开始"菜单用于启动 Windows 的应用程序。单击任务栏左侧的"开始"按钮，可打开"开始"菜单，如图 2-8 所示。

图 2-8 "开始"菜单

（1）所有程序区

所有程序区可显示系统中安装的所有程序，并以程序名首字母进行分类排序，用户还可以设置将"最近添加"和"最常用"的程序自动显示在此列表中。

（2）固定程序区

此区域包括"用户""图片""文档""设置"和"电源"按钮，用户也可以设置将其他常用项目显示在此。利用"用户"可进行更改账户设置、锁定当前账户和注销当前账户的操作。利用"设置"可进行 Windows 的系统、账户、设备、时间等设置。

（3）动态磁贴面板

动态磁贴面板中是各种应用程序对应的磁贴，每个磁贴既有图片又有文字，还是动态的，当应用程序有更新的时候，可以通过这些磁贴直接反映出来，而无须运行它们。

Windows 10 中几乎所有操作都可以通过"开始"菜单实现。用户还可以设置"开始"菜单的样式，使其符合自己的使用习惯。

5. 任务栏

任务栏默认位于桌面最下方，如图 2-9 所示。从左到右依次为"开始"按钮、应用程序按钮区、系统通知区（包含语言栏和系统提示区）和"显示桌面"按钮。

图 2-9 任务栏

（1）"开始"按钮

"开始"按钮位于任务栏的最左侧，单击该按钮可以打开"开始"菜单，用户可以从"开始"菜单中启动应用程序或选择所需的菜单命令。

（2）应用程序按钮区

应用程序按钮区显示固定在任务栏或正在运行的应用程序的图标。将鼠标指针指向正在运行的应用程序的图标时，任务栏上方会显示缩略图。将鼠标指针指向缩略图时，可预览该应用程序窗口内容。单击缩略图，可切换到该应用程序窗口。为了方便用户快速地定位已经打开的目标文件或文件夹，Windows 10 提供了跳跃菜单功能。

在应用程序按钮区中，用鼠标右键单击应用程序图标，在弹出的快捷菜单中选择"从任务栏取消固定"命令，可从程序按钮区中删除应用程序图标。

可通过下列多种方式将应用程序固定到任务栏。

① 从桌面中将应用程序的快捷方式拖动到任务栏的应用程序按钮区。

② 从"开始"菜单中将应用程序的快捷方式拖动到任务栏的应用程序按钮区。

③ 从资源管理器中将应用程序的快捷方式拖动到任务栏的应用程序按钮区。

④ 在"开始"菜单中用鼠标右键单击应用程序图标，在弹出的快捷菜单中选择"固定到任务栏"命令。

（3）系统通知区

系统通知区用于显示语言栏、时钟、音量及一些告知特定程序和计算机设置状态的图标，单击系统通知区中的图标，会显示隐藏的项目图标（见图 2-10）。

（4）"显示桌面"按钮

任务栏最右侧为"显示桌面"按钮，鼠标指针指向按钮时可预览桌面，单击按钮时可切换到桌面。

（5）任务栏设置

① 调整任务栏的大小。将鼠标移到任务栏的边线，当鼠标指针变成 形状时，按住鼠标左键，拖动鼠标到合适大小即可。

② 调整任务栏位置。在任务栏空白处右击，在弹出的快捷菜单中选择"任务栏设置"命令，弹出任务栏设置的窗口，在"任务栏在屏幕上的位置"下拉列表框中选择所需选项；也可直接使用鼠标进行拖曳，即将鼠标移动到任务栏的空白位置，按住鼠标左键拖动任务栏到屏幕的上方、左侧或右侧，即可将其移动到相应位置。

③ 设置任务栏外观。任务栏"设置"窗口中可以设置是否锁定任务栏、是否自动隐藏任务栏、是否使用小图标以及任务栏按钮显示方式等的设置，如图 2-11 所示。

图 2-10 显示隐藏的项目图标 　图 2-11 任务栏"设置"对话框

④ 设置任务栏通知区。任务栏的"系统通知区"用于显示应用程序的图标。这些图标提供有关接收电子邮件更新、网络连接等事项的状态和通知。初始时"系统通知区"已经有一些图标，安装新程序时有时会自动将此程序的图标添加到通知区域，用户可以根据自己的需要决定哪些图标可见、哪些图标隐藏等。

操作方法：在任务栏"设置"窗口的"通知区域"单击"选择哪些图标显示在任务栏上"选项，打开图 2-12 所示的"设置"窗口，可以设置图标的显示及隐藏方式。在"任务栏设置"对话框的"通知区域"单击"打开或关闭系统图标"选项，可以打开另一个"设置"窗口，在此窗口中可以设置"时钟""音量"和"网络"等系统图标是打开还是关闭，如图 2-13 所示。也可以使用鼠标拖曳的方法显示或隐藏图标，方法是将要隐藏的图标拖动到图 2-14 所示的溢出区；也可以将多个隐藏图标从溢出区拖动到通知区。

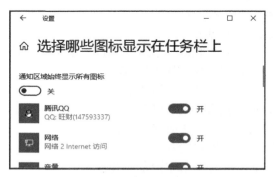

图 2-12　设置通知区域显示的图标

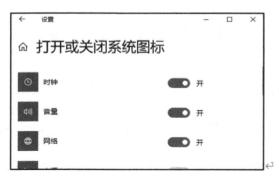

图 2-13　设置打开或关闭系统图标

图 2-14　"溢出区"

⑤ 添加显示工具栏。任务栏中还可以添加显示其他的工具栏。右击任务栏的空白区，弹出图 2-15 所示的快捷菜单，从工具栏的下一级菜单中选择，可决定任务栏中是否显示地址工具栏、链接工具栏、桌面等。

图 2-15　"任务栏"快捷菜单

若选择了图 2-11 中的"锁定任务栏",则无法改变任务栏的大小和位置。

2.2.3　窗口及其操作

1. 窗口类型

Windows 的窗口可分为 3 种类型:应用程序窗口、文档窗口和对话框窗口。

(1)应用程序窗口:指应用程序启动后显示的用户界面。应用程序窗口可被其他窗口覆盖。

(2)文档窗口:指在应用程序窗口内部,用于显示文档或数据的窗口。

(3)对话框窗口:指在应用程序中执行操作时打开的对话窗口。对话框位于应用程序窗口的最前面,未关闭时不能执行应用程序的其他操作。

2. 应用程序窗口组成

下面以 Windows 10 的写字板为例,介绍应用程序窗口的组成,如图 2-16 所示。

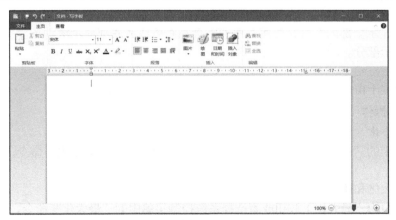

图 2-16　写字板程序窗口

Windows 10 的写字板程序窗口包含了标题栏、菜单栏、工具栏、文档编辑区、滚动条和状态栏,这是一个典型的 Windows 单文档用户界面。单文档用户界面指应用程序打开的每个文档均有一个独立的应用程序窗口。如果应用程序只有一个窗口,在窗口内部显示打开的多个文档,则称为多用户文档界面,如图 2-17 所示。现代应用程序风格多以单文档用户界面为主。

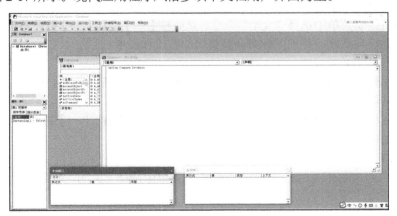

图 2-17　应用程序的多文档用户界面

（1）标题栏

标题栏位于应用程序窗口的顶部，包括"系统控制菜单"按钮、应用程序标题、"最小化"按钮、"最大化"按钮和"关闭"按钮。

标题栏最左侧为"系统控制菜单"按钮，显示应用程序图标。部分应用程序没有应用程序图标，此时"系统控制菜单"按钮显示为空白。单击"系统控制菜单"按钮或者按【Alt+空格】组合键，可显示系统控制菜单，其中包括窗口控制命令，如图 2-18 所示。

图 2-18　系统控制菜单

（2）菜单栏

菜单栏通常位于标题栏下方，包括一系列菜单项，单击后可显示下拉子菜单，从中选择相应的命令，可执行相应的操作。

（3）工具栏

工具栏通常位于菜单栏下方，包括一系列图标，图标通常与某个菜单命令对应，单击图标即可执行相应的操作。现代应用程序通常将菜单栏与工具栏合并，子菜单用工具栏代替。部分应用程序会在标题上显示快捷访问工具栏。

（4）滚动条

当窗口不能显示全部内容时，应用程序通常会在右侧或者底部显示滚动条。拖动滚动条可显示文档的其他未显示部分。

（5）状态栏

状态栏通常位于窗口底部，显示应用程序的操作状态提示信息。

3. 常规窗口操作

（1）窗口最小化

单击标题栏中的"最小化"按钮或者选择系统控制菜单中的"最小化"命令，可使窗口最小化到任务栏。

（2）窗口最大化和还原

单击标题栏中的"最大化"按钮或者选择系统控制菜单中的"最大化"命令，可使窗口最大化，铺满整个桌面。窗口最大化后，"最大化"按钮位置被"向下还原"按钮■替代。单击此按钮可使窗口恢复为最大化之前的大小。

（3）调整窗口大小

窗口未最大化时，可调整窗口大小。将鼠标指针指向窗口边沿或窗口的四个角，在鼠标指针变为双向箭头时按住鼠标左键拖动，即可调整窗口大小。拖动窗口左右两侧边沿可调整窗口宽度，拖动窗口上下两侧边沿可调整窗口高度，拖动窗口的四个角可同时调整窗口宽度和高度。

也可先在系统控制菜单中选择"大小"命令，然后按【←】键和【→】键调整窗口宽度；按【↑】键和【↓】键调整窗口高度；移动鼠标可调整窗口的宽度和高度。

（4）移动窗口

窗口未最大化时，可移动窗口位置。将鼠标指针指向窗口标题栏空白位置，按住鼠标左键拖动，可将窗口移动到其他位置。

也可先在系统控制菜单中选择"移动"命令，然后按【←】键、【→】键、【↑】键、【↓】键或者移动鼠标调整窗口位置。

（5）关闭窗口

单击标题栏中的"关闭"按钮，或者在系统控制菜单中选择"关闭"命令，或者按【Alt+F4】组合键，均可关闭窗口。

2.2.4　对话框及其操作

对话框是一种特殊窗口，通常不包括系统控制菜单按钮、最小化按钮、最大化按钮、菜单栏和状态栏等组成部分。

1. 对话框组成

"页面设置"对话框是一个典型的 Windows 对话框。在 Windows 写字板的下拉菜单中选择"页面设置"命令，可打开该对话框，如图 2-19 所示。

在 Windows 记事本中选择"格式→字体"命令打开"字体"对话框，如图 2-20 所示。

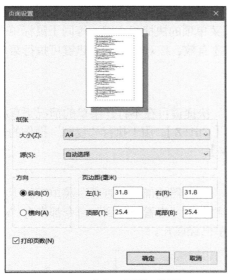

图 2-19　"页面设置"对话框

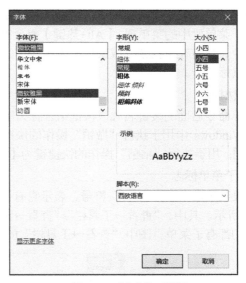

图 2-20　"字体"对话框

对话框的常用组件如下。

（1）下拉列表框：单击时显示选项列表，可从列表中选择要使用的选项，被选中的选项会显示在下拉列表框中。

（2）单选按钮组：一次只能选中单选按钮组中的一项，被选中的单选项图标显示为◉，未选中的单选项图标显示为◯。

（3）复选框：选中时表示使用该选项，其图标为☑；未选中时表示不使用该选项，其图标为☐。

（4）输入框：用于从键盘输入文本数据。

（5）组合框：包括一个输入框和一个列表框。在输入框中可输入数据，输入的数据可以是列表框包含的选项，也可不是。单击列表框中的选项，可选中该选项，并且被选中的选项会显示在输入框中。

（6）命令按钮：简称按钮，单击可执行某种操作。

2. 对话框操作

（1）确认对话框

单击"确定"按钮关闭对话框时，可保存已修改的对话框设置，并使设置生效。在默认情况下，"确定"按钮作为对话框的"默认按钮"，其边框和背景色与普通按钮有所不同，在对话框中按【Enter】键等同于单击"默认按钮"。

（2）取消对话框

单击"取消"按钮、单击对话框标题栏中的"关闭"按钮或按【Esc】键关闭对话框时，不会保存已修改的对话框设置。

2.2.5 菜单及其操作

1. 菜单类型

Windows 中的菜单可分为下拉菜单和快捷菜单。下拉菜单指单击菜单栏中的菜单项展开的菜单。鼠标右键单击对象时弹出的菜单称为快捷菜单。

通常，菜单栏中的项目称为菜单项。下拉菜单或快捷菜单包含的项目称为菜单命令。

2. 热键

菜单项或菜单命令的名称中，括号中的字符称为热键。例如，菜单项完整名称为"文件(F)"，通常简称为"文件"，其中的"F"为热键；菜单命令"撤销(U)"中的"U"为热键。

对于菜单栏中的菜单项，【Alt+热键】组合键为该菜单项的快捷组合键，等同于鼠标单击。对于菜单命令，只有在下拉菜单或快捷菜单展开时，热键才有效，按对应命令的热键可执行菜单命令，等同于鼠标单击。

3. 快捷键

菜单命令后面的按键名称或按键组合称为快捷键。快捷键可在不打开菜单的情况下直接使用。例如，Windows 中用于执行"撤销"操作的快捷键为【Ctrl+Z】；用于执行"复制"操作的快捷键为【Ctrl+C】；用于执行"粘贴"操作的快捷键为【Ctrl+V】。

4. 子菜单标志

如果菜单命令后带有"▶"符号，表示它有子菜单。浏览器的部分"查看"菜单项的下拉菜单如图 2-21 所示。其中，"查看→工具栏""查看→浏览器栏"和"查看→转到"命令都带有"▶"符号，表示它们都有子菜单。图中"查看→工具栏"的子菜单已经展开。

图 2-21　浏览器的部分"查看"菜单项的下拉菜单

5. 选中标志

在图 2-21 中，"查看→工具栏→菜单栏""查看→工具栏→状态栏"和"查看→工具栏→锁定工具栏"命令前面带有"√"符号，代表选中标志。选中命令时，浏览器会显示对应的工具栏。再次单击带有"√"符号的菜单命令，可取消选择，即"√"符号会消失，对应的工具栏被关闭。

6. 单选标志

有的子菜单中的菜单命令是一组单选项，一次只能选中其中的一项，被选中的命令前面带有圆点符号。图 2-22 显示了浏览器的"查看→文字大小"子菜单，其中，"中"为当前选中项，表示当前网页的文字为中等大小。

7. 打开对话框

通常，菜单命令后带有"…"符号时，执行菜单命令会打开对话框。例如，在图 2-23 所示的记事本的"文件"菜单中，"文件→打开""文件→另存为""文件→页面设置"和"文件→打印"等命令后均带有"…"符号，所以选中这些命令时会打开对话框。

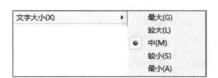

图 2-22　浏览器的"查看→文字大小"子菜单　　　　图 2-23　记事本的"文件"菜单

8.　Windows 10 开始菜单的定制

在 Windows 10 操作系统中，用户可以按照自己的意图定制开始菜单。Windows 10 提供了大量有关"开始"菜单的设置选项开关，可以选择将哪些对象显示在"开始"菜单上。

（1）自定义文件夹显示在开始菜单的固定程序区域

① 右击任务栏空白处，在弹出的快捷菜单中选择"任务栏设置"命令，打开"设置"窗口。

② 单击"设置"窗口中左侧的"开始"，就可以对"开始"菜单进行个性化定制。

（2）磁贴的设置

① 选择"开始→Windows 附件→画图"选项，然后右击，从弹出的快捷菜单中选择"固定到'开始'屏幕"命令，可以看到"画图"已经添加到"动态磁贴面板"中，如图 2-24 所示。当用户不再使用"动态磁贴面板"中的程序时，可以将其删除。如删除刚刚添加的"画图"程序，需在"动态磁贴面板"中右击"画图"选项，在弹出的快捷菜单中选择"从'开始'屏幕取消固定"命令即可。

② 在动态磁贴面板中，可以通过鼠标拖动调整磁贴的位置，右击磁贴，在弹出的快捷菜单中有"调整大小"命令，可用于调整磁贴大小，如图 2-25 所示。

图 2-24　磁贴设置　　　　　　　　　　图 2-25　调整磁贴大小

2.2.6　使用帮助系统

如果用户在 Windows 10 的操作过程中遇到一些无法处理的问题，可以使用 Windows 10 的帮助系统。打开帮助系统的操作方法如下。

方法一：【F1】快捷键。通常【F1】键一直是 Windows 内置的快捷帮助文件。Windows 10 只将这种传统继承了一半，如果在打开的应用程序中按【F1】键，而该应用提供了自己的帮助功能的话，则会将其打开。反之，Windows 10 会调用用户当前的默认浏览器打开 Bing 搜索页面，以获取 Windows 10 中的帮助信息。

方法二：询问 Cortana。它是 Windows 10 中自带的虚拟助理，不仅可以帮助用户安排会议、搜索文件，回答用户问题也是其功能之一，因此有问题找 Cortana 也是一个不错的选择。当用户需要获取一些帮助信息时，最快捷的办法就是询问 Cortana，看它是否可以给出一些回答，如图 2-26 所示。

图 2-26　与 Cortana 交流的窗口

　　方法三：使用入门应用，Windows 10 内置了一个入门应用，可以帮助用户在 Windows 10 中获取帮助。该应用有点像之前的 Windows 版本按【F1】键呼出的帮助文档，但在 Windows 10 里面是通过一个应用提供的，通过它也可以获取到新系统各方面的帮助和配置信息。

2.3　文件管理

2.3.1　基本概念

1.　文件

　　文件是文本、图像或声音等信息的集合，是计算机组织和保存数据的基本方法。

　　可根据所存储的数据类型对文件进行分类，不同类型文件的打开方式有所不同。可将文件分为下面两种类型。

　　（1）程序文件

　　程序文件由二进制代码组成，是可执行的文件。执行程序可启动应用程序或完成一系列程序规定的操作。程序文件的扩展名通常为.exe（可执行文件）、.com（DOS 命令文件）、.bat（批处理文件）等。

　　（2）数据文件

　　数据文件指保存各种不同类型数据的文件。数据文件的内容可以是字符的编码（如 ASCII、Unicode 码），也可以是图片、声音等数据的二进制代码，还可以是 Word 文档、WPS 文档等具有特殊格式的文档。

2.　文件夹

　　Windows 使用文件夹组织和管理文件。文件夹是文件的容器，是保存文件存储信息的特殊文件。文件夹中可以包含文件和文件夹，文件夹中的文件夹称为子文件夹。

3.　文件命名规则

　　文件保存在计算机的硬盘、U 盘等存储设备中，通常通过文件名来访问。文件名由主名和扩展名两部分组成，中间用“.”符号分隔。例如，某文件的文件名为“getdata.py”，其中主名为“getdata”，扩展名为“py”。有时，在描述扩展名时会加上“.”符号，如“.py”。

　　Windows 允许文件名最长为 256 个字符，可使用除了/、\、|、:、*、?、"、<、>等符号之外的任意字符（如英文字符、数字、汉字等）命名文件。Windows 允许在文件名中使用大小写字母，但文件名不区分大小写。

文件的扩展名通常表示文件的类型，文件类型与默认应用程序相关联。双击文件时，Windows将使用默认程序来打开文件。

4. 默认程序

执行下列几种操作时，Windows 将使用默认程序来打开文件。

（1）双击文件。

（2）在单击选中文件后，在文件夹窗口的菜单栏中选择"文件→打开"命令。

（3）用鼠标右键单击文件，然后从弹出的快捷菜单中选择"打开"命令。

Windows 使用默认程序的图标作为文件的图标。例如，微软的文字处理办公软件 Word 的图标为 ⬛，Word 2007 以上版本文档的扩展名为.docx。

用鼠标右键单击文件，然后在弹出的快捷菜单中选择"打开方式→选择其他应用"命令，可打开默认程序的设置关联窗口，如图 2-27 所示。

图 2-27　设置关联窗口

2.3.2　文件夹窗口及其操作

文件夹窗口用于查看和管理计算机中的文件，如图 2-28 所示。在"开始"菜单中选择"me""文档""图片"等命令，或者按【🏁+E】组合键，或双击某文件夹，或右击文件夹，在弹出的快捷菜单中选择"打开"命令，均可打开文件夹窗口。

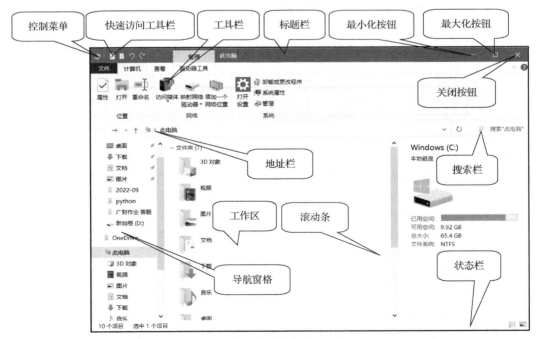

图 2-28　文件夹窗口

1. 文件夹窗口组成

文件夹窗口的主要组成如下。

（1）"后退"和"前进"按钮 ←→ ，用于导航到已访问过的其他文件夹或库。

（2）地址栏，显示当前文件夹的路径。使用地址栏可以切换到不同的文件夹或库，或返回上一文件夹或库。

（3）搜索栏，可在其中输入关键词搜索当前文件夹中的项目。

（4）菜单栏，包含"文件""编辑""查看""工具"和"帮助"菜单。

（5）工具栏，包含访问文件夹的常用工具。

（6）导航窗格，使用导航窗格可以访问库、文件夹或者磁盘。

（7）工作区，显示当前文件夹包含的文件及子文件夹。

（8）滚动条，Windows 10 窗口中一般提供了垂直滚动条和水平滚动条两种。使用鼠标拖动水平方向的滚动滑块，可以在水平方向移动窗口，以便显示窗口水平方向容纳不下的部分；使用鼠标拖动竖直方向的滚动滑块，可以在竖直方向移动窗口，以便显示窗口竖直方向容纳不下的部分。

（9）状态栏，显示计算机的配置信息或当前窗口中选择对象的信息。

2. 使用地址栏

文件夹窗口的地址栏既可显示当前文件夹的路径，也可切换访问路径，如图 2-29 所示。

图 2-29　查看路径中的子文件夹

单击地址栏的空白位置，如图 2-30 所示，可使地址栏进入编辑状态。此时地址栏以文本方式显示当前文件夹路径，可以修改路径或者输入新的路径。

图 2-30　地址栏

3. 使用导航窗格

导航窗格以树形的层次结构显示文件夹结构，如图 2-31 所示。在导航窗格中单击文件夹，可直接访问该文件夹，在右侧的文件列表中显示其内容。双击文件夹名称可展开或折叠文件夹。

导航窗格中的主要图标含义如下。

（1） ■ ：表示磁盘，也表示磁盘的根文件夹。根文件夹是文件夹路径的最顶层。

（2） ▌ ：表示文件夹。

（3） ∨ ：文件夹已展开，单击图标可折叠文件夹。

（4） > ：文件夹未展开，单击图标可展开文件夹。

4. 改变文件查看视图

文件夹内容的显示方式称为文件查看视图，Windows 提供了多种文件查看视图，包括超大图标、大图标、中图标、小图标、列表、详细信息、平铺和内容，文件夹窗口的"查看"选项卡工具面板包括相应的视图命令按钮，如图 2-32 所示。

图 2-31   导航窗格   图 2-32   "查看"菜单中的视图命令

5.   搜索文件和文件夹

在文件夹窗口的搜索框中输入关键词后，按【Enter】键可执行搜索操作，如图 2-33 所示，查询结果显示在窗口中。

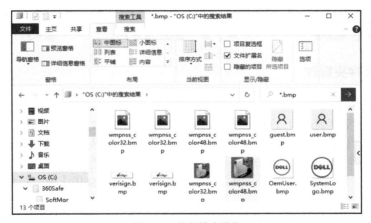

图 2-33   执行搜索操作

利用"搜索"工具面板，可以详细设置相关搜索条件，如图 2-34 所示。

图 2-34   "搜索"工具面板

6.   文件夹选项

单击文件夹窗口的"查看"工具面板右侧的"选项"按钮，打开"文件夹选项"对话框。文件夹选项包括常规、查看和搜索选项。

（1）常规选项：在"文件夹选项"对话框的"常规"选项卡中，可设置浏览文件夹、打开项目的方式、导航窗格等相关的选项，如图 2-35 所示。

（2）查看选项：在"文件夹选项"对话框的"查看"选项卡中，可设置是否显示隐藏文件、是否显示文件扩展名等与查看有关的选项，如图 2-36 所示。

（3）搜索选项：在"文件夹选项"对话框的"搜索"选项卡中，可设置搜索方式及与索引有关的选项，如图 2-37 所示。

在选项卡中单击"还原默认值"按钮时，可取消用户的修改，恢复 Windows 的默认设置。

图 2-35 "常规"选项卡

图 2-36 "查看"选项卡

图 2-37 "搜索"选项卡

2.3.3 文件和文件夹操作

1. 选择文件或文件夹

在文件夹窗口的文件列表中，可使用多种方式选择要操作的文件或文件夹。

（1）全选：在"主页"选项卡面板单击"全部选择"按钮，或按【Ctrl+A】组合键。

选择单个：单击可选中单个文件或文件夹，此时按方向键可选中相邻的单个文件或文件夹。

（2）选择连续多个：单击选中第一个文件或文件夹，按住【Shift】键，再单击要选的最后一个文件或文件夹。

（3）选择多个不相邻：按住【Ctrl】键，逐一单击文件或文件夹，可选中多个不相邻的文件或文件夹。

（4）选择首字符：单击文件列表空白位置，按文件名的首字符，可快速选中名称以该字符开头的第一个文件。

（5）反向选择：选中部分文件或文件夹后，在"主页"选项卡面板单击"反向选择"命令按钮，可选中之前未选中的文件或文件夹。

（6）取消选择：在文件夹列表的空白处单击，或在"主页"选项卡面板单击"全部取消"按钮，可取消之前选中的文件或文件夹。

2. 复制文件或文件夹

（1）使用剪贴板完成复制

操作步骤如下。

① 选中文件或文件夹。

② 按【Ctrl+C】组合键，或在"主页"选项卡面板单击"复制"按钮，或者单击鼠标右键，在弹出的快捷菜单中选择"复制"命令，将选中的文件或文件夹复制到剪贴板。

③ 打开目标文件夹。

④ 按【Ctrl+V】组合键，或在"主页"选项卡面板单击"粘贴"按钮，或者单击鼠标右键，在弹出的快捷菜单中选择"粘贴"命令，执行粘贴操作完成复制。

（2）使用鼠标拖动完成复制

将选中文件或文件夹拖动到导航窗格中的目标文件夹上可进行复制，如果目标文件夹在同一个磁盘中，需按住【Ctrl】键拖动才能完成复制操作；如果目标文件夹不在同一个磁盘中，直接拖动即可完成复制操作。

在拖动时，Windows 会在鼠标下方显示提示图标，提示不能复制（目标不能保存文件或文件夹）或可执行复制，如图 2-38 所示。将选中文件或文件夹拖动到目标文件夹上，释放鼠标左键，完成复制操作。

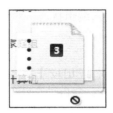
（a）不能复制

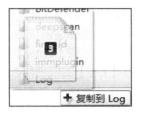
（b）可执行复制

图 2-38　复制操作提示图标

也可以使用鼠标右键将选中的文件或文件夹拖动到目标文件夹中，释放鼠标右键，然后在弹出的快捷菜单中选择"复制到当前位置"命令，完成复制操作。

拖动时，按【Esc】键可取消操作。完成复制后，可按【Ctrl+Z】组合键撤销复制操作。

3. 移动文件或文件夹

（1）使用剪贴板完成移动文件或文件夹

操作步骤如下。

① 选中文件或文件夹。

② 按【Ctrl+X】组合键，或在"主页"选项卡面板单击"剪切"按钮，或者单击鼠标右键，在弹出的快捷菜单中选择"剪切"命令，将选中的文件或文件夹复制到剪贴板。

③ 打开目标文件夹。

④ 按【Ctrl+V】组合键，或在"主页"选项卡面板单击"粘贴"按钮，或者单击鼠标右键，在弹出的快捷菜单中选择"粘贴"命令，执行粘贴操作完成移动，此时原位置的文件或文件夹被删除。

（2）使用鼠标拖动完成移动文件或文件夹

将选中的文件或文件夹拖动到导航窗格中的目标文件夹上可进行移动，如果目标文件夹在同一个磁盘中，直接拖动即可完成移动操作；如果目标文件夹不在同一个磁盘中，需按住【Shift】键才能完成移动操作。

在拖动时，Windows 会在鼠标下方显示提示图标，提示不能移动（目标不能保存文件或文件夹）或可执行移动，如图 2-39 所示。将选中文件或文件夹拖动到目标文件夹上方，释放鼠标左键，完成移动操作。

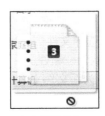
（a）不能移动

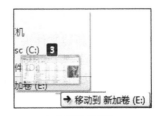
（b）可执行移动

图 2-39　移动操作提示

也可以使用鼠标右键将选中的文件或文件夹拖动到目标文件夹中，释放鼠标右键，然后在弹出的快捷菜单中选择"移动到当前位置"命令，完成移动操作。

拖动时，按【Esc】键可取消操作。完成移动后，可按【Ctrl+Z】组合键撤销移动操作。

4. **重命名**

重命名指修改文件或文件夹的名称，操作步骤如下。

（1）选中文件或文件夹。

（2）按【F2】键，或在"主页"选项卡面板单击"重命名"按钮，或者单击鼠标右键，在弹出的快捷菜单中选择"重命名"命令，使文件或文件夹的名称进入编辑状态。对于单个文件或文件夹，选中后单击其名称也可进入名称编辑状态。

（3）修改名称，完成后，按【Enter】键，使修改生效。

修改过程中，可按【Esc】键取消修改。完成修改后，可按【Ctrl+Z】组合键撤销修改。

如果选中了多个文件或文件夹，完成名称编辑后，Windows 会自动在新的名称后为不同文件按先后顺序添加编号。此时，应注意第一个被修改的名称其编号为"(1)"，其余的文件名称从"(2)"开始按先后顺序编号。

5. **文件的删除与恢复**

选中文件或文件夹后，按【Delete】键，或在"主页"选项卡面板单击"删除"按钮，或者用鼠标右键单击文件，在弹出的快捷菜单中选择"删除"命令，执行删除操作。Windows 会显示如图 2-40（a）所示的删除提示对话框。在对话框中单击"是"按钮或按【Enter】键，确认执行删除操作，删除的文件或文件夹会被移动到回收站；在对话框中单击"否"按钮或按【Esc】键可取消删除操作。

如果在执行删除操作时，按住【Shift】键，可执行永久删除操作，此时的永久删除提示对话框如图 2-40（b）所示。

（a）删除提示对话框　　　　　　　　（b）永久删除提示对话框

图 2-40　删除提示对话框

执行删除操作后，立即按【Ctrl+Z】组合键，或者在快速访问工具栏菜单中选择"撤销"命令，或者单击鼠标右键，在弹出的快捷菜单中选择"撤销删除"命令，可撤销删除操作，在原位置恢复被删除的文件或文件夹。注意，永久删除操作不可撤销，慎用！

也可打开回收站，选中要恢复的文件或文件夹，单击"还原选定的项目"按钮，或者单击鼠标右键，在弹出的快捷菜单中选择"还原"命令，将文件或文件夹恢复到原位置。

6. **新建文件夹**

在"主页"选项卡面板单击"新建文件夹"按钮，或者选择文件列表快捷菜单中的"新建→文件夹"命令，可在当前文件夹中创建一个新文件夹，名称默认为"新建文件夹"，可将其修改为其他名称。若名称"新建文件夹"已被使用，可在其后加上编号作为新文件夹名称，如"新建文件夹(2)"。

7. **新建文件**

可在文件夹窗口中新建常用文件。在"主页"选项卡面板单击"新建项目"文件类型列表，从中选取相应类型，与快捷菜单中选择"新建"命令的子菜单相同，包括新建文件夹和新建文件的命令，如图 2-41 所示。从菜单中选择"BMP 图像""DOC 文档"等新建文件命令，可创建相应类型的空白文件。

8. 创建快捷方式

快捷方式是 Windows 提供的一种快速启动程序、打开文件或文件夹的方法。它是应用程序的快速链接。 快捷方式的文件扩展名为.lnk，可以为本地或网络中的文件、文件夹、计算机或网络地址创建快捷方式。创建快捷方式的方法如下。

（1）通过菜单命令创建快捷方式

操作步骤如下。

① 在主页选项卡面板单击"新建项目"，从文件类型列表选择"快捷方式"，或者用鼠标右键单击文件夹窗口的文件列表的空白位置，然后在弹出的快捷菜单中选择"新建→快捷方式"命令，打开"想为哪个对象创建快捷方式？"对话框，如图 2-42 所示。

图 2-41　"新建项目"列表

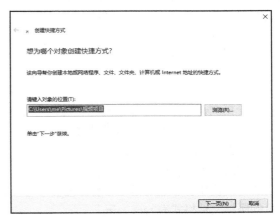

图 2-42　"想为哪个对象创建快捷方式？"对话框

② 在"请键入对象的位置"文本框中输入快捷方式的目标对象路径，也可单击"浏览"按钮，在打开的对话框中选择对象。

③ 单击"下一步"按钮，打开"想将快捷方式命名为什么？"对话框，如图 2-43 所示。

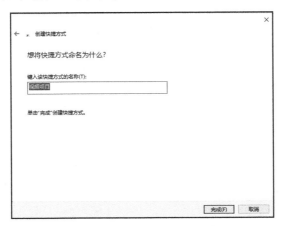

图 2-43　"想将快捷方式命名为什么？"对话框

④ 快捷方式名称默认与前一步选择的对象名称相同，可在"键入该快捷方式的名称"文本框中修改快捷方式名称。修改完成后，单击"完成"按钮，即可完成快捷方式创建。

快捷方式的图标与原对象的图标类似，但多了一个箭头，图 2-44（a）显示了一个文件夹的快捷方式图标，图 2-44（b）显示了一个文件的快捷方式图标。

（a）文件夹的快捷方式图标　　　　　（b）文件的快捷方式图标

图 2-44　快捷方式图标

（2）通过复制操作创建快捷方式

操作步骤如下。

① 选中对象，可以是单个或多个对象。

② 按【Ctrl+C】组合键，或者单击"复制"按钮，或者用鼠标右键单击对象，然后在弹出的快捷菜单中选择"复制"命令，执行复制操作。

③ 打开目标文件夹。

④ 单击"粘贴快捷方式"按钮，或者用鼠标右键单击目标文件夹空白位置，然后在弹出的快捷菜单中选择"粘贴快捷方式"命令，完成快捷方式创建。

（3）通过拖动方式创建快捷方式

将鼠标指针指向选中对象，按住鼠标右键，将对象拖动到目标文件夹中，释放鼠标右键，在弹出的快捷菜单中选择"在当前位置创建快捷方式"命令，完成快捷方式创建。

9. 压缩、解压缩文件或文件夹

文件的无损压缩也叫打包，压缩后的文件占据较少的存储空间。压缩包中的文件不能直接打开，要解压缩后才可以使用。专业的压缩和解压缩程序有 WinRAR、WinZip 等，需先下载并安装到计算机中。常见的压缩文件格式有.rar、.zip。

压缩方法：选择需压缩的文件或文件夹，在选定区域右击，选择弹出的快捷菜单下的压缩软件下级命令"添加到某某文件"。

解压缩方法：在压缩文件上右击，选择弹出的快捷菜单下的压缩软件下级命令"解压文件"。或双击压缩文件，在压缩软件窗口下选择"解压到"命令，选择解压位置并确认。

10. 使用回收站

回收站是特殊的文件夹，它用于保存被删除的文件或文件夹。在桌面上双击"回收站"图标，可打开回收站文件夹，如图 2-45 所示。

图 2-45　回收站文件夹

（1）还原文件或文件夹

在回收站文件夹中选中文件或文件夹后，单击工具面板中的"还原选定的项目"按钮，或者用鼠标右键单击文件，在弹出的快捷菜单中选择"还原"命令，可将选中的文件或文件夹恢复到原来位置。

单击工具面板中的"还原所有项目"按钮，可还原回收站文件夹中的所有文件和文件夹。

（2）清空回收站

单击工具面板中的"清空回收站"按钮，或者用鼠标右键单击回收站文件夹的空白位置，在弹出的快捷菜单中选择"清空回收站"命令，或者在桌面上用鼠标右键单击"回收站"图标，然后在弹出的快捷菜单中选择"清空回收站"命令，可删除回收站中的全部项目。这等同于全部选中回收站中的项目后执行删除操作。此时，Windows 会提示是否永久删除项目，单击"是"按钮，执行永久删除操作。

（3）设置回收站属性

在桌面上用鼠标右键单击"回收站"图标，然后在弹出的快捷菜单中选择"属性"命令，打开"回收站 属性"对话框，如图 2-46 所示。

Windows 会在计算机的每个磁盘中创建一个回收站文件夹，名称为"$RECYCLE.BIN"，其属于隐藏文件夹。

在"回收站 属性"对话框的列表中单击选中磁盘后，可在下方为磁盘中的回收站文件夹设置大小，也可选中"不将文件移到回收站中。移除文件后立即将其删除"单选按钮（这样回收站不额外占用磁盘空间，但不推荐）。默认情况下，"显示删除确认对话框"复选框被选中，在删除文件或文件夹时会显示对话框让用户确认；如果取消选中该复选框，执行删除操作时会直接将文件或文件夹放入回收站，而不提示用户。

图 2-46　"回收站 属性"对话框

2.4　系统设置

Windows 的控制面板用于管理计算机的相关设置。选择"开始→Windows 系统→控制面板"命令，可打开控制面板窗口，如图 2-47 所示。

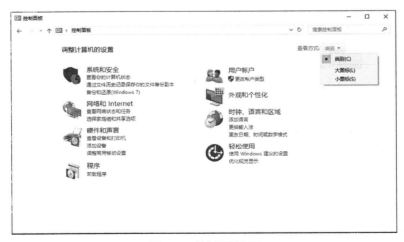

图 2-47　控制面板窗口

　　控制面板默认按类别显示计算机的设置项目，单击窗口右上方的"查看方式"标签右侧的查看方式按钮，打开查看方式列表，可从查看方式列表中选择"类别""大图标"或"小图标"样式显示计算机的设置项目。

2.4.1　个性化设置

1.　更改主题设置

　　主题包含了桌面背景、窗口颜色、声音和屏幕保护程序等相关设置。某些主题还包括桌面图标和鼠标指针的设置。

　　更改主题设置的操作步骤如下。

　　（1）用鼠标右键单击桌面空白位置，然后在弹出的快捷菜单中选择"个性化"命令，或者在控制面板窗口中单击"外观和个性化"链接，打开个性化设置窗口，如图 2-48 所示。

　　（2）在个性化设置窗口的主题列表中单击某个主题，可将其设置为计算机的当前主题。如果需要单独修改桌面背景、窗口颜色、声音或屏幕保护程序等设置，可单击个性化设置窗口下方对应的链接，打开对应的设置窗口进行设置。

2.　调整屏幕分辨率

　　屏幕分辨率指的是屏幕上显示的文本和图像的清晰度。分辨率越高，项目显示越清晰，同时屏幕上显示的项目尺寸越小，屏幕可容纳的项目越多；分辨率越低，在屏幕上显示的项目越少，但项目尺寸越大。

　　计算机可以使用的屏幕分辨率取决于计算机配置的显示器和显卡类型。

　　调整屏幕分辨率的操作步骤如下。

　　（1）用鼠标右键单击桌面空白位置，然后在弹出的快捷菜单中选择"显示设置"命令，打开屏幕分辨率设置窗口，如图 2-49 所示。

图 2-48　个性化设置窗口

图 2-49　屏幕分辨率设置窗口

　　（2）在"显示器分辨率"下拉列表中选择要设置的分辨率。

2.4.2　鼠标设置

　　在控制面板主页窗口中单击"硬件和声音"链接，打开"硬件和声音"设置窗口，然后单击"鼠标"链接，可打开"鼠标 属性"对话框，对鼠标键、鼠标指针、鼠标滚轮等的参数进行设置，如图 2-50 所示。

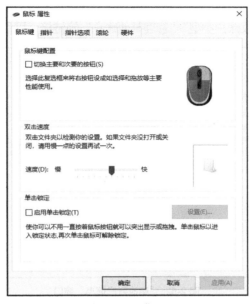

图 2-50　"鼠标 属性"设置对话框

2.4.3　电源设置

在控制面板主页窗口中单击"硬件和声音"链接，打开"硬件和声音"设置窗口，然后单击"电源选项"链接，可打开电源选项设置窗口，如图 2-51 所示。

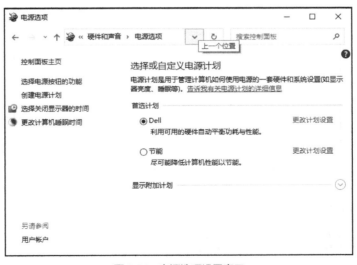

图 2-51　电源选项设置窗口

2.4.4　用户账户设置

用户账户设置用于控制用户可访问的计算机资源，保存用户的个人设置（如桌面主题）信息。

1. 更改当前用户账户

当前用户指当前正在使用系统的用户。在控制面板主页窗口中单击"用户账户"链接，打开"用户账户"设置窗口，然后单击"用户账户"链接，打开"用户账户"设置窗口，如图 2-52 所示。窗口中提供了"更改账户名称""更改账户类型""管理其他账户"等链接，可用于修改当前账户的对应设置。

图 2-52　"更改账户信息"窗口

2. 创建新账户

在图 2-52 所示的窗口中，单击"管理其他账户"链接，打开"管理账户"窗口，在窗口中单击"在电脑设置中添加新账户"链接，可进入账户设置窗口，如图 2-53 所示。

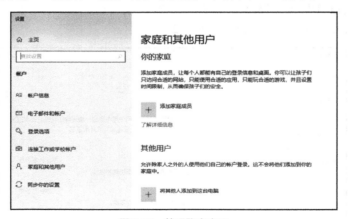

图 2-53　管理账户窗口

3. 创建密码重设盘

密码重设盘用于在忘记密码而无法登录系统时重新设置密码。创建密码重设盘的操作步骤如下。

（1）将用于创建密码重设盘的 U 盘或其他可移动存储设备插入计算机。

（2）在控制面板主页窗口中单击"用户账户"链接，打开"用户账户"设置窗口。

（3）在"用户账户"设置窗口中单击"创建密码重设盘"链接，打开"忘记密码向导"对话框，可完成密码重设盘制作，如图 2-54 所示。

只能为当前用户创建密码重设盘，且只用于重设当前用户的账户密码。密码重设盘具有唯一性，可多次创建密码重设盘，但只能使用最后一次创建的密码重设盘，以前创建的密码重设盘会被作废。

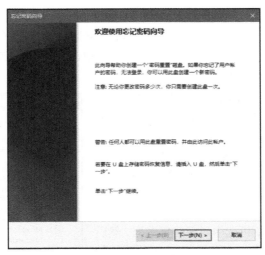

图 2-54　"忘记密码向导"对话框

2.4.5　应用程序的安装和卸载

1. 安装应用程序

通常，应用程序会提供安装程序，如 setup.exe 或 install.exe 等。运行安装程序，设置安装位置和其他选项，即可完成安装。

安装应用程序的过程基本都包括同意用户许可协议、指定安装位置、设置其他选项、执行安装等步骤。例如，迅雷影音的安装程序将多个步骤合并在一个窗口中完成，而有些安装程序会使用多个窗口完成设置。

2. 卸载应用程序

通常，应用程序会提供卸载程序，运行卸载程序可从系统中卸载软件。也可通过控制面板卸载软件，操作步骤如下。

（1）在控制面板窗口中单击"程序"链接，打开"程序和功能"窗口，如图 2-55 所示。

图 2-55　"程序和功能"窗口

（2）在应用程序列表中双击程序名称，或右击程序名称，在弹出的快捷菜单中选择"卸载"命令，即可卸载程序。

（3）通常卸载程序会提供更新（将应用程序更新到最新版本）、修复（按原设置安装应用程序）和卸载（从计算机中删除应用程序）等选项。卸载程序时，单击"卸载"按钮，打开确认卸载对话框。

3. 添加或关闭 Windows 功能

Windows 已安装所有基本功能，用户可随时添加或关闭可选的 Windows 功能。在程序和功能设置窗口，如图 2-55 所示，单击左侧的"启用或关闭 Windows 功能"链接，打开"Windows 功能"对话框，如图 2-56 所示。

在"Windows 功能"对话框中，已选中的复选框表示该功能已添加，若取消选中对应的复选框，单击"确定"按钮，可关闭该功能。

如果需要添加某项功能，可选中对应的复选框，然后单击"确定"按钮执行安装操作，将功能对应的程序添加到系统中。

图 2-56 "Windows 功能"对话框

2.4.6 硬件设备的安装和卸载

硬件设备（如 U 盘、打印机、扫描仪等）都需要在系统中安装相应的驱动程序才能使用。通常，在硬件设备连接到计算机时，Windows 系统可自动为其安装驱动程序。如果系统无法自动完成驱动程序的安装，就需要用户手动安装。

1. 为硬件设备安装驱动程序

可使用一些工具软件帮助用户安装驱动程序，如 360 驱动大师、驱动精灵等。工具软件通常需要在保持网络连接的情况下，从网络服务器下载需要的驱动程序。如果网卡驱动程序未安装，可先通过其他计算机下载带网卡驱动程序的工具软件。360 驱动大师的安装驱动程序界面如图 2-57 所示。

图 2-57 360 驱动大师的安装驱动程序界面

启动 360 驱动大师后，单击工具栏中的"驱动安装"按钮，进入安装驱动程序界面。360 驱动大师可自动检测系统中的硬件设备，并连接网络服务器为其匹配驱动程序。检测结果列表会显示哪些设备未安装驱动程序，哪些设备的驱动程序可以升级。图 2-57 中显示有 2 个设备未安装驱动程序，可单击右上角的"一键安装"按钮，使 360 驱动大师自动下载和安装驱动程序。

2．管理打印机

在控制面板单击"硬件和声音→设备和打印机"链接，打开"设备和打印机"窗口，如图 2-58 所示。

图 2-58　"设备和打印机"窗口

打印机和传真列表显示了可用的打印机和传真机。其中，"Microsoft XPS Document Writer"和"导出为 WPS PDF"是两个虚拟打印机。在应用程序中选择使用这两个虚拟打印机打印文档时，会生成 XPS 文档和 PDF 文档。若图标中有 ✅ 符号表示它是默认打印机。用户在应用程序中执行打印操作时，如果未选择打印机，则计算机使用默认打印机完成打印任务。

在打印机和传真列表中，用鼠标右键单击打印机图标，在弹出的快捷菜单中选择"设置为默认打印机"命令，可将对应打印机设置为默认打印机。

在打印机和传真列表中，双击打印机图标，可打开打印机的状态监测窗口，其中会显示打印任务列表，每个任务包括文档名、状态、所有者、页数、大小、提交时间等信息。如果有未执行完的打印任务，系统任务栏的通知区域会显示 🖶 图标，双击此图标也可打开打印机的状态监测窗口。

2.4.7　设置输入法

1．常规设置

在控制面板中单击"时钟、语言和区域→语言"选项，弹出图 2-59 所示的"语言"设置窗口，在此可以添加语言，单击左侧的"高级设置"，打开图 2-60 所示的"高级设置"窗口，可在此窗口中设置默认输入语言等。

图 2-59　"语言"设置窗口

为了方便平板电脑用户的使用，Windows 10 在开始菜单中增加了"设置"按钮，单击"开始"菜单左下角固定程序区域中的"设置"按钮，打开图 2-61 所示的设置窗口，常用的计算机环境设置都可以在此窗口中完成。例如，要设置默认输入法，可以在图 2-61 所示的窗口中单击"时间和语言"图标，打开"区域和语言"窗口，设置默认的输入语言。

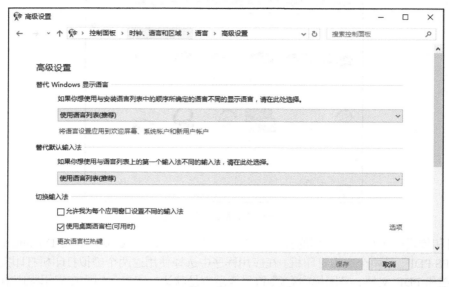

图 2-60 "语言"的高级设置窗口

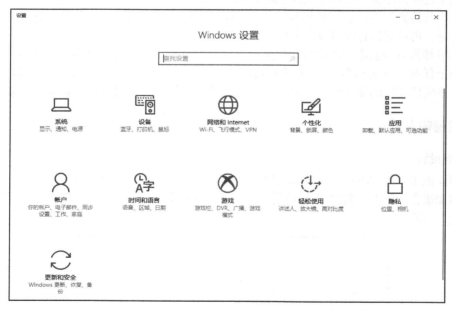

图 2-61 "设置"窗口

2. 语言栏设置

在"文本服务和输入语言"窗口的"语言栏"选项卡中，可设置与语言栏相关的属性，如图 2-62 所示。

语言栏显示当前输入法的状态，语言栏可悬浮于桌面上，如图 2-63 所示，单击右侧的最小化按钮，可将其停靠到任务栏。也可直接停靠到任务栏。

图 2-62　设置语言栏相关属性

图 2-63　语言栏

语言栏中的主要按钮作用如下。

（1） 图标：输入法图标，不同输入法的图标有所不同， 表示搜狗拼音输入法。单击图标可显示输入法列表，在输入法列表中可选择其他输入法，实现输入法切换。

（2）中/英 图标：单击图标可切换中英文输入状态。中表示当前处于中文输入状态，单击图标可切换到英文输入状态，英文状态的图标为英。

（3） / 图标：单击可切换全角和半角状态。 表示半角，此时一个英文字符占半个汉字的宽度； 表示全角，此时一个英文字符占一个汉字的宽度。

（4） / 图标：单击可切换中英文标点符号输入状态。 表示处于英文标点符号输入状态； 表示处于中文标点符号输入状态。

（5） 图标：单击可显示或隐藏软键盘。软键盘可用于输入特殊语言字母或符号。

3. 设置输入法快捷键

在"文本服务和输入语言"窗口的"高级键设置"选项卡中，可设置与输入法相关的快捷键，如图 2-64 所示。

几种输入法相关的常用快捷键默认设置如下。

（1）切换输入法：【Ctrl+Shift】组合键，按一次切换一种输入法。

（2）打开或关闭输入状态：【Ctrl+Space】组合键。关闭输入法时，可输入英文字母和符号。

（3）切换全角和半角：【Shift+Space】组合键。

（4）切换中英文标点符号：【Ctrl+.】组合键。

2.4.8 系统备份与还原

Windows 提供了多种备份与还原方式。

图 2-64　设置与输入法相关的快捷键

文件备份：内容包括文件、文件夹和磁盘，也可以备份用户指定的内容。设置 Windows 备份之后，系统会跟踪备份内容，并将新增或修改的文件和文件夹添加到备份中。

系统映像备份：系统映像是磁盘的精确映像，包括 Windows 系统和用户的设置、程序及文件。

系统映像用于在硬盘或计算机无法工作时还原计算机内容。默认情况下，系统映像仅包含 Windows 运行所需的磁盘，即通常所说的系统盘。如果要包含其他数据磁盘，则需要手动创建系统映像。在使用系统映像还原时，会覆盖备份包含磁盘的全部内容。

　　系统还原：使用系统提供的"系统保护"功能创建还原点，还原点包含有关注册表设置和 Windows 使用的系统设置信息。利用还原点还原时，可以在不影响个人文件（如电子邮件、文档或照片）的情况下，撤销对计算机所进行的系统更改。

1. 创建文件备份

创建文件备份的操作步骤如下。

（1）在制面板窗口中单击"系统和安全→备份和还原"链接，打开"备份和还原"窗口，如图 2-65 所示。

图 2-65　"备份和还原"窗口

（2）如果从未使用过 Windows 备份，可单击"设置备份"按钮，然后按照向导提示的步骤操作完成备份。若已创建了备份，可以等待备份计划定期执行，或者单击"立即备份"按钮立即执行备份操作。

2. 启用和禁用备份计划

备份计划可按预先设置的时间自动执行备份操作。如果未启用计划，可在"备份和还原"设置窗口中单击"启用计划"链接来启用计划。

启用计划后，"备份和还原"设置窗口左窗格中会出现"禁用计划"链接，单击链接可禁用计划。

3. 管理备份空间

通过管理备份空间，可查看备份占用的空间大小，并且可删除备份的文件和系统映像，以便释放占用的磁盘空间。在"备份和还原"设置窗口中单击"管理空间"链接，可打开管理 Windows 备份磁盘空间窗口。

4. 还原文件

在"备份和还原"窗口中，单击"还原所有用户的文件"链接，可还原已备份的所有用户的文件。单击"还原我的文件"按钮，可从备份中选择恢复当前用户的文件。

5. 创建系统映像

创建系统映像的操作步骤如下。

（1）在"备份和还原"设置窗口的左窗格中，单击"创建系统映像"链接，打开"创建系统映像"的选择保存位置窗口，如图 2-66 所示。

（2）在"选择保存位置"窗口中，选中"在硬盘上"单选按钮，可将系统映像保存到指定硬盘，如可移动硬盘；选中"在一张或多张 DVD 上"单选按钮，可将系统映像保存到光盘，此时需要计算机配置可刻录光盘驱动器，并装载可刻录光盘；选中"在网络位置上"单选按钮，可将系统映像保存到网络上的共享文件夹中。

（3）系统映像默认包含了运行 Windows 系统必需的驱动器，也可选择将其他驱动器包含到系统映像中。选择完成后，单击"下一步"按钮，打开"创建系统映像"的确认备份设置窗口，单击"开始备份"按钮，执行创建系统映像操作。

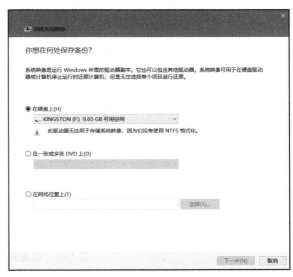

图 2-66　创建系统映像的选择保存位置窗口

（4）系统映像创建完成后，系统显示备份完成窗口，单击"关闭"按钮结束操作。

6．使用"系统保护"功能

在控制面板中单击"系统和安全→系统"链接，打开"系统"窗口，如图 2-67 所示。单击"系统"窗口左窗格中的"系统保护"链接，可打开"系统属性"对话框的"系统保护"选项卡，如图 2-68 所示。

图 2-67　系统设置窗口

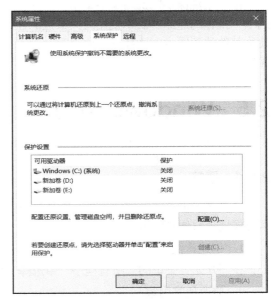

图 2-68　"系统保护"选项卡

（1）配置驱动器保护

在"系统保护"选项卡的保护设置列表中，可显示计算机中各个驱动器（磁盘）是否打开了系统保护。在"保护设置"列表中单击选中要配置保护设置的驱动器，如选中 C 盘，然后单击"配置"按钮，打开磁盘的保护设置对话框，如图 2-69 所示。

图 2-69　配置磁盘的保护设置对话框

（2）创建还原点

如果为驱动器开启了保护功能，在修改系统设置或安装软件时，系统可自动创建还原点。在修改系统设置或安装软件而导致系统无法正常运行时，可使用还原点恢复系统。要手动创建还原点，可在"系统保护"选项卡中单击"创建"按钮，打开"创建还原点"对话框，在输入框中输入还原点描述信息，然后单击"创建"按钮即可创建还原点。

（3）执行系统还原

在"系统保护"选项卡中单击"系统还原"按钮，打开系统还原向导的选择还原点窗口，默认选项"推荐的还原"表示使用时间最近的还原点，也可选中"选择另一个还原点"单选按钮，选择使用其他的还原点。选择好还原点后，单击"下一步"按钮，再单击"完成"按钮，系统执行还原操作。

2.5　Windows 10 附件

本节介绍 Windows 10 附件中的常用应用程序，包括便签、记事本、计算器和画图等。

2.5.1　便签

便签用于记录待办事项列表、电话号码或其他文本内容。便签位于 Windows 桌面，用户可以非常方便地查看便签内容。

1. 创建新便签

在"开始"菜单的"所有程序"中选择"便签"命令，即可在桌面上创建一个新便签。

2. 修改便签内容

单击便签空白位置，即可输入或修改便签内容。便签支持设置一些简单的本文格式，在选中内容后，可按下列组合键设置格式。

（1）【Ctrl+B】：粗体文本。

（2）【Ctrl+I】：斜体文本。

（3）【Ctrl+U】：带下画线的文本。

（4）【Ctrl+T】：删除线。

（5）【Ctrl+Shift+L】：带项目符号的列表，再次按此快捷键可切换到编号列表。

（6）【Ctrl+Shift+>】：放大文本。

（7）【Ctrl+Shift+<】：缩小文本。

3. 更改便签颜色

用鼠标右键单击便签空白位置，在弹出的快捷菜单中选择"颜色"命令可更改便签颜色。

4. 删除便签

单击便签标题栏右侧的"删除便签"按钮，可删除便签。

2.5.2　记事本

记事本可用于查看或编辑文本文件。文本文件的扩展名为.txt。通常，只要是纯文本文件，不管其扩展名是否为.txt，均可使用记事本打开。

1. 打开记事本

在"开始"菜单中选择"所有程序→Windows 附件→记事本"命令，可打开记事本，默认创建一个空白文件。

2. 打开文件

在记事本中选择"文件→打开"命令，可选择打开磁盘中的文本文件。

3. 保存文件

在记事本中选择"文件→保存"命令，可保存当前文件；选择"文件→另存为"命令，可将当前文件另存为新文件。

4. 设置文本字体

在选中要设置字体的文本内容后，选择"格式→字体"命令，打开"字体"对话框，在"字体"对话框中可设置文本的字体、字形及大小。

5. 自动换行

当"格式→自动换行"命令前面显示"√"符号时，记事本中的内容可根据窗口宽度自动换行，否则只有在按【Enter】键输入换行符号时才能进行换行。

6. 创建日志文件

记事本的日志文件可在每次打开时，自动在文件末尾添加当前日期。若文本文件的第一行以".LOG"开头，则将文件创建为日志文件。

2.5.3　计算器

计算器除了可进行加、减、乘、除等简单运算，还提供了科学型计算器、程序员计算器、日期计算器等高级功能。

1. 标准型计算器

在"开始"菜单中选择"所有程序→计算器"命令，即可打开标准型计算器，如图 2-70 所示。标准型计算器可用于执行加、减、乘、除等简单运算。单击左上角的"打开导航"菜单可选择其他类型的计算器。

2. 科学型计算器

科学型计算器增加了三角函数、数学函数、平方、立方、开方、幂等科学计算功能，如图 2-71 所示。

图 2-70 标准型计算器

图 2-71 科学型计算器

3．程序员计算器

程序员计算器增加了进制转换、逻辑运算等与程序设计相关的计算功能，如图 2-72 所示。

4．日期计算器

日期计算器可计算两个日期之间相差的年、月、周、天等差值，也可计算某日期加上或减去指定日期的日期，如图 2-73 所示。

5．单位转换

在"选择要转换的单位类型"下拉列表中，可选择功率、角度、面积、能量、时间、速度、体积、温度、压力、长度、重量等单位类型，图 2-74 所示为长度单位转换窗口。

图 2-72 程序员计算器

图 2-73 日期计算器

图 2-74 长度单位转换窗口

2.5.4 画图

画图可用于查看和编辑图像文件。在"开始"菜单中选择"所有程序→Windows 附件→画图"命令，可打开画图工具，如图 2-75 所示。

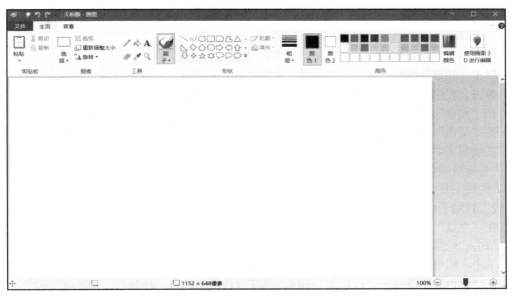

图 2-75　画图工具

1. 设置前景颜色和背景颜色

在"主页"工具栏的"颜色"组中，"颜色 1"图标显示前景颜色，"颜色 2"图标显示背景颜色。先单击"颜色 1"图标，再在颜色表中单击一种颜色，可将其设置为前景颜色；先单击"颜色 2"图标，再在颜色表中单击一种颜色，可将其设置为背景颜色。

在"工具"组中单击吸管工具✐，然后单击绘图区中的图形，可将单击位置的颜色设置为前景颜色；用鼠标右键单击绘图区中的图形，可将单击位置的颜色设置为背景颜色。

2. 绘制线条

画图提供了多种绘制线条的工具。

（1）铅笔工具✐

铅笔工具可绘制细的、任意形状的直线或曲线。使用铅笔工具的操作步骤如下。

① 在"主页"工具栏的"工具"组中，单击"铅笔"工具。

② 单击"粗细"图标，打开下拉菜单，从中选择线条粗细。

③ 在"颜色"组中单击"颜色 1"图标，再在颜色表中单击一种颜色，设置前景颜色。

④ 在"颜色"组中单击"颜色 2"图标，再在颜色表中单击一种颜色，设置背景颜色。

⑤ 在绘图区中按住鼠标左键拖动绘制线条，线条颜色为前景颜色；按住鼠标右键拖动绘制线条，线条颜色为背景颜色。

（2）刷子工具✎

刷子工具可绘制具有不同外观和纹理的线条，就像使用不同的艺术刷一样。使用刷子工具的操作步骤如下。

① 在"主页"工具栏中，单击"刷子"图标下拉按钮，在下拉列表中单击选中要使用的艺术刷。

② 单击"粗细"图标，打开下拉菜单，从中选择线条粗细。

③ 在"颜色"组中单击"颜色 1"图标，再在颜色表中单击一种颜色，设置前景颜色。

④ 在"颜色"组中单击"颜色 2"图标，再在颜色表中单击一种颜色，设置背景颜色。

⑤ 在绘图区中按住鼠标左键拖动绘制线条，线条颜色为前景颜色；按住鼠标右键拖动绘制线条，线条颜色为背景颜色。

（3）直线工具 ＼

直线工具用于绘制直线。使用直线工具的操作步骤如下。

① 在"主页"工具栏的"形状"组中，单击"直线"工具。

② 单击"轮廓"图标，打开下拉菜单，从中选择轮廓样式。

③ 单击"粗细"图标，打开下拉菜单，从中选择线条粗细。

④ 在"颜色"组中单击"颜色1"图标，再在颜色表中单击一种颜色，设置前景颜色。

⑤ 在"颜色"组中单击"颜色2"图标，再在颜色表中单击一种颜色，设置背景颜色。

⑥ 在绘图区中按住鼠标左键拖动绘制直线，直线颜色为前景颜色；按住鼠标右键拖动绘制直线，直线颜色为背景颜色。

（4）曲线工具 ∿

曲线工具用于绘制平滑曲线。使用曲线工具的操作步骤如下。

① 在"主页"工具栏的"形状"组中，单击"曲线"工具。

② 单击"轮廓"图标，打开下拉菜单，从中选择轮廓样式。

③ 单击"粗细"图标，打开下拉菜单，从中选择线条粗细。

④ 在"颜色"组中单击"颜色1"图标，再在颜色表中单击一种颜色，设置前景颜色。

⑤ 在"颜色"组中单击"颜色2"图标，再在颜色表中单击一种颜色，设置背景颜色。

⑥ 在绘图区中按住鼠标左键拖动绘制曲线，曲线颜色为前景颜色；按住鼠标右键拖动绘制曲线，曲线颜色为背景颜色。

⑦ 拖动曲线中间区域，调整曲线弧度。

3. 绘制形状

除了直线工具和曲线工具，"主页"工具栏的"形状"组还提供了其他多种形状工具。使用形状工具的操作步骤如下。

（1）在"形状"组中，单击要使用的形状工具，如矩形工具。

（2）单击"轮廓"图标，打开下拉菜单，从中选择轮廓样式。

（3）单击"填充"图标，打开下拉菜单，从中选择填充样式。

（4）单击"粗细"图标，打开下拉菜单，从中选择轮廓线条粗细。

（5）在"颜色"组中单击"颜色1"图标，再在颜色表中单击一种颜色，设置前景颜色。

（6）在"颜色"组中单击"颜色2"图标，再在颜色表中单击一种颜色，设置背景颜色。

（7）在绘图区中按住鼠标左键拖动绘制形状，形状轮廓颜色为前景颜色，填充颜色为背景颜色；按住鼠标右键拖动绘制形状，形状轮廓颜色为背景颜色，填充颜色为前景颜色。

4. 颜色填充工具

在"主页"工具栏的"工具"组中单击填充工具，然后单击绘图区中的图形，可用前景颜色填充图形；用鼠标右键单击绘图区中的图形，可用背景颜色填充图形。

5. 文本工具 A

在"主页"工具栏的"工具"组中单击文本工具，在绘图区中单击即可添加文本框，可通过键盘输入文本内容。使用文本工具时，画图会在功能区显示"文本"工具栏。

文本内容颜色显示为前景颜色，在"文本"选项卡的"背景"组中单击选中"不透明"复选框时，文本框将使用背景颜色填充。

在"文本"工具栏的"字体"组可设置文本的字体、字号、粗体、斜体、下画线、删除线等。

6. 选择工具

在"主页"工具栏的"图像"组中，单击"选择"下方的下拉按钮，可选择矩形选择工具 □（拖

动鼠标绘制矩形框选择图形）或自由图形选择工具 🖑（拖动鼠标绘制任意形状选择图形），或者选择
"全选""反向选择""透明选择"等命令选择图形。

7. 裁剪

选中图形后，在"主页"工具栏的"图像"组中，单击"裁剪"图标，即可只保留选中的图形。

8. 调整大小

选中图形后，在"主页"工具栏的"图像"组中，单击"重新调整大小"图标，可打开"调整
大小和扭曲"对话框。在对话框中可通过设置百分比或像素调整图形大小，还可通过设置倾斜角度
扭曲图形。注意：未选中图形时，只能调整绘图区的大小（绘图区大小即为图像的分辨率）。

9. 旋转图形

在"主页"工具栏的"图像"组中，单击"旋转"打开下拉菜单，可从菜单中选择"向右旋转
90 度""向左旋转 90 度""旋转 180 度""水平翻转""垂直翻转"命令翻转图形。如果选中图形，则
旋转选中的图形，否则将旋转绘图区。

10. 使用查看工具

画图在"查看"工具栏中提供了各种查看工具。在"查看"工具栏的"缩放"组中，单击"放
大"图标可放大图形，单击"缩小"图标可缩小图形，单击"100%"图标可使图形按实际大小显示。
在"查看"工具栏的"显示或隐藏"组中，可选择显示或隐藏标尺、网格线、状态栏。在"查看"
工具栏的"显示"组中，单击"全屏"图标可使用全屏方式查看图形，全屏查看图形后单击鼠标或
按任意键可退出全屏。

11. 画图 3D

单击图 2-75 右上角的"使用画图 3D 进行编辑"按钮，可打开"画图 3D"窗口，如图 2-76 所示。

图 2-76　"画图 3D"窗口

本章小结

　　本章针对 Windows 10 操作系统进行了较为系统的介绍。其中，对 Windows 10 的基本概念和基本操作、文件管理操作、系统设置及管理等进行了比较详细的介绍；对 Windows 10 中自带的一些实用工具（如便签、记事本、计算器、画图等）仅做了简单介绍。读者若要深入学习 Windows 10 操作系统，还需要参考联机帮助或查阅相关专题的书籍。

思考题

1. 什么是操作系统？
2. 如何选择多个连续和不连续的文件？
3. 如何自动隐藏、锁定和控制任务栏可见？
4. 窗口与对话框有什么区别？
5. 如何通过控制面板将不常用的软件删除？

第 3 章　WPS 文字

WPS Office（简称 WPS）是金山公司研发的一款办公软件，包括办公软件中常用的文字、表格、演示等组件，具有体积小、占用内存少、运行速度快、支持多种平台、支持"云"存储、提供海量在线模板等特点。WPS Office 2019 于 2018 年由金山公司发布，相比之前的版本具有全新界面，并在核心组件的基础上，增加了流程图、脑图、PDF 等组件，将所有组件均集成到一个界面中，更方便用户操作。WPS Office 中的文字、表格和演示组件全面兼容微软的 Word、Excel 和 PowerPoint 组件。本章主要讲解 WPS Office 2019 中文字组件的使用方法。

3.1　文档基本操作

在 WPS 中，文字、表格和演示等组件的新建、打开和保存等基本操作类似，本节主要讲解文字文档的基本操作。

3.1.1　新建文字文档

WPS 启动后进入首页，如图 3-1 所示。

图 3-1　WPS 首页

　　WPS 首页默认显示"文档"内容，在文件列表中可查看用户文件。标题栏显示各个选项卡标题，如"首页""稻壳""新建"等。单击选项卡标题可打开相应的选项卡。WPS 通过选项卡显示被打开的文档的编辑窗口，并在标题栏中显示该文档名称。

　　新建 WPS 文字文档的操作步骤如下。

　　（1）单击系统"开始"按钮，在弹出的菜单中选择"所有程序→WPS Office→WPS Office"命令启动 WPS。

　　（2）在 WPS 首页的左侧导航栏中单击"新建"按钮，或单击标题栏中的"+"按钮，打开新建选项卡。在 WPS 主页面中，按【Ctrl+N】组合键也可打开新建选项卡。

　　（3）在"新建"选项卡中，单击工具栏中的"W 新建文字"按钮，显示 WPS 文字模板列表，如图 3-2 所示。

　　（4）单击模板列表中的"新建空白文档"按钮，创建一个空白文档。

　　其他创建 WPS 空白文字文档的方法如下。

　　① 在系统桌面或文件夹中，用鼠标右键单击空白位置，然后在弹出的快捷菜单中选择"新建→DOC 文档"或"新建→DOCX 文档"命令。

　　② 打开文档后，在文档编辑窗口中按【Ctrl+N】组合键。

图 3-2　选择创建文档的模板

3.1.2　使用模板创建文档

　　模板包含了预定义的格式和内容，空白文档除外。使用模板创建文档时，用户只需根据提示填写、修改相应的内容，即可快速创建文档。

　　WPS 提供了海量的在线模板，并免费提供给会员使用。WPS 在启动时，会提示会员登录。在未登录状态下，可在"新建"选项卡中单击左侧的"未登录"按钮，或者单击标题栏右侧的"访客登录"按钮，打开对话框登录 WPS 账号。用户注册成为会员并登录后即可免费使用模板。

在新建标签的模板列表中，单击要使用的模板，可打开模板的预览窗口，如图 3-3 所示。单击预览窗口右上角的关闭按钮可关闭预览窗口。

图 3-3 模板预览

单击预览窗口右侧的"立即下载"按钮，可立即下载模板，并用其创建新文档。使用模板创建的新文档时，用户可根据需求修改相应的内容，即完成所需文档的创建，如图 3-4 所示。

WPS 文字文档窗口主要由菜单栏、快速访问工具栏、工具栏、编辑区、状态栏等组成，对应位置如图 3-4 所示。

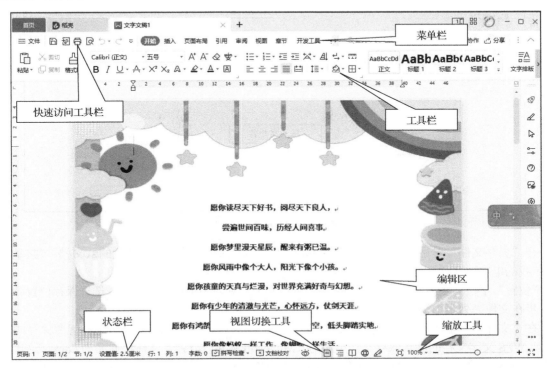

图3-4 根据模板创建的文档

（1）菜单栏：单击菜单栏中的按钮可显示对应的工具栏。早期的 WPS 菜单栏在单击按钮时会显示下拉菜单。

（2）快速访问工具栏：包括保存、输出为 PDF、打印、打印预览、撤销、恢复等常用按钮。单击其中的"自定义快速访问工具栏"按钮 ，可通过选择快速访问工具栏中的按钮，或打开自定义对话框添加命令。

（3）工具栏：提供操作按钮，单击按钮可执行相应的操作。

（4）编辑区：显示和编辑当前文档。

（5）状态栏：显示文档的页面、字数等信息，包括视图切换和缩放等工具。

3.1.3 保存文档

单击快速访问工具栏中的"保存"按钮 ，或单击"文件"按钮，在打开的菜单中选择"保存"命令，或按【Ctrl+S】组合键，执行保存操作，可保存当前正在编辑的文档。

单击"文件"按钮，在打开的菜单中选择"另存为"命令，执行另存为操作，可将正在编辑的文档保存为指定名称的新文档。保存新建文档或执行"另存为"命令时，会打开"另存文件"对话框，如图 3-5 所示。

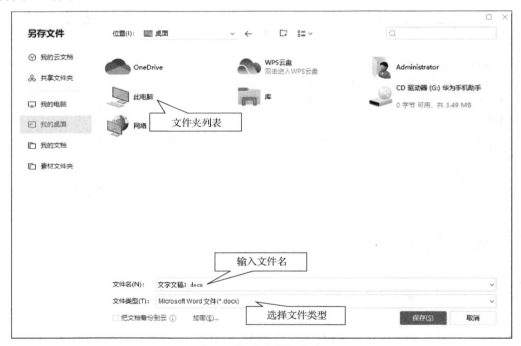

图 3-5 "另存文件"对话框

在"另存文件"对话框的左侧窗格中，列出了常用的保存位置，包括"我的云文档""共享文件夹""我的电脑""我的桌面""我的文档"等。

"位置"下拉列表显示了当前保存位置，也可从下拉列表中选择其他位置。选择保存位置后，可进一步在文件夹列表中选择保存文档的子文件夹。

在"文件名"输入框中，可输入文档名称。在"文件类型"下拉列表中可选择想要保存的文件类型。WPS 文字文档的默认保存文件类型为"Microsoft Word 文件"，文件扩展名为.docx，这是为了与微软的 Word 组件兼容。用户还可将文档保存为 WPS 文字文件、WPS 文字模板文件、PDF 文件格式等 10 余种文件类型。完成设置后，单击"保存"按钮完成保存操作。

3.1.4　输出文档

WPS 可将文字文档输出为 PDF、图片和演示文档。

1. 输出为 PDF

将文字文档输出为 PDF 的操作步骤如下。

（1）单击工具栏中的"文件"按钮，打开"文件"菜单。

（2）在"文件"菜单中选择"输出为 PDF"命令，打开"输出为 PDF"对话框。

（3）在文件列表中选中要输出的文档，默认选中当前文档。用户可在输出范围列中设置输出为 PDF 的页面范围。

（4）在"保存位置"下拉列表中选择保存位置。

（5）单击"开始输出"按钮，执行输出操作。成功完成输出后，文档状态变为"输出成功"，"开始输出"按钮变成灰色不可用，如图 3-6 所示，此时可关闭对话框。

图 3-6　"输出为 PDF"对话框

2. 输出为图片

将文字文档输出为图片的操作步骤如下。

（1）单击工具栏中的"文件"按钮，打开"文件"菜单。

（2）在"文件"菜单中选择"输出为图片"命令，打开"输出为图片"对话框，如图 3-7 所示。

（3）在"输出方式"栏中选择逐页输出或合成长图。

（4）在"水印设置"栏中选择无水印、默认水印或自定义水印。

（5）在"输出页数"栏中选择所有页或者页码选择（按指定页码输出）。

（6）在"输出格式"下拉列表中选择输出图片的文件格式。

（7）在"输出尺寸"下拉列表选择输出图片的品质。

（8）在"输出颜色"中选择输出图片的颜色。

（9）在"输出目录"输入框中输入图片的保存位置。用户可单击右侧的"…"按钮打开对话框，从中选择保存位置。

（10）单击"输出"按钮，执行输出操作。

图 3-7 "输出为图片"对话框

3. 输出为演示文档

将文字文档输出为演示文档的操作步骤如下。

（1）单击工具栏中的"文件"按钮，打开"文件"菜单。

（2）在"文件"菜单中选择"输出为 PPTX"命令，打开"Word 转 PPT"对话框，如图 3-8 所示。

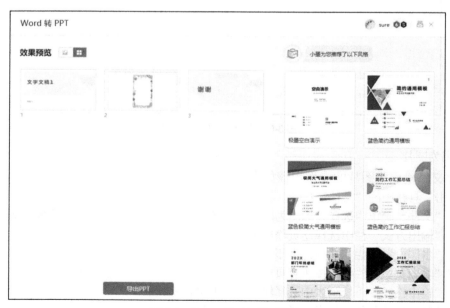

图 3-8 "Word 转 PPT"对话框

（3）单击"导出 PPT"按钮，执行导出操作，会打开图 3-5 所示的"另存文件"对话框，选择演示文档的保存位置后，在"文件名"下拉列表框中，输入文档名称。单击"保存"按钮，完成导出后，WPS 会自动打开演示文档。

3.1.5 打开文档

在系统桌面或文件夹中双击文档，可启动 WPS，并打开文档。

WPS 启动后，按【Ctrl+O】组合键，或在"文件"菜单中选择"打开"命令，打开"打开文件"对话框，如图 3-9 所示。

"打开文件"对话框和"另存文件"对话框类似，用户首先需要选择位置，然后在文件列表中双击文件即可将其打开。也可在单击选中文件后，再单击"打开"按钮打开文件。

图 3-9 "打开文件"对话框

3.2 文档编辑

新建空白文档或打开文档后，可在其中输入文档内容，执行各种编辑操作。输入和编辑是 WPS 文字的基本功能。

3.2.1 输入操作

1. 输入文本

在文档的编辑区，光标显示为闪烁的竖线，此位置称为插入点。从键盘输入的内容，始终会放到插入点的位置。随着内容的输入，插入点自动向后移动。通过单击或按方向键可改变插入点的位置。

在输入时，可按【Insert】键切换输入状态。当输入状态为插入时，输入的内容将插入到插入点位置，原本的内容向后移动；当输入状态为替换时，输入的内容会覆盖插入点位置原本的内容。

在输入过程中，按【BackSpace】键可删除插入点前面的内容，按【Delete】键可删除插入点后面的内容。

2. 插入特殊符号

特殊符号不能从键盘直接输入。要插入特殊符号，可在"插入"工具栏中单击"符号"右侧的倒三角按钮符号▼，打开符号下拉菜单，如图 3-10 所示。在符号下拉菜单中单击需要的符号，可将其插入到文档。

　　在"插入"工具栏中单击"符号"按钮 ，可打开"符号"对话框，如图 3-11 所示。在对话框中双击需要的符号，或者在选中符号后，单击"插入"按钮，可将符号插入文档。

　　符号下拉菜单一次只能插入一个符号，完成插入后菜单自动关闭。"符号"对话框可插入多个符号，之后手动关闭对话框。

图 3-10　"符号"下拉菜单

图 3-11　"符号"对话框

3. 插入日期

　　在"插入"工具栏中单击"日期"按钮，打开"日期和时间"对话框，如图 3-12 所示。在对话框中双击使用的格式，或者在选中格式后，单击"确定"按钮，可将当前日期插入文档。

　　如果希望文档中插入的日期和时间能随系统当前日期和时间变化，可在插入日期和时间时，在"日期和时间"对话框中选中"自动更新"复选框。

图 3-12　"日期和时间"对话框

3.2.2　编辑操作

1. 移动插入点

在编辑文档时，往往需要移动插入点，然后在插入点位置执行输入或编辑操作。单击需要定位的插入点位置，可将插入点移动到该位置。还可通过键盘移动插入点位置。

可使用下面的快捷键移动插入点。

- 按【←】键：将插入点向前移动一个字符。
- 按【→】键：将插入点向后移动一个字符。
- 按【↑】键：将插入点向上移动一行。
- 按【↓】键：将插入点向下移动一行。
- 按【Home】键：将插入点移动到当前行行首。
- 按【End】键：将插入点移动到当前行末尾。
- 按【Ctrl+Home】组合键：将插入点移动到文档开头。
- 按【Ctrl+End】组合键：将插入点移动到文档末尾。
- 按【Page Down】键：将插入点向下移动一页。
- 按【Page Up】键：将插入点向上移动一页。

2. 选择内容

在执行复制、移动、删除或设置格式等各种操作时，往往需要先选中内容，可使用下面的方法操作。

- 选择连续内容：单击开始位置，按住【Shift】键，再单击末尾位置。或者在按住【Shift】键的同时，按移动插入点快捷键。
- 选择多段不相邻的内容：选中第一部分内容后，按住【Ctrl】键，再单击另一部分开始位置，按住鼠标左键拖动选择不连续内容。
- 选择词组：双击可选中词组。
- 选择一行：将鼠标移动到编辑区左侧，当鼠标指针变成形状时，单击鼠标左键。
- 选择一个段落：将鼠标移动到编辑区左侧，当鼠标指针变成形状时，双击鼠标左键。或者将鼠标移动到要选择的行中，连续 3 次单击鼠标左键。
- 选择整个文档：将鼠标移动到编辑器左侧，当鼠标指针变成形状时，连续三次单击鼠标左键。或者按【Ctrl+A】组合键。
- 选择矩形区域：按住【Alt】键，再按住鼠标左键拖动。

3. 复制粘贴内容

复制粘贴内容包括复制和粘贴两个步骤。

（1）选中要复制的内容后，按【Ctrl+C】组合键，或者在"开始"选项卡中单击"复制"按钮，或者用鼠标右键单击选中的内容，然后在弹出的快捷菜单中选择"复制"命令，执行复制操作。

（2）将插入点定位到要粘贴内容的位置，按【Ctrl+V】组合键，或者在"开始"选项卡中单击"粘贴"按钮，或者在插入点单击鼠标右键，然后在弹出的快捷菜单中选择"粘贴"命令，执行粘贴操作。

执行粘贴操作时，可单击"开始"选项卡中的"粘贴"下拉按钮 粘贴▾，打开"粘贴"菜单，在其中选择"带格式粘贴""匹配当前格式""只粘贴文本"或"选择性粘贴"命令，选择粘贴方式。也可单击鼠标右键，在弹出的快捷菜单中选择粘贴方式。

4. 移动内容

移动内容包括剪切和粘贴两个步骤。

（1）选中要复制的内容后，按【Ctrl+X】组合键，或者在"开始"选项卡中单击"剪切"按钮，或者用鼠标右键单击选中的内容，然后在弹出的快捷菜单中选择"剪切"命令，执行剪切操作。

（2）将插入点定位到要粘贴内容的位置，按【Ctrl+V】组合键，或者在"开始"选项卡中单击"粘贴"按钮，或者在插入点单击鼠标右键，然后在弹出的快捷菜单中选择"粘贴"命令，执行粘贴操作。

也可以在选中内容后，将鼠标移动到选中内容上方，按住鼠标左键拖动，将选中内容拖动到其他位置。

5. 查找与替换

查找功能用于在文档中快速定位关键词，使用查找功能的操作步骤如下。

（1）在菜单栏中单击"视图"按钮，打开"视图"工具栏。

（2）在"视图"选项卡中单击"导航窗格"按钮，打开"导航"窗格。

（3）单击"导航"窗格中的"查找和替换"按钮，打开"查找和替换"窗格，如图 3-13 所示。

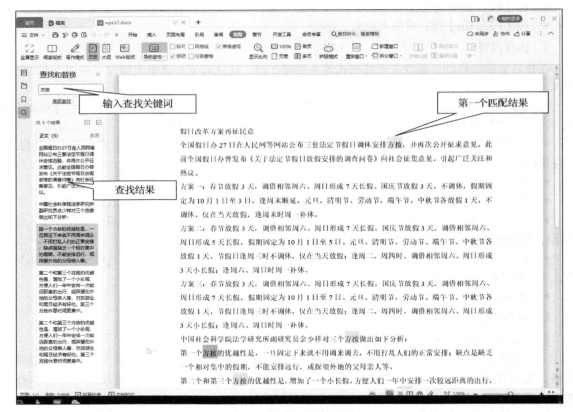

图 3-13 "查找和替换"窗格

（4）在"查找和替换"对话框中输入查找关键词，如"方按"，然后按【Enter】键或单击"查找"按钮，执行查找搜索。

（5）"查找和替换"窗格下方会显示匹配结果数量和查找结果。在查找结果和文档中，匹配结果用黄色背景标注，并将第一个匹配结果显示到窗口中。在匹配结果中单击包含匹配结果的段落，可使该段落在窗口中显示。

（6）单击"查找和替换"窗格中的"上一条"按钮⌃和"下一条"按钮⌄，可按顺序向上或向下在文档中切换匹配的查找结果。

替换功能用于将匹配的查找结果替换为指定内容。其操作步骤如下。

（1）在"查找和替换"窗格的搜索框中输入关键词执行查找操作。

（2）单击"显示替换选项"按钮替换⌄，在"查找和替换"窗格中将显示替换选项，如图 3-14 所示。替换选项显示后，"显示替换选项"按钮替换⌄变为"隐藏替换选项"按钮替换⌃，单击可隐藏替换选项。

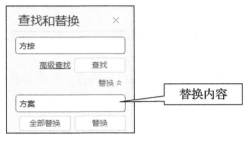

图 3-14　替换选项

（3）输入替换内容。单击"替换"按钮，按先后顺序替换匹配的查询结果，单击一次将替换一个查找结果；单击"全部替换"按钮，可替换全部匹配的查找结果。

在"查找和替换"窗格中单击"高级查找"按钮，或单击"开始"选项卡中的"查找"按钮，或者按【Ctrl+F】组合键，打开"查找和替换"对话框，如图 3-15 所示，可查找文档中所有的错词"核洮"并将其替换为仿宋、加粗、蓝色字体的"核桃"。

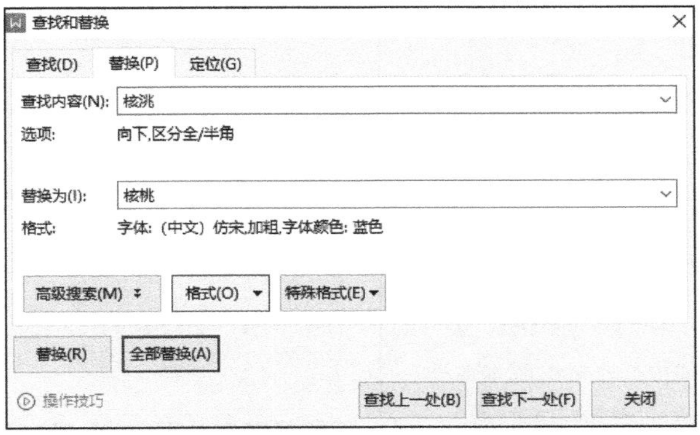

图 3-15　"查找和替换"对话框

"查找和替换"对话框中的"查找"选项卡用于执行查找操作，"替换"选项卡用于执行替换操作，"定位"选项卡用于执行定位插入点操作。

单击"高级搜索"按钮，可显示或隐藏高级搜索选项。

单击"格式"按钮，打开下拉菜单，从中可选择设置字体、段落、制表符、样式、突出显示等格式，在搜索时匹配指定格式。

单击"特殊格式"按钮，打开下拉菜单，从中可选择要查找的特殊格式，如段落标记、制表符、图形、分节符等。

6.　撤销和恢复

在编辑文档时，按【Ctrl+Z】组合键或单击快速访问工具栏中的"撤销"按钮↺，可撤销之前执行的操作。单击"撤销"按钮右侧的倒三角按钮，在打开的操作列表中选择相应的操作，可撤销该操作及之前的所有操作。

按【Ctrl+Y】组合键，或单击快速访问工具栏中的"恢复"按钮 ↻ ，可恢复之前撤销的操作。

3.2.3　多窗口编辑文档

默认情况下，WPS 用户在一个窗口中编辑文档。WPS 也支持用户使用多个窗口编辑同一个文档或同一文档的不同部分。

1.　新建窗口

在"视图"选项卡中单击"新建窗口"按钮，可为当前文档另建一个新窗口。

2.　拆分窗口

在"视图"选项卡中单击"拆分窗口"按钮，可将当前文档窗口拆分为上下两部分。单击"拆分窗口"右侧的倒三角按钮，打开下拉菜单，可从中选择按水平或垂直方向拆分窗口。

3.　排列窗口

在"视图"选项卡中单击"重排窗口"按钮，打开下拉菜单，可从中选择水平平铺、垂直平铺或层叠窗口。多窗口编辑文档如图 3-16 所示，其中有垂直平铺的文档窗口，左侧窗口还进行了拆分。

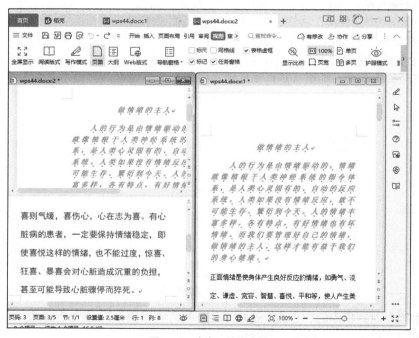

图 3-16　多窗口编辑文档

3.2.4　文本格式

文本格式可对文档中的文字设置各种格式，以带给用户良好的阅读体验。

1.　设置字体

选中文本后，可在"开始"选项卡中的"字体"组合框 宋体 中输入字体名称，或者单击组合框右侧的倒三角按钮，打开"字体"列表，从列表中选择字体。"字体"组合框会显示插入点前面文本的字体。设置不同字体的文本如图 3-17 所示。

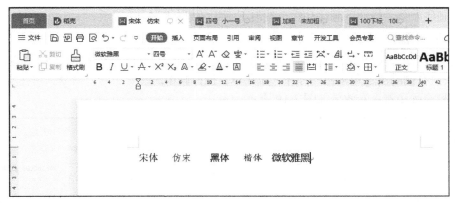

图 3-17　不同字体的文本

2. 设置字号

选中文本后,可在"开始"选项卡中的"字号"组合框 五号 中输入字号大小,或者单击组合框右侧的倒三角按钮,打开字号列表,从中选择字号。可在字号组合框中输入字号列表中未包含的字号。例如,在"字号"组合框中输入 200,可设置超大文字。

选中文本后,单击"开始"选项卡中的"增大字号"按钮 A⁺或按【Ctrl+]】组合键,可增大字号;单击"减小字号"按钮 A⁻或按【Ctrl+[】组合键,可减小字号。

设置不同字号的文本如图 3-18 所示。

图 3-18　不同字号的文本

3. 文本加粗

选中文本后,单击"开始"选项卡中的"加粗"按钮 B 或按【Ctrl+B】组合键,可为文本添加或取消加粗效果。加粗和未加粗效果如图 3-19 所示。

4. 文本斜体

选中文本后,单击"开始"选项卡中的"斜体"按钮 I 或按【Ctrl+I】组合键,可为文本添加或取消斜体效果。斜体效果如图 3-19 所示。

5. 文本加下画线

选中文本后,单击"开始"选项卡中的"下画线"按钮 U 或按【Ctrl+U】组合键,可为文本添加或取消下画线。单击"下画线"按钮右侧的倒三角按钮,打开下拉菜单,在其中可选择下画线样式并设置下画线颜色。标准下画线和红色波浪下画线效果如图 3-19 所示。

6. 文本加删除线

选中文本后，单击"开始"选项卡中的"删除线"按钮 A，可为文本添加或取消删除线。单击"删除线"按钮右侧的倒三角按钮，打开下拉菜单，选择其中的"着重号"命令，可在文本下方添加着重符号。删除线和着重号效果如图 3-19 所示。

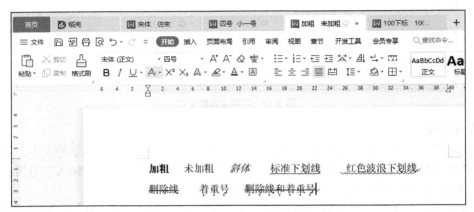

图 3-19　各种文本效果 1

7. 上标和下标

选中文本后，单击"开始"选项卡中的"上标"按钮 X²，可将所选文本设置为上标。选中文本后，单击"开始"选项卡中的"下标"按钮 X₂，可将所选文本设置为下标。上标和下标效果如图 3-20 所示。

8. 设置文字效果

选中文本后，单击"开始"选项卡中的"文字效果"按钮 A ，打开下拉菜单，可从中选择为文本添加艺术字、阴影、倒影、发光等多种效果。文字倒影效果如图 3-20 所示。

9. 设置突出显示

选中文本后，单击"开始"选项卡中的"突出显示"按钮 ，添加背景颜色以突出显示文本。"突出显示"按钮下方的颜色代表当前颜色，可单击按钮右侧倒三角按钮，打开下拉菜单，可从中选择其他背景颜色。突出显示效果如图 3-20 所示。

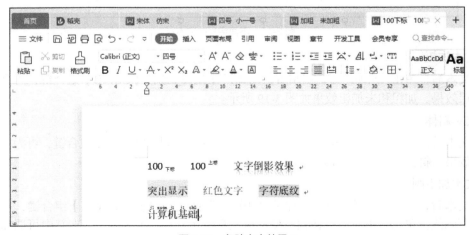

图 3-20　各种文本效果 2

10. 设置文本颜色

选中文本后，单击"开始"选项卡中的"字体颜色"按钮 **A**，为文本设置颜色。"字体颜色"按钮下方的颜色代表当前颜色，可单击按钮右侧的倒三角按钮，打开下拉菜单，从菜单中选择颜色。红色文字效果如图 3-20 所示。

11. 设置字符底纹

选中文本后，单击"开始"选项卡中的"字符底纹"按钮 **A**，可为文本添加或取消底纹。字符底纹效果如图 3-20 所示。

12. 为汉字添加拼音

选中文本后，单击"开始"选项卡中的"拼音指南"按钮 **变**，可为文本添加拼音，汉字拼音如图 3-20 所示。单击"拼音指南"按钮时会打开"拼音指南"对话框，如图 3-21 所示，在对话框中可设置拼音的对齐方式、偏移量、字体、字号等相关属性，或者删除已添加的拼音。

图 3-21　"拼音指南"对话框

13. 字体对话框

单击"开始"选项卡的"字体"组右下角的 **⌐** 按钮，或者单击鼠标右键，在弹出的快捷菜单中选择"字体"命令，打开"字体"对话框，如图 3-22 所示。

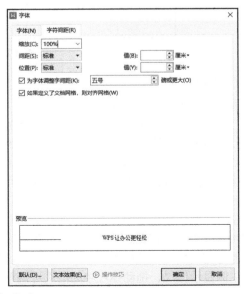

图 3-22　"字体"对话框

在"字体"对话框的"字体"选项卡中，可设置与文本字体相关的属性；在"字符间距"选项卡中，可设置字符间距。单击选项卡下方的"操作技巧"按钮，可打开浏览器查看 WPS 学院网站提供的字体设置技巧视频教程。

3.2.5 段落格式

段落格式包括对齐方式、缩进和行距等设置。

1. 设置段落对齐方式

段落对齐方式如下。

（1）左对齐：段落中的文本向页面左侧对齐。"开始"选项卡中的"左对齐"按钮用于设置左对齐。

（2）居中对齐：段落中的文本向页面中间对齐。"开始"选项卡中的"居中对齐"按钮用于设置居中对齐。

（3）右对齐：段落中的文本向页面右侧对齐。"开始"选项卡中的"右对齐"按钮用于设置右对齐。

（4）两端对齐：自动调整字符间距，使段落中所有行的文本两端对齐。"开始"选项卡中的"两端对齐"按钮用于设置两端对齐。

（5）分散对齐：行中的文字均匀分布，使文本向页面两侧对齐。"开始"选项卡中的"分散对齐"按钮用于设置分散对齐。

单击"开始"选项卡中的各种段落对齐工具按钮，可为选中内容所在段落设置对齐方式。如果没有选中内容，则为插入点所在段落设置对齐方式。段落的各种对齐效果如图 3-23 所示。

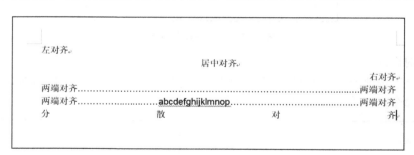

图 3-23　段落对齐效果

2. 设置缩进

段落的各种缩进含义如下。

（1）左缩进：段落左边界距离页面左侧的缩进量。

（2）右缩进：段落右边界距离页面右侧的缩进量。

（3）首行缩进：段落第 1 行第 1 个字符距离段落左边界的缩进量

（4）悬挂缩进：段落第 2 行开始的所有行距离段落左边界的缩进量。

各种缩进效果如图 3-24 所示。

在"开始"选项卡中，单击"减少缩进量"按钮，可减少插入点所在段落的左缩进量；单击"增加缩进量"按钮，可增加插入点所在段落的左缩进量。

也可使用标尺调整段落缩进量。在"视图"选项卡中选中"标尺"复选框，在页面的顶端和左侧显示标尺，拖动标尺中的滑块可调整缩进量，如图 3-25 所示。

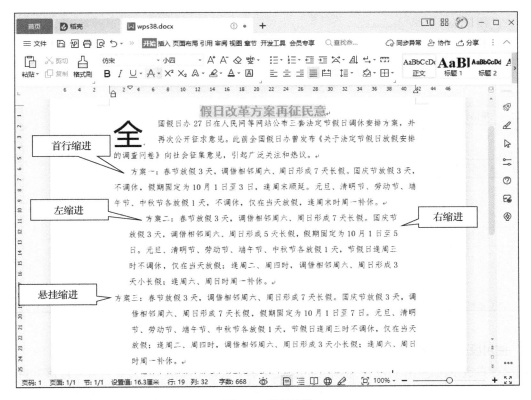

图 3-24　段落缩进

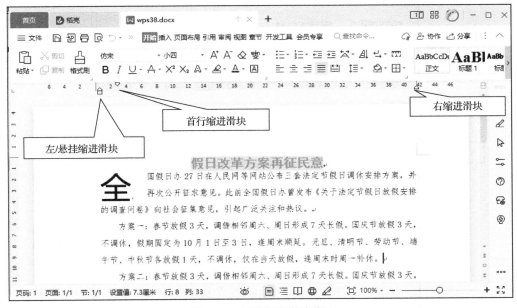

图 3-25　使用标尺调整缩进量

3. 设置行距

行距指段落中行之间的间距，单击"开始"选项卡中"行距"右侧的倒三角按钮 ↕≣ ▾，打开下拉菜单，可选择其中的命令为选中内容所在的段落设置行距。几种行距效果如图 3-26 所示。

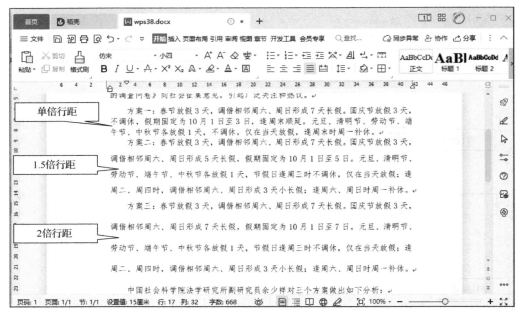

图 3-26 行距效果

4. 使用段落对话框

用鼠标右键单击选中内容后，在弹出的快捷菜单中选择"段落"命令，打开"段落"对话框，如图 3-27 所示。"段落"对话框可用于设置段落的对齐方式、缩进、间距等各种段落格式。

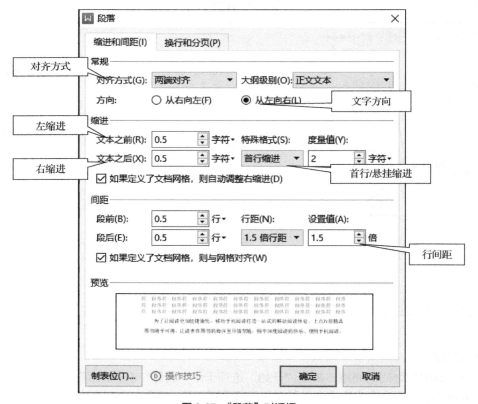

图 3-27 "段落"对话框

5．设置段落边框

在"开始"选项卡中单击"边框"按钮 ⊞，可为选中内容所在的段落添加或取消边框。单击"边框"按钮右侧的倒三角按钮，打开边框下拉菜单，从中可选择相应选项设置各种边框，包括取消边框。注意："边框"按钮记忆了前一次从边框下拉菜单中执行的边框操作，按钮显示为对应的图标。例如，⊞ 表示外侧框线，若所选内容没有外侧边框，单击此按钮可添加外侧边框；否则，单击此按钮可取消外侧边框操作。段落边框效果及边框菜单如图 3-28 所示。

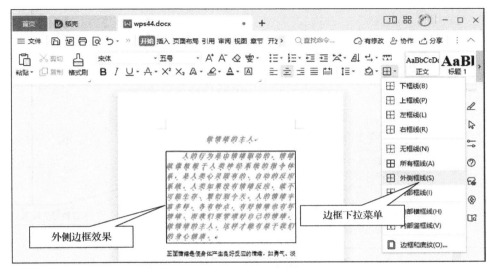

图3-28　段落边框效果及边框菜单

6．设置底纹

在"开始"选项卡中单击"底纹颜色"按钮 △，可为所选内容添加或取消底纹；无选中内容时，将为插入点所在的段落添加或取消底纹。单击"底纹颜色"按钮右侧的倒三角按钮，打开下拉菜单，从中可选择底纹颜色或取消底纹颜色。底纹颜色效果及底纹颜色下拉菜单如图 3-29 所示。

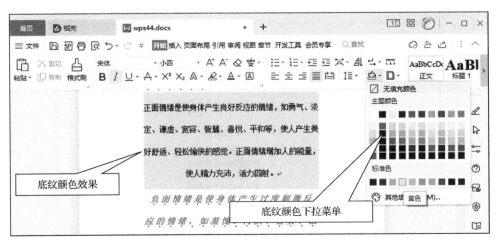

图 3-29　底纹颜色效果及底纹颜色下拉菜单

7．设置项目符号

在"开始"选项卡中单击"项目符号"按钮 ☱，可为所选段落添加项目符号。单击"项目符号"

按钮右侧的倒三角按钮，打开下拉菜单，从中可选择项目符号类型或取消项目符号。项目符号效果及项目符号下拉菜单如图 3-30 所示。

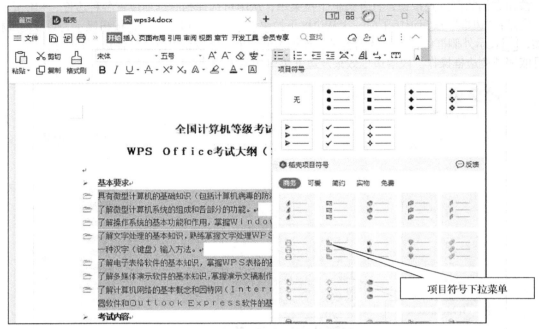

图 3-30　项目符号效果及项目符号下拉菜单

8. 设置编号

在"开始"选项卡中单击"编号"按钮，可为所选段落添加编号。单击"编号"按钮右侧的倒三角按钮，打开下拉菜单，从中可选择编号类型或者取消编号。编号效果及编号下拉菜单如图 3-31 所示。

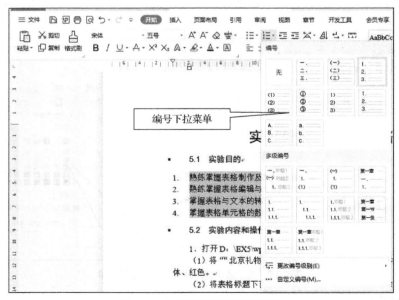

图 3-31　编号效果及编号下拉菜单

在编号下拉菜单中，可选择为段落设置多级编号。多级编号效果如图 3-32 所示。设置了多级编号后，段落默认从第一级开始按先后顺序编号。在第一级编号段落末尾按【Enter】键添加新段落时，新段落按顺序使用第一级编号。此时，可按【Tab】键或者单击"开始"工具栏中的"增加缩进量"按钮，使新段落编号增加一级；按【Shift+Tab】组合键或者单击"开始"工具栏中的"减少缩进量"按钮，可使新段落的编号减少一级。

也可在编号下拉菜单中选择"更改编号级别"命令子菜单中的其他级别编号。

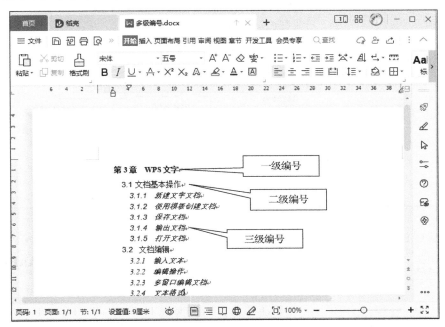

图 3-32　设置多级编号

9. 格式刷

当设置好某一文本块或段落的格式后，可单击"开始"选项卡中的"格式刷"按钮，将设置好的格式快速地复制到其他文本块或段落中，以提高排版效率。

（1）复制字符格式

复制字符格式的操作步骤如下。

① 选定已经设置格式的文本。

② 单击"开始"选项卡中的"格式刷"按钮，此时鼠标指针变成"刷子"形状。

③ 把鼠标指针移到要排版的文本之前。

④ 按住鼠标左键，在要排版的文本区域（即选定文本）拖动。

⑤ 松开左键，可见被拖过的文本已变为新的格式。

（2）复制段落格式

由于段落格式保存在段落标记中，可以通过复制段落标记来复制该段落的格式，操作步骤如下。

① 选定含有复制格式的段落（或选定段落标记）。

② 单击"开始"选项卡中的"格式刷"按钮，此时鼠标指针变成"刷子"形状。

③ 把鼠标指针拖过要排版的段落标记，可将段落格式复制到该段落中。

如果要多次复制同一格式，可在第②步操作时，双击"格式刷"按钮。若需要退出多次复制操作，可再次单击"格式刷"按钮或按【Esc】键取消。

10. 设置段落首字下沉

首字下沉指段落的第一个字可占据多行位置。单击"插入"选项卡中的"首字下沉"按钮，打开"首字下沉"对话框，如图 3-33 所示。在对话框中，可将首字下沉位置设置为无、下沉或悬挂，还可以设置首字的字体、下沉行数及与正文的距离大小等。首字下沉效果如图 3-34 所示。

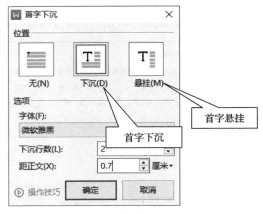

图 3-33 "首字下沉"对话框

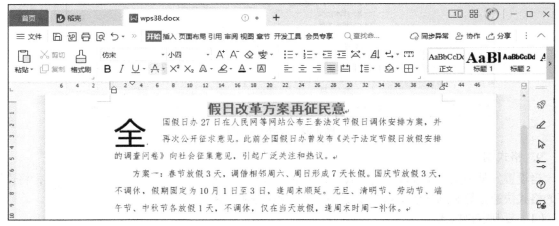

图 3-34 首字下沉效果

3.2.6 页面布局

在 WPS 菜单栏中单击"页面布局"按钮，可显示"页面布局"选项卡，其中"页面设置"组中包括页边距、纸张方向、纸张大小及分栏等页面设置相关的工具按钮，如图 3-35 所示。

图 3-35 页面设置相关的工具按钮

1. 设置页边距

在"页面布局"选项卡中单击"页边距"按钮，可打开页边距下拉菜单，从中选择常用页边距。

也可在"页面布局"选项卡中的"上""下""左""右"数值输入框中输入页边距。

在"页面布局"选项卡中，单击"页边距"按钮，选择页边距下拉菜单底部的"自定义页边距"命令，打开"页面设置"对话框的"页边距"选项卡，如图 3-36 所示。"页边距"选项卡中包括页边距、纸张方向、页码范围和应用范围等设置。在"应用于"下拉列表中，可选择将当前设置应用于整篇文档、本节或插入点之后。"页面设置"对话框的"页边距""纸张""版式""文档网格""分栏"等选项卡中均有"应用于"下拉列表，用于选择设置的应用范围。

2．设置纸张方向

在"页面布局"选项卡中单击"纸张方向"按钮，可打开纸张方向下拉菜单，从中选择纸张方向。

3．设置纸张大小

在"页面布局"选项卡中单击"纸张大小"按钮，可打开"纸张大小"下拉菜单，从中可选择纸张大小，单击菜单底部的"其他页面大小"命令可打开"页面设置"对话框的"纸张"选项卡，如图 3-37 所示。

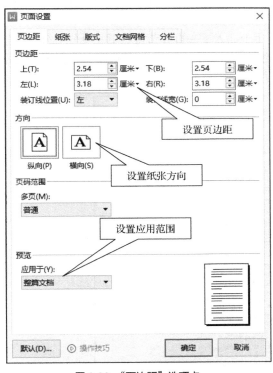

图 3-36　"页边距"选项卡

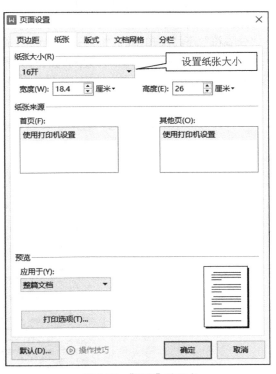

图 3-37　"纸张"选项卡

4．文档分栏

文档分栏可使整个文档或部分文档内容在一个页面中按两栏或多栏排列。在"页面布局"选项卡中单击"分栏"按钮，可打开"分栏"下拉菜单，从中选择分栏方式。选择菜单中的"更多分栏"命令，可打开"分栏"对话框，如图 3-38 所示。在对话框的"预设"栏中，可选择预设的分栏方式。在"栏数"数值输入框中可输入分栏数量。设置了分栏数量后，可分别设置每一栏的宽度和间距。在"应用于"下拉列表中可选择分栏设置的应用范围。"分栏"对话框和"页面设置"对话框中的"分栏"选项卡作用相同。

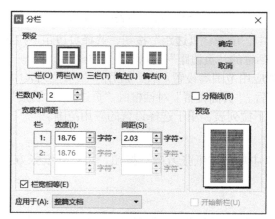

图 3-38 "分栏"对话框

当需要使较少的内容占据一栏时，可在文档中插入分栏符，分栏符之后的内容会在下一栏中开始显示。将插入点定位到需要分栏的位置，然后单击"页面布局"选项卡中的"分隔符"按钮，打开"分隔符"下拉菜单，选择其中的"分栏符"命令插入分栏符号。

"分隔符"下拉菜单中的"下一页分节符"命令用于插入下一页分节符。下一页分节符用于分隔下一页的内容。被下一页分节符分隔的前后页面的纸张大小、纸张方向、页边距、分栏等页面设置可以不同。使用分栏符和三栏布局的效果如图 3-39 所示。

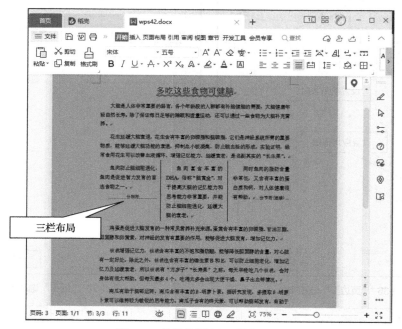

图 3-39 使用分栏符和三栏布局的效果

5. 设置页面边框

设置页面边框的操作步骤如下。

（1）在"页面布局"选项卡中单击"页面边框"按钮，打开"边框和底纹"对话框的"页面边框"选项卡，如图 3-40 所示。

（2）在"设置"列中，选择"方框"或"自定义"。在"线型"列表中选择边框线型，在"颜色"

下拉列表中选择边框颜色，在"宽度"数值框中设置边框宽度，在"艺术型"下拉列表中选择边框图片样式，在"应用于"下拉列表中选择设置的应用范围。在设置列中，选择"无"选项可取消页面边框。

（3）单击"选项"按钮，打开"边框和底纹选项"对话框，如图 3-41 所示。设置边框距离正文的相关选项。

（4）设置完成后，单击"确定"按钮关闭对话框。

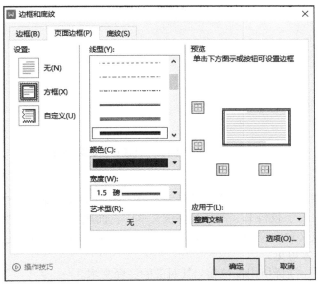

图 3-40　"页面边框"选项卡

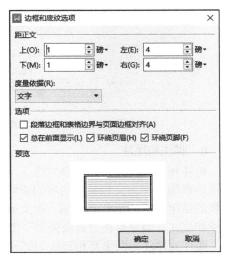

图 3-41　设置边框距离正文的相关选项

6. 设置页面背景

在"页面布局"选项卡中单击"背景"按钮，打开背景下拉菜单，可从菜单中选择使用颜色、图片、纹理、水印等作为页面背景。

7. 页眉和页脚

页眉和页脚是出现在页面顶端或底部的一些信息。这些信息可以是书名、文字、图形、图片、日期或时间、页码等，还可以是用来生成各种文本的"域代码"（如自动生成日期、页码等）。"域代码"与普通文本有所不同，它在显示和打印时将被当前的最新内容所代替。例如，日期域代码根据显示或打印时的系统时钟生成当前日期，页码域代码根据文档的实际页数生成当前的页码。

为文档添加页眉和页脚的方法很简单，只需在页眉和页脚编辑状态下输入需要的文本或插入需要的对象，再对其进行相应的编辑即可。下面将在文档中插入需要的页眉和页脚，具体操作如下。

（1）在"插入"选项卡中单击"页眉和页脚"按钮，进入页眉页脚编辑状态，输入需要的文本，设置页眉的字体和段落格式。

（2）将光标移至页脚，单击页脚上方的"插入页码"按钮，在弹出的设置对话框中将"样式"选择为"Ⅰ,Ⅱ,Ⅲ..."样式，"位置"设置为"居中"，"应用范围"设置为"整篇文档"，如图 3-42 所示，单击"确定"按钮。

双击页眉区域，单击"页眉页脚选项"按钮，弹出"页眉/页脚设置"对话框，可选中"首页不同""奇偶页不同""显示奇数页页眉横线"和"显示偶数页页眉横线"复选框，如图 3-43 所示，设置完成后单击"确定"按钮。

图 3-42　插入页眉和页脚

图 3-43　"页眉/页脚设置"对话框

8. 脚注和尾注

脚注和尾注都是一种注释方式，用于解释、说明文档或提供参考资料。脚注通常出现在文档每一页的底端，作为文档某处内容的说明，常用于教科书、古文或科技文章中。而尾注一般位于整个文档的结尾，常用于作者介绍、论文或科技文章中说明引用的文献。在同一个文档中可以同时包括脚注和尾注，但只有在"页面视图"模式下才可见。

脚注或尾注由两个互相链接的部分组成：注释引用标记和与其对应的注释文本。

（1）对于注释引用标记，WPS 可以自动为标记编号，还可以创建自定义标记。添加、删除或移动了自动编号的注释时，WPS 将对注释引用标记重新编号。

（2）注释文本的长度是任意的，可以像处理其他文本一样设置文本格式，还可以自定义注释分隔符（即用来分隔文档正文和注释文本的线条）。

要设置脚注和尾注，可以通过单击"引用"选项卡中的相应按钮（如"插入脚注"和"插入尾注"按钮）实现，或单击"脚注"组右下角的对话框启动器，在打开的"脚注和尾注"对话框中进行，如图 3-44 所示。

图 3-44　设置"脚注和尾注"

要删除脚注和尾注，只要定位在脚注和尾注引用标记前，按【Delete】键，即可将引用标记和注释文本同时删除。

3.2.7　样式的应用

1. 应用系统内置样式

在 WPS 文字中，提供了标题和正文的样式，对文字的字体、大小和大纲级别进行了设置。应用样式的具体操作如下。

（1）选中文档中需要应用样式的文本。

（2）单击"开始"选项卡中的"预设样式"下拉列表按钮。

（3）在"预设样式"下拉列表中选择一种标题样式，此时选中的文本就应用了这种样式，如图 3-45 所示。

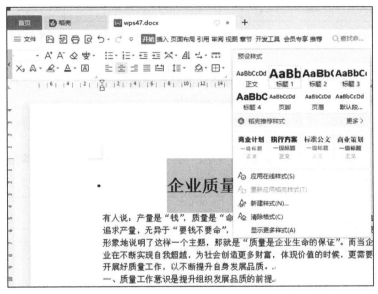

图 3-45　应用系统内置样式

2. 新建样式

WPS 文字所提供的样式种类如果无法满足文档的标题或正文样式需求，可以新建样式，具体操作如下。

（1）在"开始"选项卡中的"预设样式"下拉列表菜单中选择"新建样式"命令，如图 3-45 所示，打开"新建样式"对话框，如图 3-46 所示。

（2）在"新建样式"对话框的"名称"输入框中，输入样式的名称"样式 A"，单击"格式"右侧的倒三角按钮，从弹出的列表中选择"字体"选项，在打开的"字体"对话框中设置"样式 A"的字体格式，单击"确定"按钮。

（3）再次单击"格式"右侧的倒三角按钮，从弹出的列表中选择"段落"选项，在打开的"段落"对话框中设置"样式 A"的段落格式，单击"确定"按钮。

（4）回到"新建样式"对话框中，单击"确定"按钮，完成样式的设置。

（5）此时"预设样式"列表中就显示出上面步骤设置好的"样式 A"，即可应用这种样式到文档中，如图 3-47 所示。

图 3-46 "新建样式"对话框

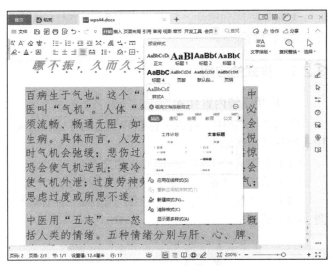

图 3-47 应用"样式 A"

3. 修改样式

使用样式设置文档格式的好处是，可以快速调整文档格式。例如不满意文档的标题格式，可以直接对样式进行修改。修改"样式 A"的具体操作如下。

（1）右键单击"开始"选项卡"预设样式"下拉列表中的"样式 A"，在弹出的快捷菜单中选择"修改样式"命令，如图 3-48 所示。

（2）在打开的"修改样式"对话框中，修改"样式 A"的字体格式和段落格式，设置完成后单击"确定"按钮，如图 3-49 所示。

图 3-48 "修改样式"命令

图 3-49 "修改样式"对话框

（3）此时文档中之前应用了"样式 A"的内容格式都已自动修改。

3.2.8 智能排版

WPS 提供了快捷排版命令，在"开始"选项卡中单击"文字排版"按钮，打开"文字排版"下拉菜单，如图 3-50 所示。

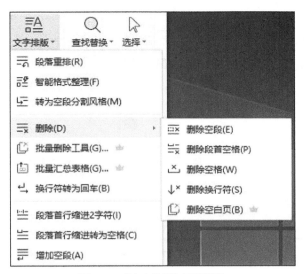

图 3-50 "文字排版"下拉菜单

文字排版菜单中部分命令作用如下。

（1）段落重排：取消现有排版格式，恢复为未排版样式。

（2）智能格式整理：自动整理段落格式。

（3）转为空段分割风格：在相邻的段落之间插入空段，已有空段间隔的不插入，部分段落格式会变化。

（4）删除\删除空段：删除空段。

（5）删除\删除段首空格：删除段落开始部分的空格。

（6）删除\删除空格：删除全部空格。

（7）删除\删除换行符：删除全部换行符。

（8）删除\删除空白页：删除空白页面。

（9）批量删除工具：显示批量删除窗格。在批量删除窗格中，可批量删除空白内容、分隔符、文字格式及对象等。

（10）批量汇总表格：可提取文档中的表格，将表格转换为 WPS 表格。

（11）换行符转为回车：将换行符转换为回车符。

（12）段落首行缩进 2 字符：将此段落的段首缩进 2 个字符距离。

（13）段落首行缩进转为空格：将段落的首行缩进转为空格的表现形式。

（14）增加空段：在相邻的段落之间插入空段，已有空段间隔的不插入，不影响段落格式。

执行这些排版命令时，如果有选中内容，则对选中内容执行操作，否则对整个文档执行操作。

3.3 制作表格

表格用于格式化文档数据，使数据整齐、美观，具有良好的可阅读性。

3.3.1 创建表格

在"插入"选项卡中单击"表格"按钮，打开表格菜单，如图 3-51 所示。

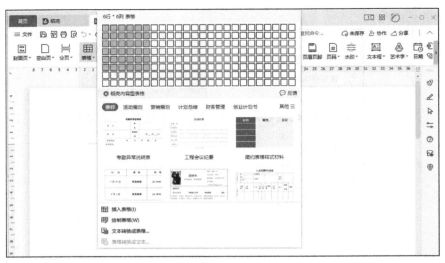

图 3-51　表格菜单

1. 快捷插入表格

在表格菜单的虚拟表格中移动鼠标，可选择插入表格的行列数，单击鼠标左键，即可在文档插入点位置插入表格。

2. 用对话框插入表格

在表格菜单中选择"插入表格"命令，打开"插入表格"对话框，如图 3-52 所示。在"列数"数值框中输入表格列数，在"行数"数值框中输入表格行数，在"列宽选择"栏中根据需要设置固定列宽或自动列宽。单击"确定"按钮即可插入表格。

3. 绘制表格

在表格菜单中选择"绘制表格"命令，然后在文档中按住鼠标左键拖动绘制表格。绘制的表格默认文字环绕格式为"环绕"，可放在页面任意位置。如果要取消文字环绕，可用鼠标右键单击表格，在弹出的快捷菜单中选择"表格属性"命令，打开"表格属性"对话框，在其中将文字环绕设置为"无"即可。

4. 将文字转换为表格

选中要转换的文字内容，然后在表格菜单中选择"文字转换成表格"命令，打开"将文字转换成表格"对话框，如图 3-53 所示。在"列数"数值框中输入转换后表格的列数，在"文字分隔位置"栏中选择分隔符号，每个分隔符分隔的文字作为表格的一个单元格内容。最后，单击"确定"按钮插入表格。

图 3-52　"插入表格"对话框

图 3-53　"将文字转换成表格"对话框

3.3.2　编辑表格

1．删除表格

单击表格任意位置，再单击"表格工具"选项卡中的"删除"按钮，打开删除菜单，从中选择"表格"命令，可删除插入点所在的表格。也可用鼠标右键单击表格，在弹出的快捷菜单中选择"删除表格"命令，即可删除插入点所在的表格。

2．表格选择操作

执行各种表格选择操作的方法如下。

（1）选择整个表格：先单击表格，再单击表格左上角出现的表格选择图标🔁。

（2）选择单个单元格：连续 3 次单击单元格；或将鼠标移动到单元格左侧，当鼠标指针变为黑色箭头时单击。

（3）选择连续单元格：单击第一个单元格，按住【Shift】键，再按上下左右方向键；或者单击第一个单元格，按住鼠标左键拖动。

（4）选择分散单元格：按住【Ctrl】键，再通过选择单个单元格或选择连续单元格的方法选择其他单元格。

（5）选择单个列：将鼠标移动到列顶部边沿，当鼠标指针变为黑色箭头时单击。

（6）选择连续列：将鼠标移动到列顶部边沿，当鼠标指针变为黑色箭头时按住鼠标左键拖动；或者在选中第一列后，按住【Shift】键，再按左右方向键。

（7）选择分散列：按住【Ctrl】键，再通过选择单个列或选择连续列的方法选择其他列。

（8）选择单个行：将鼠标移动到行右侧页面空白位置，当鼠标指针变为白色箭头时单击。

（9）选择连续行：将鼠标移动到右侧页面空白位置，当鼠标指针变为白色箭头时按住鼠标左键拖动；或者在选中第一行后，按住【Shift】键，再按上下方向键。

（10）选择分散行：按住【Ctrl】键，再通过选择单个行或选择连续行的方法选择其他行。

3．调整行高

调整表格行高的方法如下。

（1）将鼠标指针指向行分隔线，当指针变为⇕形状时，按住鼠标左键上下拖动调整行高。

（2）单击"表格工具"选项卡中的"自动调整"按钮，打开自动调整菜单，从中选择"平均分布各行"命令，WPS 会自动调整行高，使表格所有行高度相同。

（3）单击要调整行的任意位置，在"表格工具"工具栏的"高度"输入框中输入行高，或者单击输入框两侧的"－"或"＋"按钮调整行高。

4．调整列宽

调整表格列宽的方法如下。

（1）将鼠标指针指向列分隔线，当指针变为⬌形状时，按住鼠标左键左右拖动调整列宽。

（2）单击"表格工具"选项卡中的"自动调整"按钮，打开自动调整菜单，在菜单中选择"平均分布各列"命令，可自动调整列宽，使所有列宽度相同。

（3）单击要调整列的任意位置，在"表格工具"选项卡的"宽度"输入框中输入列宽，或者单击输入框两侧的"－"或"＋"按钮调整列宽。

5．插入列

在表格中插入列的方法如下。

（1）单击单元格，再单击"表格工具"选项卡中的"在左侧插入列"按钮或"在右侧插入列"按钮插入新列。

（2）鼠标右键单击单元格，在弹出的快捷菜单中选择"插入→在左侧插入列"或"插入→在右侧插入列"命令插入新列。

（3）选中单元格，在弹出的快捷工具栏中单击"插入"按钮，然后在下拉菜单中选择"在左侧插入列"或"在右侧插入列"命令插入新列。

（4）将鼠标指针指向列分隔线的顶端，单击出现的"+"按钮插入新列。

6. 插入行

在表格中插入行的方法如下。

（1）单击单元格，再单击"表格工具"选项卡中的"在上方插入行"按钮或"在下方插入行"按钮插入新行。

（2）鼠标右键单击单元格，在弹出的快捷菜单中选择"插入→在上方插入行"或"插入→在下方插入行"命令插入新行。

（3）选中单元格，在弹出的快捷工具栏中单击"插入"按钮，然后在下拉菜单中选择"在上方插入行"或"在下方插入行"命令插入新行。

（4）将鼠标指针指向行分隔线的左端，单击出现的"+"按钮插入新行。

7. 通过绘制方法添加单元格

单击"表格工具"选项卡中的"绘制表格"按钮，鼠标指针变为铅笔形状，将鼠标移动到表格中，按住鼠标左键，水平或垂直拖动，添加单元格。

8. 删除列

在表格中删除列的方法如下。

（1）单击"表格工具"选项卡中的"删除"按钮，打开删除菜单，在菜单中选择"列"命令，删除插入点所在的列。

（2）选中单元格或列后，单击"表格工具"选项卡中的"删除"按钮，打开删除菜单，在菜单中选择"列"命令，删除选中单元格所在的列或选中列。

（3）选中单元格或列后，在弹出的快捷工具栏中单击"删除"按钮，打开删除菜单，在菜单中选择"删除列"命令，删除单元格所在的列。

（4）选中单元格或列后，鼠标右键单击选中范围内的任意单元格，在弹出的快捷工具栏中单击"删除"按钮，打开删除菜单，在菜单中选择"删除列"命令，删除选中范围所在的列。

（5）将鼠标指针指向列分隔线的顶端，单击出现的"-"按钮删除分隔线左侧的列。

9. 删除行

在表格中删除行的方法如下。

（1）单击"表格工具"选项卡中的"删除"按钮，打开删除菜单，在菜单中选择"行"命令，删除插入点所在的行。

（2）选中单元格或行后，单击"表格工具"选项卡中的"删除"按钮，打开删除菜单，在菜单中选择"行"命令，删除选中单元格所在的行或选中行。

（3）选中单元格或行后，在弹出的快捷工具栏中单击"删除"按钮，打开删除菜单，在菜单中选择"删除行"命令，删除单元格所在的行。

（4）选中单元格或行后，鼠标右键单击选中范围内的任意单元格，在弹出的快捷工具栏中单击"删除"按钮，打开删除菜单，在菜单中选择"删除行"命令，删除选中范围所在的行。

（5）将鼠标指针指向行分隔线的左端，单击出现的"-"按钮删除分隔线上方的行。

10. 删除单元格

在表格中删除单元格的方法如下。

（1）选中单元格后，单击"表格工具"选项卡中的"删除"按钮，打开删除菜单，在菜单中选择"单元格"命令，打开"删除单元格"对话框，如图 3-54 所示。在对话框中可选择删除单元格后"右侧单元格左移""下方单元格上移""删除整行"或"删除整列"。

（2）选中单元格后，用鼠标右击单击所选单元格，然后在弹出的快捷菜单中选择"删除单元格"命令，打开"删除单元格"对话框，从中选择相应的删除选项。

（3）选中单元格后，在弹出的快捷工具栏中单击"删除"按钮，打开删除菜单，在菜单中选择"删除单元格"命令，打开"删除单元格"对话框，从中选择相应的删除选项。

11. 拆分单元格

单击"表格工具"选项卡中的"拆分单元格"按钮，或单击鼠标右键，在弹出的快捷菜单中选择"拆分单元格"命令，打开"拆分单元格"对话框，如图 3-55 所示。可在对话框中设置拆分后的行列数。选中"拆分前合并单元格"复选框时，原来的单元格仍然相邻，只在其后添加单元格，否则将在原来的单元格之间插入单元格。如果拆分后的行列数比原来的少，则会删除多出的单元格。

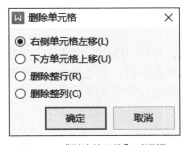

图 3-54 "删除单元格"对话框

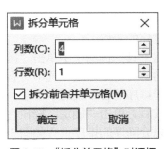

图 3-55 "拆分单元格"对话框

12. 合并单元格

单击"表格工具"选项卡中的"合并单元格"按钮，或单击鼠标右键，在弹出的快捷菜单中选择"合并单元格"命令，可合并选中单元格。合并后，原来每个单元格中的数据在新单元格中各占一个段落。

3.3.3 表格样式

1. 单元格对齐

单元格内部按垂直方向上、中、下，水平方向左、中、右方位分为 9 个位置，对应 9 种对齐方式：靠上两端对齐、靠上居中对齐、靠上右对齐、中部两端对齐、水平居中、中部右对齐、靠下两端对齐、靠下居中对齐和靠下右对齐。

要设置单元格对齐方式，可单击"表格工具"选项卡中的"对齐方式"按钮，打开"对齐方式"下拉菜单，如图 3-56 所示，从菜单中选择各种对齐方式命令；或者用鼠标右键单击单元格，在弹出的快捷菜单中选择"单元格对齐方式"命令子菜单中的相应命令。

2. 使用表格预设样式

WPS 预设了多种表格样式，用于美化表格。为表格设置预设样式的操作步骤如下。

（1）单击要设置样式的表格。

（2）在"表格样式"选项卡左侧的选项组中，选中"首行填充""隔行填充""首列填充""末行填充""隔列填充"或"末列填充"等样式复

图 3-56 "对齐方式"下拉菜单

选框。

（3）将鼠标指针指向"表格样式"选项卡的表格样式列表中的样式，预览效果。

（4）单击"表格样式"列表中的某个样式将其应用到表格。

应用预设样式的表格如图 3-57 所示。

姓名	语文	数学	总分
赵国栋	89	89	178
李光华	96	78	174
王启航	78	76	154
周浩全	88	60	148
张晓静	76	68	144

图 3-57　应用预设样式的表格

3.3.4　表格数据的排序

对表格数据排序的操作步骤如下。

（1）单击要排序的表格。

（2）在"表格工具"选项卡中单击"排序"按钮，打开"排序"对话框，如图 3-58 所示。

（3）如果表格第一行是标题，选中"有标题行"单选按钮，否则选中"无标题行"单选按钮。

（4）设置用于排序的各个关键字字段，以及排序类型、升序或降序等。

（5）设置完成后，单击"确定"按钮完成排序。

表格内容按总分降序的排序设置如图 3-58 所示。

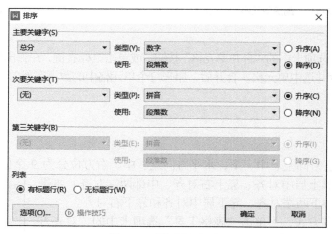

图 3-58　"排序"对话框

3.3.5　表格数据的计算

1. 使用快速计算工具

在表格中选中一行中用于计算的连续单元格，单击"表格工具"选项卡中的"快速计算"按钮，打开快速计算下拉菜单，从中可选择求和、平均值、最大值或最小值命令执行计算。执行计算命令后计算结果将显示在选中单元格右侧的空白单元格中，如果右侧无空白单元格，则会插入一个空列，在对应单元格中显示计算结果。如果选中一列中的相邻单元格执行计算，则计算结果显示在下方的空白单元格中；如果没有空白单元格，则插入一个空行，在对应单元格中显示结果。

2. 用公式执行计算

单击要插入公式的单元格，然后单击"表格工具"选项卡中的"fx 公式"按钮，打开"公式"对话框，如图 3-59 所示。

在"公式"文本框中输入公式，公式以符号"="开始。在"数字格式"下拉列表中可选择公式计算结果的数字格式，在"粘贴函数"下拉列表中可选择函数插入到"公式"输入框，在"表格范围"下拉列表中可选择 ABOVE（计算公式上方的所有单元格）、LEFT（计算公式左侧的所有单元格）、RIGHT（计算公式右侧的所有单元格）或 BELOW（计算公式下方的所有单元格）等范围，除了这些范围，还可用单元格地址表示范围。

图 3-59 "公式"对话框

在公式中输入单元格地址范围时，列用大写英文字母表示，从 A 开始；行用数字表示，从 1 开始。例如，"B2:C2"表示第 2 行中的第 2 列到第 3 列，公式"=SUM(B2:C2)"表示对这两个单元格求和。

3.4 图文混排

WPS 提供了强大的图文混排功能，它可以插入多种形式的图片文件，使文档更加生动活泼，增强文档的吸引力。WPS 可以插入的对象包括图片、形状、图标、图表、流程图、思维导图、文本框、艺术字、公式等，如图 3-60 所示。

图 3-60 WPS 中可以插入的对象

要在文档中插入这些对象，通常通过单击"插入"选项卡中的相应按钮完成，如图 3-61 所示。

图 3-61 "插入"选项卡中的部分按钮

如果要对插入的对象进行编辑和格式化操作，可以利用各自的快捷菜单及对应的选项卡来完成。图片对应的是"图片工具"选项卡；图形对象对应的分别是"绘图工具""图形工具""公式工具""图表工具"等选项卡。选定对象后，对应的选项卡就会出现。

3.4.1 图片的插入

通常情况下，文档中插入的图片主要来源于 5 个方面。
① 本地图片。
② 通过扫描仪获取出版物上的图像或个人照片等。

③ 手机图片。

④ 资源夹图片。

⑤ 网络上的图片。

1. 插入图片

要在文档中插入图片，可以通过单击"插入"选项卡中的相应按钮进行操作。

【例 3.1】打开文档"你从鸟声中醒来.docx"，插入一张本地图片、Windows 桌面图像（截取的屏幕图像）以及"搜狗拼音"输入法状态栏图标（截取的界面图标）。

操作步骤如下。

（1）插入本地图片

① 在文档中需要放置图片的位置单击"插入"选项卡中的"图片"图标，弹出"插入图片"对话框，如图 3-62 所示。

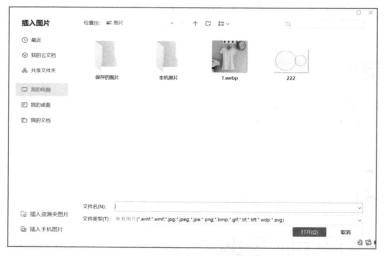

图 3-62 "插入图片"对话框

② 从中选择合适的图片，单击"插入"按钮，即可将图片插入到指定位置。

（2）插入桌面图像（截取的屏幕图像）

① 显示 Windows 桌面，按【PrintScreen】键，将图像复制到剪贴板中。

② 将光标放在文档的合适位置，单击右键，从弹出的快捷菜单中选择"粘贴"命令（或单击"开始"选项卡"剪贴板"组中的"粘贴"按钮，或按【Ctrl+V】组合键）。

如果截取的图像是活动窗口，操作与此类似，不同的是需要按【Alt+PrintScreen】组合键。也可以利用 WPS 的"屏幕截图"功能（单击"插入"选项卡中的"更多"按钮，在弹出的下拉列表中选择"截屏"中的某一截屏方式，单击需要截取画面的程序窗口即可）。

（3）插入图标

① 显示"搜狗拼音"输入法状态栏。

② 单击"插入"选项卡中的"更多"按钮，在弹出的下拉列表中选择"截屏"，单击"矩形区域截屏"按钮，画框选中"搜狗拼音"输入法状态栏，单击完成即可截图到光标所在位置。

2. 编辑图片

图片插入到文档后，可以根据需要对其进行编辑，包括图片大小、裁剪图片、旋转图片等，也可以调整图片的颜色和效果，还可以设置图片的环绕方式等，以上操作主要通过"图片工具"选项卡或快捷菜单中的相应命令来实现。"图片工具"选项卡如图 3-63 所示。

图 3-63　"图片工具"选项卡

　　调整图片大小最常用的方法是用鼠标拖放图片：选定图片，当图片四周出现 8 个空心小圆时（称为尺寸句柄），拖曳它们可以进行图片缩放。如果需要准确地修改图片尺寸，可以单击"图片工具"选项卡中的"大小和位置"按钮（或者右击图片，在弹出的快捷菜单中选择"其他布局选项"命令），打开"布局"对话框，通过对"大小"选项卡中的相应选项的设置，实现目标效果，如图 3-64 所示。

图 3-64　在"布局"对话框设置图片大小

　　图片的文字环绕方式主要分为两类：一类是将图片视为文字对象，与文档中的文字一样占有实际位置，它在文档中与上下左右文本的位置始终保持不变，如"嵌入型"；另一类是将图片视为区别于文字的外部对象处理，如"四周型环绕""紧密型环绕""衬于文字下方""浮于文字上方""上下型环绕"和"穿越型环绕"，四周型环绕的效果如图 3-65 所示。

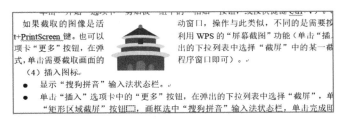

图 3-65　四周型环绕效果

　　设置文字环绕方式有两种方法：一种方法是单击"图片工具"选项卡中的"环绕"右侧的倒三角按钮，在下拉列表中选择需要的环绕方式，如图 3-66 所示；另一种方法是右键单击图片，在弹出的快捷菜单中选择"其他布局选项"命令，在打开的"布局"对话框中选择相应的环绕方式，如图 3-67 所示。

图 3-66　环绕方式

图 3-67　"布局"对话框

"衬于文字下方"能使图片衬于文字下方，但也会导致图片不方便选取，这时可以单击"绘图"工具栏中的"选择对象"图标来解决问题。同时，图片衬于文字下方后会使字迹不清晰，可以利用图片着色效果使图片颜色淡化，它是通过单击"图片工具"选项卡中"色彩"右侧的倒三角按钮，选择下拉列表中的"冲蚀"命令来实现的，如图 3-68 所示，效果如图 3-69 所示。

图 3-68　设置图片"冲蚀"效果　　　　　图 3-69　图片"冲蚀"效果

　　有时，可能需要将图片和文字作为一个整体来处理（如书籍中的图片和图示说明），解决方法如下：选中图片和文字，将其插入文本框中（单击"插入"选项卡中"文本框"图标）即可。

　　【例 3.2】适当调整例 3.1 中插入的本地图片的大小和位置，设置文字环绕方式为"紧密型环绕"；将插入的桌面图片设置为"冲蚀"效果，衬于文字下方。

　　操作步骤如下。

　　（1）单击图片，图片四周出现尺寸句柄时，将鼠标指针移动到这些尺寸句柄上，当鼠标指针变为双向箭头时拖动。将联机图片调整至合适大小后，再移动到适当位置。

　　（2）单击"图片工具"选项卡中的"环绕"右侧的倒三角按钮，在弹出的下拉列表中选择环绕方式为"紧密型环绕"；或者右键单击图片，在弹出的快捷菜单中选择"其他布局选项"命令，弹出"布局"对话框，单击"文字环绕"选项卡中"环绕方式"栏下的"紧密型"图标。

　　（3）选中插入的桌面图片，单击"图片工具"选项卡中的"环绕"右侧的倒三角按钮，在弹出的下拉列表中选择环绕方式为"衬于文字下方"，再单击"图片工具"选项卡中的"色彩"右侧的倒三角按钮，选择下拉列表中的"冲蚀"命令，然后适当调整大小即可。

3.4.2　插入形状

　　WPS 中的形状包括线条、矩形、基本形状、箭头总汇、公式形状、流程图、星与旗帜和标注 8 种类型，每种类型又包括若干图形样式。插入的形状还可以添加文字，设置阴影、发光和三维旋转等特殊效果。

　　单击"插入"选项卡中的"形状"按钮 或"形状"下拉按钮，可打开"预设"菜单，如图 3-70 所示，在"预设"菜单中单击需要的图形图标，然后将鼠标在文本区拖动即可绘制出需要的图形。

图 3-70　"预设"菜单

绘制形状时,【Shift】键具有特殊作用。例如,绘制椭圆时按住【Shift】键可获得圆,绘制矩形时按住【Shift】键可获得正方形,绘制多边形时按住【Shift】键可获得正多边形。

1. **设置形状布局选项**

形状的布局选项和图片布局选项相同,参见 3.4.1 小节中的编辑图片部分。

2. **设置形状样式**

WPS 提供了多种预设形状样式。单击形状,WPS 自动显示"绘图工具"选项卡及形状快捷工具栏,如图 3-71 所示。"绘图工具"选项卡包括"预设"形状样式列表,单击形状快捷工具栏的"形状"右侧的倒三角按钮,也可打开"预设"样式列表。

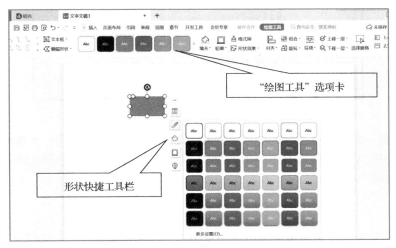

图 3-71 "绘图工具"工具栏及形状快捷工具栏

在"预设"形状样式列表中单击某样式,可将其应用到当前形状。

3. **设置形状填充**

在"绘图工具"选项卡中单击"填充"右侧的倒三角按钮,或者在形状快捷工具栏中单击"形状填充"按钮,可打开形状填充菜单,如图 3-72 所示。

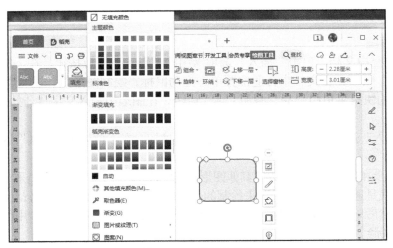

图 3-72 形状填充菜单

在形状填充菜单中可选择使用颜色、渐变、图片、纹理等多种方式填充形状。

4. 设置形状轮廓

在"绘图工具"选项卡中单击"轮廓"下拉按钮，或者在形状快捷工具栏中单击"形状轮廓"按钮，可打开形状轮廓菜单，如图 3-73 所示。在此菜单中，可以设置轮廓的颜色、线型（轮廓宽度）以及虚线线型（虚线样式）。

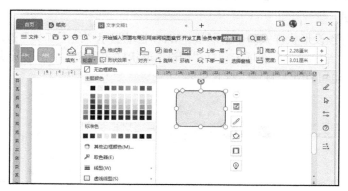

图 3-73　形状轮廓菜单

【例 3.3】绘制一个图 3-74 所示的图形，要求：流程图各个部分组合为一个整体；设置太阳填充颜色为射线渐变-中心辐射，旋转月亮 180°，使之与太阳相对，最后在月亮旁边画 3 颗十字星点缀，月亮和星星填充颜色均为黄色。

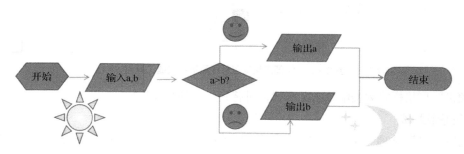

图 3-74　绘制图形

操作步骤如下。

（1）绘制流程图

① 新建一个空白文档，单击"插入"选项卡中的"形状"下拉按钮，在下拉列表"流程图"区中选择"准备"图形，在文档中合适位置单击拖动鼠标，绘制图形，并适当调整大小。右键单击图形，在弹出的快捷菜单中选择"添加文字"命令，在图形中输入文字"开始"，并设置字体为"小四"。

② 单击"插入"选项卡中"形状"右侧的倒三角按钮，在下拉列表"线条"区中选择"箭头"，画出向右的箭头。

③ 重复第 1 步和第 2 步，继续绘制其他图形直至完成。其中从"正确"菱形框到"修改"矩形框中间的两条直线是通过选择"直线"来绘制的；笑脸来自于"基本形状"区；而哭脸的绘制过程是先画好笑脸，然后单击笑脸，此时，在其嘴部线条处会出现一个黄色小圆，用鼠标拖动该小圆调整形状，即改为哭脸。

④ 按【Shift】键，依次单击所有图形，全部选中后，在图形中间单击右键，在弹出的菜单中选择"组合"命令，将多个图形组合在一起。

（2）绘制太阳、月亮和星星

① 单击"插入"选项卡中的"形状"按钮，选择"基本形状"区中的太阳，在文档中的合适位置单击并拖动鼠标，绘制太阳图形。

② 选择"太阳"，单击"绘图工具"选项卡"形状填充"按钮，在弹出的"属性"面板中单击"填充与轮廓"类别，然后单击下方的"填充"选中"渐变填充"单选按钮，并在"渐变样式"中选择"射线渐变"的"中心辐射"。

③ 单击"插入"选项卡中的"形状"右侧的倒三角按钮，在弹出的下拉列表中选择"基本形状"区中的"月亮"图形，在文档中的合适位置单击拖动鼠标，绘制月亮图形。

④ 单击图形"月亮"，月亮周围会出现一个空白小圆点，上方有一个旋转按钮，移动鼠标指针到旋转按钮处，拖动它旋转 180 度，使之面向太阳。

⑤ 在"形状"下拉列表中选择"星与旗帜"区中的"十字星"图形（✧），画到月亮周围，并复制两个，适当调整大小后移动到合适的地方。将月亮和 3 颗星同时选中，单击"绘图工具"选项卡的"形状填充"，在弹出的"属性"面板中单击"填充与轮廓"类别，然后单击下方的"填充"选中"纯色填充"单选按钮，并在"填充颜色"下拉列表框中选择"黄色"；单击"绘图工具"选项卡"轮廓"右侧的倒三角，在弹出的下拉列表中选择"无边框颜色"选项。

3.4.3　插入文本框

文本框用于在页面中任意位置输入文字，也可在文本框中插入图片、公式等其他对象。在"插入"选项卡中单击"文本框"菜单下的"横向"选项，再在页面中按住鼠标左键拖动，绘制出横向文本框。横向文本框中的文字内容默认横向排列。

要使用其他类型的文本框，可在"插入"选项卡中单击"文本框"下拉按钮，打开文本框菜单，如图 3-75 所示。从菜单中可选择插入横向、竖排、多行文字或稻壳文本框等。

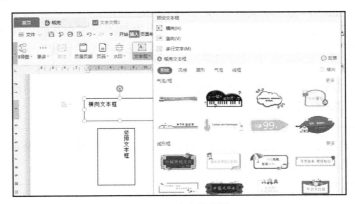

图 3-75　文本框菜单

文本框的布局选项和图片布局选项相同，设置可参见 3.4.1 小节中的编辑图片部分。

3.4.4　插入艺术字

艺术字是具有特殊效果的文字。在"插入"选项卡中单击"艺术字"按钮，打开"艺术字预设样式"列表，从中单击要使用的样式，在文档中插入一个文本框，在其中输入文字即可。也可以在选中文字后，在"艺术字预设样式"列表中选择样式，将选中文字转换为艺术字。

可使用"文本工具"选项卡中的工具进一步设置艺术字的各种属性。插入的艺术字及"文本工具"选项卡如图 3-76 所示。

图 3-76　艺术字及"文本工具"工具栏

如果要删除艺术字，需先选中艺术字，按【Delete】键即可。

【例 3.4】制作效果如图 3-77 所示的艺术字"奋进新征程，建功新时代"，艺术字为"渐变填充-金色 轮廓-着色 4"的样式，字体为"华文行楷"，字号为 38，文本效果："阴影"为"透视"区中的"右上对角透视"（第 1 行第 2 个），"发光"为"橙色，11pt 发光，着色 4"，设置文字环绕为"四周型环绕"。

图 3-77　艺术字效果

操作步骤如下。

（1）单击"插入"选项卡中的"艺术字"按钮，并在打开的"艺术字预设样式"列表中选择"渐变填充-金色 轮廓-着色 4"的样式，艺术字文本框就插入当前光标所在位置，修改文字为"奋进新征程，建功新时代"，设置字体为"华文行楷"，字号为 38。

（2）在"文本工具"选项卡中，单击"文本效果"右侧的倒三角按钮，在弹出的下拉列表中选择"阴影"为"透视"区中的"右上对角透视"（第 1 行第 2 个），"发光"为"橙色，11pt 发光，着色 4"。

（3）选择艺术字边框，在"绘图工具"选项卡中，单击"环绕"右侧的倒三角按钮，在弹出的下拉列表中选择"四周型环绕"选项。

　　　　此时艺术字四周会出现 8 个白色小圆、1 个旋转箭头。拖动白色小圆，可以缩放艺术字；拖动旋转箭头，可以旋转艺术字。

3.4.5　插入数学公式

利用 WPS 的公式编辑器，能快捷地制作具有专业水准的数学公式，方便用户编写数学论文或数学试卷。创建数学公式，可通过单击"插入"选项卡中"公式"右侧的倒三角按钮，在弹出的下拉列表中选择预定义的公式，也可以通过"公式编辑器"命令来自定义公式，此时，弹出"公式编辑器"窗口，如图 3-78 所示，可完成数学公式的输入和编辑。

　　　　输入公式时，一定要准确定位，可通过鼠标或方向键来改变光标位置。

图 3-78 "公式编辑器"窗口

【例 3.5】输入公式：

$$f = \sqrt{\sum_{j=1}^{t} y_j^3 - t\overline{x^3}} - 7$$

操作步骤如下。

（1）单击"插入"选项卡中"公式"右侧的倒三角按钮，在弹出的下拉列表中选择"公式编辑器"选项，屏幕上出现"公式编辑器"窗口。

（2）在"公式编辑器"窗口中输入"f="，单击工具栏中的"分式和根式模板"按钮，选择平方根 $\sqrt{\square}$ 并插入；单击根号中的虚线框，再单击工具栏中的"求和模板"按钮，在"求和"区选择第一行第三列"求和"样式，然后用鼠标单击下和上虚线框，依次输入相应内容："j=1""t"，接着选中中间虚线框，输入"y"，单击工具栏的"下标和上标模板"按钮，选择第一行第三列的样式，用鼠标单击上下标虚线框，分别输入"3"和"j"；按向右方向键，注意此时光标位置，输入"–"（应仍然位于根式中），继续输入"t"，单击"底线和顶线模板"按钮，插入"横杠" $\square$，选择虚线框，输入"x"，单击"下标和上标模板"按钮，插入上标，输入"3"，再在整个表达式后单击，注意此时光标位置，输入"–"和"7"。

（3）关闭公式编辑器，数学公式输入完成。

3.5 审阅文档

审阅文档包含批注和修订功能。批注功能用于在文档中添加批注信息，为文档作者提供意见和建议。修订功能用于保留文档的修改痕迹，文档作者可选择接受或拒绝修订。

3.5.1 批注

单击插入批注的位置或者选中要添加批注的内容，在"审阅"选项卡中单击"插入批注"按钮，将批注框添加到文档，在批注框中可输入批注内容，如图 3-79 所示。

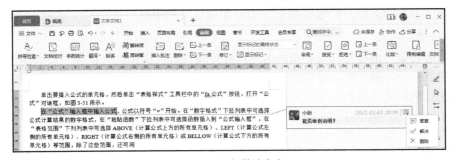

图 3-79 添加批注内容

在处理批注时，可单击批注框右上角的"编辑批注"按钮，打开编辑批注菜单。在菜单中选择"答复"命令，可在信息下方添加答复内容；选择"解决"命令，可将批注标注为已解决；选择"删除"命令可删除批注。也可用鼠标右键单击批注，在弹出的快捷菜单中选择"答复批注""解决批注"或"删除批注"命令处理批注。

3.5.2 修订文档

在"审阅"选项卡中单击"修订"按钮，使其处于选中状态，此时文档进入修订模式，如图 3-80 所示，WPS 会标记文档的更改信息。文档处于修订模式时，再次单击"修订"按钮可退出修订模式。

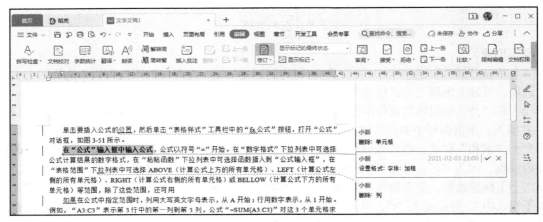

图 3-80 修订模式

要处理修订内容，可单击文档右侧的修订提示框，然后单击修订提示框右上角的"√"（接受修订）按钮接受修订，或单击"×"（拒绝修订）按钮拒绝修订。

也可在"审阅"选项卡中单击"接受"右侧的倒三角按钮，打开下拉菜单，从中选择"接受对文档所做的所有修订（H）"命令，接受全部修订。也可在"审阅"选项卡中单击"拒绝"右侧的倒三角按钮，打开下拉菜单，从中选择"拒绝对文档所做的所有修订"命令，拒绝全部修订。

3.6 目录和邮件合并

3.6.1 目录

书籍或长文档编写完后，需要为其制作目录，方便读者阅读并大概了解文档的层次结构及主要内容。目录除了手工输入外，WPS 还提供了自动生成目录的功能。

1. 创建目录

要自动生成目录，前提是将文档中的各级标题用快速样式库中的"标题"样式统一格式化。一般情况下，目录分为 3 级，可以使用相应的 3 级标题"标题 1""标题 2""标题 3"样式，也可以使用其他级别的标题样式或者自己创建的标题样式来格式化，然后单击"引用"选项卡中的"目录"右侧的倒三角按钮，在弹出的下拉列表中选择相应的目录样式。如果没有需要的样式，可以选择"自定义目录"命令，打开"目录"对话框进行自定义操作。

【例 3.6】打开例题 3-6.docx，制作图 3-81 所示的 4 级目录所示。

图 3-81　自动生成目录的效果

操作步骤如下。

（1）打开文档，为正文中的各级标题设置标题样式。选定标题文字"第 3 章 WPS 文字处理"，在"开始"选项卡中选择"标题 1"样式，用同样的方法依次设置"3.1 文字处理软件的功能""3.2WPS 工作环境"为"标题 2"，"3.2.1WPS 工作窗口"为"标题 3"，剩下的标题文字为"标题 4"。

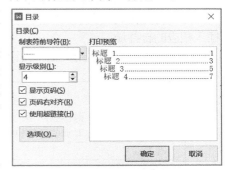

图 3-82　"目录"对话框

（2）将光标定位到插入目录的位置，单击"引用"选项卡中"目录"右侧的倒三角按钮，在弹出的下拉列表中选择"自定义目录"命令，打开"目录"对话框，如图 3-82 所示，进行自定义操作。其中"制表符前导符"下拉列表框用于为目录指定前导符格式；默认的目录显示级别为 3 级，如果需要改变设置，在"显示级别"数值框中利用数值微调按钮调整或直接输入相应级别的数字，最后单击"确定"按钮即可生成目录。

2. 更新目录

如果文字内容在编制目录后发生变化，WPS 可以很方便地对目录进行更新，方法是：在目录上单击鼠标右键，从弹出的快捷菜单中选择"更新域"命令，打开"更新目录"对话框，再选择"更新整个目录"即可。也可以通过"引用"选项卡中的"更新目录"按钮进行操作。

3.6.2　邮件合并

邮件合并是 WPS 为了提高工作效率而提供的一种功能，它可以把主文档和数据源中的信息合并在一起，生成主文档的多个不同的版本。

在实际工作中，经常要处理大量日常报表和信件，如打印标签、信封、考号、证件、工资条、成绩单、录取通知书等。这些报表和信件的主要内容基本相同，只是数据有变化。成绩通知单如图 3-83 所示。为了减少重复工作、提高效率，可以充分使用 WPS 的邮件合并功能。

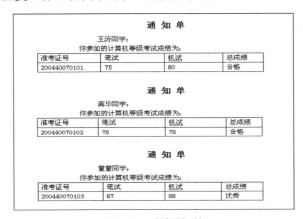

图 3-83　成绩通知单

邮件合并是在两个电子文档之间进行的，一个是主文档，它包括报表或信件共有的文字和图形内容；另一个是数据源文档，它包括需要变化的信息，其多为通信资料，以表格形式存储，一行（又叫一条记录）为一个完整的信息，一列对应一个信息类别，即数据域（如姓名、地址等），第一行为域名记录。在数据源文档中只允许包含一个表格，可以在合并文档时仅使用表格的部分数据域，但不允许包含表格之外的其他任何文字和对象。

准备好主文档和数据源文档后可以开始邮件合并。通过单击"引用"选项卡中的"邮件"按钮，打开"邮件合并"选项卡来实现，具体操作步骤如下。

（1）打开主文档，单击"引用"选项卡中的"邮件"按钮，打开"邮件合并"选项卡。

（2）单击"邮件合并"选项卡中的"打开数据源"右侧的倒三角按钮，从打开的"选取数据源"对话框中选择相应的数据源文档。数据源是邮件合并所需使用的各类数据记录的总称，数据源文档可以是多种格式的文件，如 Word、Excel、Access 等。

（3）将光标定位在主文档中所需要的位置，单击"邮件合并"选项卡中的"插入合并域"按钮，插入相应的合并域。

（4）单击"合并到新文档"按钮，生成一个合并文档，如图 3-84 所示。

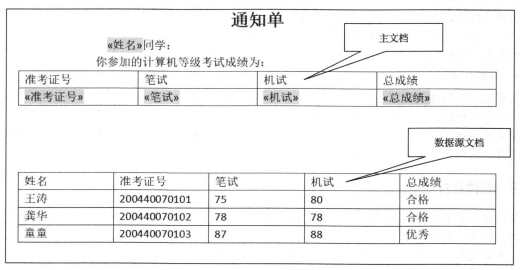

图 3-84　邮件合并

3.7　打印文档

在 WPS 中，文字、表格和演示等文档的打印预览及打印操作基本相同。

3.7.1　打印预览

打印预览可查看文档的实际打印效果。在快捷工具栏中单击"文件"按钮，打开"文件"菜单，从中选择"打印→打印预览"命令，文档窗口切换为打印预览模式，如图 3-85 所示。

在工具栏中，单击"单页"按钮，可在窗口中显示一个页面；单击"多页"按钮，可在窗口中同时显示两个页面；在"显示比例"下拉列表中可选择缩放比例来查看页面效果；单击"关闭"按钮，可退出打印预览。

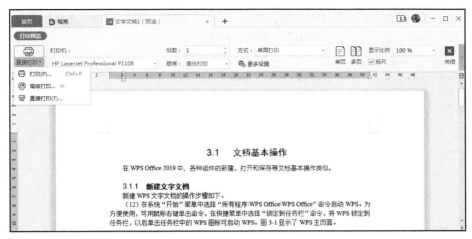

图 3-85　打印预览模式

3.7.2　打印

单击"文件"按钮,在打开的"文件"菜单中选择"打印→打印"命令,或单击快捷工具栏中的"打印"按钮,或按【Ctrl+P】组合键,可打开"打印"对话框,如图 3-86 所示。

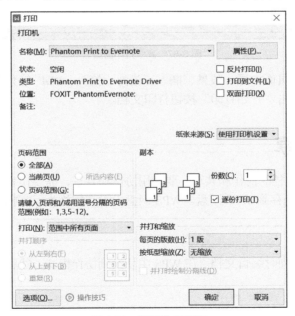

图 3-86　"打印"对话框

WPS 默认使用系统的默认打印机完成打印,可在"名称"下拉列表中选择其他打印机。在"页面范围"栏中,选中"全部"单选按钮表示打印文档的全部内容;选中"当前页"单选按钮表示只打印插入点所在的页面;选中"页面范围"单选按钮,可输入要打印的页面页码。

在"副本"栏中的"份数"数字框中,可输入打印份数,默认份数为 1。

在"并打和缩放"栏的"每页的版数"下拉列表中,可选择每页打印的页面数量;在"按纸型缩放"下拉列表中,可选择纸张类型,打印时将根据纸张类型缩放。完成设置后,单击"确定"按钮打印文档。

WPS Office 2019 提供了高级打印功能。单击"文件"按钮，在打开的"文件"菜单中选择"打印→高级打印"命令，打开高级打印窗口，如图 3-87 所示。

图 3-87　高级打印窗口

高级打印窗口提供了页面布局、效果、插入、裁剪、抬头、**PDF** 等菜单，可进行打印相关的各项设置，设置完成后，单击"开始打印"按钮打印文档。

3.8　协作和共享

WPS 通过网盘实现文档的协作和共享。要使用协作和共享，需要作者和协作者（或分享人）注册 WPS 会员，并将文档保存到 WPS 网盘。WPS 网盘中的文档称为云文档。

3.8.1　协作编辑

协作编辑指多人在线同时编辑文档。在 WPS 中切换到协作模式，然后分享文档即可邀请他人参与编辑文档。

1. 发起协作

发起协作的操作步骤如下。

（1）打开文档。

（2）单击窗口右上角的"协作"按钮，打开协作菜单，在菜单中选择"进入多人编辑"命令，可切换到协作模式，如图 3-88 所示。

（3）单击右上角的"分享"按钮，打开"分享"对话框。首次分享文件时，可选择分享方式，如图 3-89 所示。在对话框中可选择公开分享（其他人通过分享链接即可查看或编辑文档）或指定范围分享（指定联系人加入分享），选定分享方式后，单击"创建并分享"按钮，打开邀请他人加入分享界面，如图 3-90 所示。

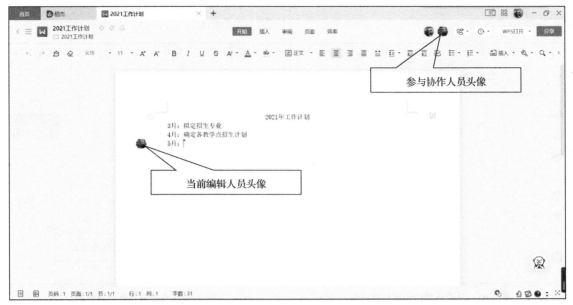

参与协作人员头像

当前编辑人员头像

图 3-88　协作模式窗口

图 3-89　选择分享方式　　　　　　　　图 3-90　邀请他人加入分享界面

（4）邀请他人加入分享界面中，可修改分享方式和分享期限。分享方式为公开分享时，可单击"获取免登录链接"按钮，获取免登录链接，即其他人不需要登录 WPS 账号即可参与分享。单击"复制链接"按钮，可将分享链接复制到剪贴板，以便通过 QQ、微信或其他方式发送给其他人员。其他人员可在浏览器中访问链接，参与文档编辑。单击"从通讯录选择"按钮，可打开通讯录选择分享人员，如图 3-91 所示。在对话框中单击"添加联系人"按钮，可添加联系人。在联系人列表中，可通过单击选中联系人，将其加入到右侧的已选择列表中。最后，单击"确定"按钮，完成邀请操作。

在分享文档时，如果选中了"可编辑"权限，其他人员就可进入文档的协作模式。

在协作模式窗口中，单击右上角的"WPS 打开"按钮，可退出协作模式。

2. 管理参与者及其权限

在协作模式中，单击"分享"按钮，打开"分享"对话框，可管理参与者及其权限，如图 3-92 所示。

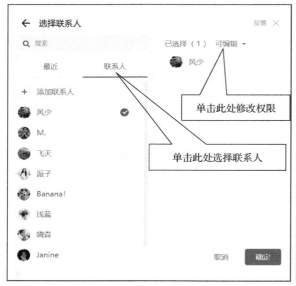

图 3-91   从通讯录中选择分享人员

图 3-92   管理参与者及其权限

对话框的"已加入分享的人"列表中，显示了已加入分享的人及其权限。图中显示了参与人"风少"的权限为"可查看"。单击权限，可打开权限菜单，选择其中的"可查看""可编辑"和"移除"命令。

3. 申请编辑权限

只具有查看权限的参与者打开文档时，工具栏中会显示"只读"，窗口页面如图 3-93 所示。

图 3-93   参与者只能查看时的协作窗口页面

将鼠标指针指向"只读"图标，WPS 会打开提示框提示文档由他人分享，当前只能查看。在提示框中单击"申请编辑"按钮，可打开"编辑文件"对话框，如图 3-94 所示。

"编辑文件"对话框提供了两种权限申请方式："申请权限后编辑"方式和"另存文件并编辑"方式。选择"申请权限后编辑"方式，申请通过后可加入在线多人协作，实时查看文档更新。选择"另存文件并编辑"方式，可以将文件保存到本地，完成修改后返回给对方。选择了权限申请方式后，单击"确定"按钮完成权限申请。

图 3-94   "编辑文件"对话框

发起人可在 PC 端或微信的 WPS 办公助手中处理权限申请，如图 3-95 所示。单击"同意"按钮，即可同意权限申请。

图 3-95　PC 端 WPS 助手处理权限申请通知

3.8.2　分享文档

分享文档指将文档分享给其他人或者其他设备，协作编辑也属于分享文档。

在 WPS 首页中，单击左侧导航栏中的"文档"按钮，显示文档管理页面。在文档管理页面左侧单击"我的云文档"按钮，查看存储于 WPS 网盘中的文档，如图 3-96 所示。

图 3-96　查看"我的云文档"

可使用下列方法分享文档。

① 单击选中文档时，页面右侧会显示文件操作窗格，单击"分享"按钮分享文档。

② 鼠标指针指向文件列表中的文档时，WPS 也会在文档所在行的右端显示"分享"链接，单击链接分享文档。

③ 鼠标右键单击文件列中的文档，在弹出的快捷菜单中选择"分享"命令分享文档。

④ 已打开文档时，可在文档编辑窗口的右上角单击"分享"按钮来分享文档。

1. 以复制链接方式分享

选择分享文档时，WPS 会显示分享文档对话框如图 3-97 所示。

图 3-97　分享文档对话框

首次分享时会显示图 3-97 左侧所示的选择权限界面（再次分享时会跳过该界面），选中权限后，单击"创建并分享"按钮，创建分享链接并进入图 3-97 右侧所示的邀请他人加入分享界面。可单击"复制链接"按钮复制分享链接，然后将链接发给他人。

2. 分享给联系人

在分享文档对话框中单击"发送给联系人"按钮或者单击"从通讯录选择"链接，可打开通讯录选择分享人，如图 3-98 所示。在对话框左列的联系人列表中单击联系人，将其添加到右侧的已选择列表中，然后单击"确定"按钮，打开添加附加信息对话框，如图 3-99 所示。在对话框中输入附加信息后，单击"发送"按钮，完成分享操作。

图 3-98　打开通讯录选择分享人

图 3-99　添加附加信息对话框

3. 将文档发送到手机

WPS 可将文档分享到当前账号所属用户的手机、平板电脑等移动设备中，这样可在 PC、手机或平板电脑等多个设备中编辑文档，但每次只能在一个设备中编辑文档，其他设备上只能查看文档。如果在其他设备上以编辑方式打开文档，编辑结果只能以副本方式保存。

在分享文档对话框中单击"发至手机"按钮，如图 3-100 所示。未在手机、平板电脑等移动设备中的 WPS 中登录当前账号时，会显示图 3-100（a）所示的分享界面（已在设备中登录过当前账号时会跳过该界面）。此时需要在手机或平板电脑中启动 WPS，登录当前账号，然后扫描图中的二维码，将手机或平板电脑添加到 WPS 的可分享设备中。图 3-100（b）所示的分享界面显示了已有的分享设备，在设备列表中选中要分享的设备，单击"发送"按钮，可将文档分享到对应设备。在分享设备上进入 WPS，可在个人消息中看到文件传输助手的提示信息，从中单击文档名称，可将文档下载到设备进行查看或编辑。

（a）　　　　　　　　　　　　　　　（b）

图 3-100　将文档分享到设备

4. 直接分享文档

在分享文档对话框中单击"以文件发送"按钮，打开直接分享文档界面如图 3-101 所示。在界面中单击"打开文件位置，拖拽发送到 QQ、微信"按钮，可在系统的资源管理器窗口中打开当前文档所在的文件夹。从文件夹中可将文档发送给 QQ 或微信好友。

5. 设置或取消多人编辑

WPS 允许将文档设置为多人编辑文档，打开文档时可自动进入多人编辑的协作模式。在 WPS 首页中，单击左侧导航栏中的"文档"按钮，显示文档管理页面。

图 3-101　直接分享文档界面

在文档管理页面左侧单击"我的云文档"按钮，查看存储于 WPS 网盘中的文档，如图 3-96 所示。

在文件列表中选中文档后，在右侧的文档操作窗格中单击"设为多人编辑文档"右侧的按钮，可将文档设置为多人编辑文档，此时单击按钮可取消多人编辑。

也可在文档列表中用鼠标右键单击文档，在弹出的快捷菜单中选择"设为多人编辑文档"命令，将文档设置为多人编辑文档。用鼠标右键单击文档，在弹出的快捷菜单中选择"取消多人编辑"命令，可取消多人编辑。

6. 取消分享

取消分享的方法为：首先在 WPS 首页中查看"我的云文档"，然后在文档列表中单击选中要取消分享的文档，再在右侧的文档操作窗格中单击"取消分享"链接。

3.8.3 使用共享文件夹

共享文件夹用于与好友共同管理和编辑文档。

1. 创建共享文件夹

创建共享文件夹的方法如下。

单击 WPS 标题栏中的"新建"标签，打开新建页面。单击工具栏中的"共享文件夹"按钮，打开"新建共享文件夹"窗口，如图 3-102 所示。单击"共享文件夹"按钮，或者单击 WPS 提供的模板可新建共享文件夹。在"创建共享文件夹"对话框中输入共享文件夹名称，单击"立即创建"按钮完成新建共享文件夹操作。

图 3-102 "新建共享文件夹"窗口

也可在 WPS 首页中单击"文档"按钮，进入文档管理界面。单击"共享"按钮显示个人的共享项目，再单击右上角的"新建共享文件夹"按钮创建共享文件夹。

2. 邀请成员

在 WPS 首页中单击"文档"按钮，进入文档管理界面，再单击"共享"按钮显示个人的共享项目。在文件列表中双击共享文件夹名称，可进入共享文件夹。空的共享文件夹界面如图 3-103 所示。可单击"上传文件"按钮将文档上传到共享文件夹与好友共享，也可单击"上传文件夹"按钮，上传并共享文件夹。

图 3-103 空的共享文件夹界面

在共享文件夹中单击"邀请成员"按钮，或者在右侧的操作窗格中单击"邀请成员"按钮，打开"邀请成员"对话框，如图 3-104 所示。单击"复制链接"按钮，可复制共享文件夹链接，然后将其分享给微信或 QQ 好友。也可单击"联系人"按钮，打开联系人对话框，从中选择共享文件夹的联系人。

在"邀请成员"对话框中，单击"设置"按钮，可打开"设置"对话框，如图 3-105 所示。默认情况下，加入共享成员不需要管理员审核，成员可编辑文档，邀请链接有效期为 3 天。可在"设置"对话框中启用"加入时需要管理员审核"和"加入成员后仅允许查看"选项，并修改邀请链接有效期。在"设置"对话框中单击"取消共享"按钮，可取消共享，将共享文件夹转换为普通文件夹。

图 3-104　"邀请成员"对话框

图 3-105　"设置"对话框

3. 取消共享

除了可在"设置"对话框中取消文件夹共享，还可在 WPS 文档管理界面中单击"共享"按钮查看个人共享项目，再用鼠标右键单击共享文件夹，在弹出的快捷菜单中选择"取消共享"命令来取消共享。

本章小结

本章介绍了 WPS Office 2019 文字处理软件的使用方法，主要包括文档基本操作、文档编辑、文档排版、制作表格、图文混排、审阅文档和打印文档等，最后详细介绍了文档的协作和共享。

思考题

1. 段落有哪些对齐方式？
2. 文档中的图片有哪些布局方式？
3. 批注和修改有何区别？

第 4 章　WPS 表格

WPS 表格是 WPS 办公套件中的一个重要组件，是一个灵活、高效的电子表格处理工具，其一切操作都是围绕数据进行的。尤其是在数据的应用、处理和分析方面，WPS 表格更表现出强大的功能。本章将以 WPS Office 2019 为例，介绍电子表格软件的基本功能和使用方法。

4.1　工作簿基本操作

4.1.1　新建工作簿

WPS 表格文档也称工作簿，一个工作簿可包含一张或多张工作表，而工作表又是由若干排列成行或列的单元格组成的。

新建工作簿的操作步骤如下。

（1）双击桌面图标"WPS Office"启动 WPS。

（2）单击左侧导航栏中的"新建"按钮，或单击标题栏中的"+"按钮，打开新建标签。

（3）单击工具栏中的"S 表格"按钮，显示 WPS 表格模板列表，如图 4-1 所示。

图 4-1　WPS 表格模板列表

（4）单击模板列表中的"新建空白文档"按钮，创建一个空白文档。

创建 WPS 空白表格文档的其他方法如下。

① 在系统桌面或文件夹中，用鼠标右键单击空白位置，然后在弹出的快捷菜单中选择"新建→XLS 工作表"或"新建→XLSX 工作表"命令。

② 在已打开的 WPS 表格文档窗口中，按【Ctrl+N】组合键。

4.1.2　使用模板创建工作簿

模板包含预设格式和内容，空白文档除外。新建标签中有模板列表，如图 4-2 所示。单击要使用的模板，可打开模板预览窗口，如图 4-3 所示。单击预览窗口右上角的关闭按钮可将其关闭。

图 4-2　模板列表

图 4-3　模板预览窗口

单击预览窗口右侧的"立即下载"按钮，可下载模板，并用其创建新工作簿。使用模板创建的工作簿通常包含首页和多个预设格式的工作表，用户根据需要进行修改，即可创建专业水准的表格。

4.1.3　保存工作簿

单击工具栏中的"保存"按钮，或在"文件"菜单中选择"保存"命令，或按【Ctrl+S】组合键，执行保存操作，可保存当前正在编辑的工作簿。

在"文件"菜单中选择"另存为"命令，执行另存为操作，都会打开"另存文件"对话框，如图 4-4 所示，可将正在编辑的工作簿保存为指定名称的新工作簿。在对话框中设置保存位置、文件名称和文件类型后，单击"保存"按钮即可完成保存操作。

WPS 工作簿默认保存的文件类型为"Microsoft Excel 文件"，文件扩展名为.xlsx，这是为了与微软的 Excel 兼容。还可将文档保存为 WPS 表格文件、WPS 表格模板文件、PDF 文件格式等 10 余种文件类型。完成设置后，单击"保存"按钮即可完成保存操作。

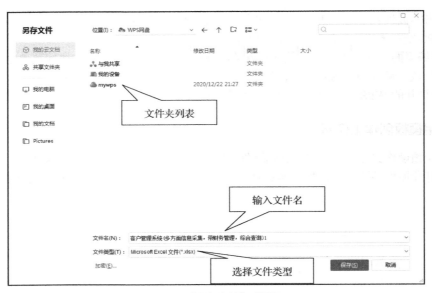

图 4-4 "另存文件"对话框

4.1.4 输出工作簿

WPS 可将工作簿输出为 PDF 和图片。

1. 输出为 PDF

将工作簿输出为 PDF 的操作步骤如下。

（1）单击工具栏中的"文件"按钮，打开"文件"菜单。

（2）从中选择"输出为 PDF"命令，打开"输出为 PDF"对话框，如图 4-5 所示。

（3）在列表框中选中要输出的文档，默认选中当前文档。

（4）在"保存位置"下拉列表中选择保存位置。

（5）单击"开始输出"按钮，执行输出操作。成功完成输出后，文档状态变为"输出成功"，此时可关闭对话框。

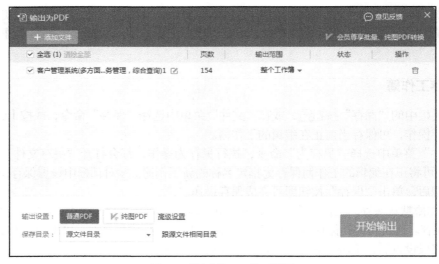

图 4-5 "输出为 PDF"对话框

2. 输出为图片

将工作表文字文档输出为图片的操作步骤如下。

（1）在工作簿中选择要输出为图片的工作表。

（2）单击工具栏中的"文件"按钮，打开"文件"菜单。

（3）从中选择"输出为图片"命令，打开"输出为图片"对话框，如图 4-6 所示。

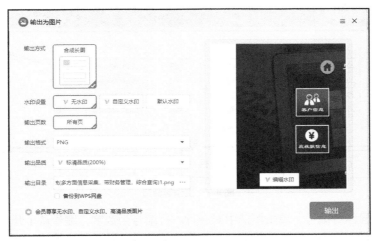

图 4-6　"输出为图片"对话框

（4）在"水印设置"选项中选择无水印、默认水印或自定义水印单选按钮。

（5）在"输出格式"下拉列表中选择输出图片的文件格式。

（6）在"输出尺寸"下拉列表中选择输出图片的尺寸。

（7）在"输出目录"输入框中输入图片的保存位置，可单击输入框右侧的"…"按钮打开对话框，选择保存位置。

（8）单击"输出"按钮，执行输出操作。

4.1.5　打开工作簿

在系统桌面或文件夹中双击工作簿图标，可启动 WPS，并打开文档。WPS 启动后，按【Ctrl+O】组合键，或在"文件"菜单中选择"打开"命令，打开"打开文件"对话框。在对话框的文件列表中双击文件可直接打开文件。也可在单击选中文件后，单击"打开"按钮打开文件。

4.1.6　工作簿窗口组成

工作簿窗口如图 4-7 所示。

（1）菜单栏：显示菜单按钮，单击按钮可显示相应的工具栏。

（2）工具栏：显示各种命令按钮，单击按钮执行相应操作。

（3）名称框：显示当前单元格名称，由列名称和行编号组成。例如，G6 为第 G 列第 6 行的单元格。

（4）编辑框：用于显示和编辑当前单元格数据。

（5）列标头：显示列名称，单击可选中对应列。列名称用大写字母表示，从第 1 列开始依次用 A、B、C、…、Z 等表示，单字母排序完成后，则在其后增加一个字母，如 AA、AB、AC、…、AZ，BA、BB、…、BZ，AAA、AAB 等。

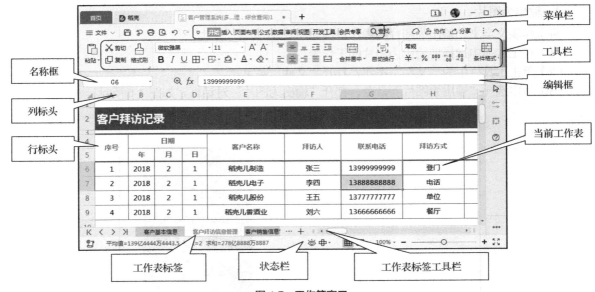

图 4-7　工作簿窗口

（6）行标头：显示行编号，单击可选中对应行。行编号为数字，编号从 1 开始。

（7）状态栏：显示选中单元格平均值、计数等统计结果，以及包含缩放等工具。

（8）当前工作表：工作簿可包含多个工作表，当前工作表显示在编辑窗口中。

（9）工作表标签工具栏：包括用于管理工作表的命令按钮和工作表标签。

① 工作表导航按钮：单击"第一个"按钮 |< 可使第一个工作表成为当前工作表；单击"前一个"按钮 < 可使前一个工作表成为当前工作表；单击"后一个"按钮 > 可使后一个工作表成为当前工作表；单击"最后一个"按钮 >| 可使最后一个工作表成为当前工作表。

② 工作表标签：显示当前工作表名称，单击标签可使工作表成为当前工作表，双击标签可编辑工作表名称。

③ "切换工作表"按钮 ···：单击可打开工作表名称列表，在列表中单击工作表名称使其成为当前工作表。

④ "新建工作表"按钮 ＋：单击可添加一个新的空白工作表。

4.1.7　工作表基本操作

1. 添加工作表

默认情况下，工作簿仅包含一个工作表。为工作簿添加工作表的常用方法如下。

（1）在工作表标签工具栏中单击"新建工作表"按钮。

（2）按【Shift+F11】组合键。

（3）在"开始"选项卡中单击"工作表"按钮，打开工作表下拉菜单，在菜单中选择"插入工作表"命令，打开"插入工作表"对话框。在对话框中输入要插入的工作表数量，单击"确定"按钮。

（4）用鼠标右键单击任意一个工作表标签，在弹出的快捷菜单中选择"插入工作表"命令，打开"插入工作表"对话框。在对话框中输入要插入的工作表数量，单击"确定"按钮。

2. 删除工作表

删除工作表的方法如下。

（1）在"开始"选项卡中单击"工作表"按钮，打开工作表下拉菜单，在菜单中选择"删除工作表"命令。

（2）用鼠标右键单击工作表标签，在弹出的快捷菜单中选择"删除工作表"命令。

被删除的工作表不能恢复，在删除时应慎重。

3. 修改工作表名称

WPS 默认使用 Sheet1、Sheet2、Sheet3 等作为工作表名称。WPS 允许修改工作表名称，方法如下。

（1）双击工作表标签，使其进入编辑状态，然后修改名称。

（2）用鼠标右键单击工作表标签，在弹出的快捷菜单中选择"重命名"命令，使其进入编辑状态，然后修改名称。

（3）在"开始"选项卡中单击"工作表"按钮，打开工作表下拉菜单，在菜单中选择"重命名"命令，使当前工作表标签进入编辑状态，然后修改名称。

4. 复制工作表

在当前工作簿中复制工作表的方法如下。

（1）在"开始"选项卡中单击"工作表"按钮，打开工作表下拉菜单，在菜单中选择"复制工作表"命令。

（2）用鼠标右键单击工作表标签，在弹出的快捷菜单中选择"复制工作表"命令。

（3）按住【Ctrl】键，拖动工作表标签。

5. 移动工作表

在同一个工作簿中，拖动工作表标签可调整工作表之间的先后顺序。

可使用"移动或复制工作表"对话框来复制或者移动工作表。打开"移动或复制工作表"对话框的方法如下。

（1）在"开始"选项卡中单击"工作表"按钮，打开工作表下拉菜单，从中选择"移动工作表"命令，打开"移动或复制工作表"对话框。

（2）用鼠标右键单击工作表标签，在弹出的快捷菜单中选择"移动工作表"命令，打开"移动或复制工作表"对话框。

"移动或复制工作表"对话框如图 4-8 所示。

在"下列选定工作表之前"下拉列表中双击工作表名称，或者单击工作表名称，再单击"确定"按钮，可将当前工作表移动到指定工作表之前。如果在对话框中选中"建立副本"复选框，可复制当前工作表。在对话框的"工作簿"下拉列表中选择其他已打开的工作簿，可将工作表移动或复制到另一个工作簿。

图 4-8　移动或复制工作表

　　在不同的工作簿中移动或复制工作表时，需要将两个工作簿同时打开。否则，在"移动或复制工作表"对话框的"工作簿"下拉列表框中只会显示当前工作簿的名称，无法选择目标工作簿。

4.1.8　单元格基本操作

工作表中每一个长方形的小格就是一个单元格，在单元格内可以输入数字、字符、公式、日期、图形或声音文件等。

1. 选择单元格

选择单元格的方法如下。

（1）选择单个单元格：单击单元格即可将其选中。选中单个单元格后，按方向键可选择相邻的单元格。

（2）选择相邻的多个单元格：单击第一个单元格，按住鼠标左键拖动，选中相邻的多个单元格；也可单击第一个单元格，按住【Shift】键，再单击另一个单元格，可选中以这两个单元格为对角的矩形区域内的所有单元格。

（3）选择分散的多个单元格：按住【Ctrl】键，单击分散的单个单元格，或者拖动鼠标选择多个相邻单元格。

（4）选择单个列：单击列标头可选中该列。

（5）选择相邻的多个列：单击要选择的第一列的列标头，按住【Shift】键，再按左右方向键选中相邻的多个列；或者在要选择的第一列列标头上按住鼠标左键拖动，选中相邻的多个列。

（6）选择分散的多个列：按住【Ctrl】键，单击其他列的列标头选中分散的单个列，或者在列标头上按住鼠标左键拖动，选中多个不连续的相邻多个列。

（7）选择单个行：单击行标头可选中该行。

（8）选择相邻的多个行：单击要选择的第一行的行标头，按住【Shift】键，再按上下方向键选中相邻的多个行；或者在选择的第一行行标头上按住鼠标左键拖动，选中相邻的多个行。

（9）选择分散的多个行：按住【Ctrl】键，单击其他行的行标头选中分散的单个行，或者在行标头上按住鼠标左键拖动，选中多个不连续的相邻多个行。

（10）选中所有单元格：按【Ctrl+A】组合键，或者单击工作表左上角的工作表选择按钮◢，选中全部单元格。

2. 插入单元格

插入单元格的方法如下。

（1）用鼠标右键单击单元格（该单元格称为活动单元格），然后在弹出的快捷菜单中选择"插入→插入单元格，活动单元格右移"或"插入→插入单元格，活动单元格下移"命令，插入单元格。

（2）单击单元格，再单击"开始"选项卡中"行和列"右侧的倒三角按钮，打开下拉菜单，从中选择"插入单元格→插入单元格"命令，打开"插入"对话框，在对话框中选中"活动单元格右移"或者"活动单元格下移"单选按钮，单击"确定"按钮完成单元格插入。

3. 插入行

插入行的方法如下。

（1）单击单元格或行标头，再单击"开始"选项卡中"行和列"右侧的倒三角按钮，打开下拉菜单，从中选择"插入单元格→在上方插入行或在下方插入行"命令。

（2）用鼠标右键单击单元格或行标头，然后在弹出的快捷菜单中选择"插入"命令的子命令在上方插入行或在下方插入行插入一行；可在"插入"命令右侧的"行数"数值框中输入要插入的行数，然后单击"√"命令或按【Enter】键完成插入。

4. 插入列

插入列的方法如下。

（1）单击单元格或列标头，再单击"开始"选项卡中"行和列"右侧的倒三角按钮，打开下拉菜单，从中选择"插入单元格→在左侧插入列或在右侧插入列"命令。

（2）用鼠标右键单击单元格或列标头，然后在弹出的快捷菜单中选择"插入"命令的子命令在左侧插入列或在右侧插入列插入一列，可在"插入"命令右侧的"列数"数值框中输入要插入的列数，然后单击"√"命令或按【Enter】键完成插入。

5. 删除单元格

删除单元格的方法如下。

（1）用鼠标右键单击单元格，然后在弹出的快捷菜单中选择"删除→右侧单元格左移"或者"删除→下方单元格上移"命令，即可删除单元格。

（2）单击单元格或选中多个单元格，再单击"开始"选项卡中"行和列"右侧的倒三角按钮，打开下拉菜单，从中选择"删除单元格→删除单元格"命令，打开"删除"对话框，在对话框中选中相应的单选按钮，单击"确定"按钮完成操作。

6. 删除行和列

删除行和列的方法如下。

（1）用鼠标右键单击行（列）标头，然后在弹出的快捷菜单中选择"删除"命令中的命令即可。

（2）选中要删除的行（列）中的任意一个单元格，单击"开始"选项卡中的"行和列"按钮，打开下拉菜单，从中选择"删除单元格→删除行"或"删除单元格→删除列"命令。

7. 调整行高

默认情况下，所有行的高度相同，可用下面的方法调整。

（1）将鼠标指针指向行标头之间的分隔线，当指针变为➕时，按住鼠标左键，上下拖动进行调整。

（2）将鼠标指针指向行标头之间的分隔线，当指针变为➕时，双击鼠标左键，可自动调整行高。

（3）选中要调整高度的行，再用鼠标右键单击，从弹出的快捷菜单中选择"行高"命令，打开"行高"对话框，在对话框中设置行高数值，然后单击"确定"按钮即可。

（4）选中要调整高度的行，单击"开始"选项卡中的"行和列"按钮，打开下拉菜单，从中选择"行高"命令，打开"行高"对话框，在对话框中设置行高数值，然后单击"确定"按钮即可。

8. 调整列宽

默认情况下，所有列的宽度相同，可用下面的方法调整。

（1）将鼠标指针指向列标头之间的分隔线，当指针变为➕时，按住鼠标左键，左右拖动进行调整。

（2）将鼠标指针指向列标头之间的分隔线，当指针变为➕时，双击鼠标左键，可自动调整列宽。

（3）选中要调整宽度的列，再用鼠标右键单击，在弹出的快捷菜单中选择"列宽"命令，打开"列宽"对话框，在对话框中设置列宽数值，然后单击"确定"按钮即可。

（4）选中要调整宽度的列，单击"开始"选项卡中的"行和列"按钮，打开下拉菜单，从中选择"列宽"命令，打开"列宽"对话框，在对话框中设置列宽数值，然后单击"确定"按钮即可。

9. 合并单元格

合并单元格指将多个相邻单元格合并为一个单元格，WPS 提供了多种合并方法。

（1）合并居中

合并选中的单元格，只保留选中区域左上角单元格中的数据，并水平居中显示，不改变原来的垂直方向对齐格式。合并方法为：选中单元格后，单击"开始"选项卡中"合并居中"右侧的倒三角按钮，打开下拉菜单，从中选择"合并居中"命令即可；或者用鼠标右键单击选中的单元格，然后在弹出的快捷工具栏中单击"合并"右侧的倒三角按钮，打开下拉菜单，从中选择"合并居中"命令即可。合并居中效果如图 4-9 所示。

（2）合并单元格

合并选中单元格，只保留选中区域左上角单元格中的数据，对齐方式不变。合并方法为：选中单元格后，单击"开始"选项卡中"合并居中"右侧的倒三角按钮，打开下拉菜单，从中选择"合并单元格"命令即可；或者用鼠标右键单击选中的单元格，然后在弹出的快捷工具栏中单击"合并"右侧的倒三角按钮，打开下拉菜单，从中选择"合并单元格"命令即可。合并单元格效果如图4-10所示。

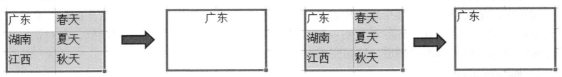

图 4-9　合并居中效果　　　　　　　　　　　　图 4-10　合并单元格效果

（3）合并内容

合并选中的单元格，保留所有单元格中的数据。在合并后的单元格中，数据自动换行，每个合并之前单元格数据分别占一行，对齐方式以选中区域中左上角单元格为准。合并方法为：选中单元格后，单击"开始"选项卡中"合并居中"右侧的倒三角按钮，打开下拉菜单，从中选择"合并内容"命令即可。合并内容效果如图4-11所示。

（4）跨列合并

适用于选中区域包含多个列多个行的情况。可分别合并选中区域内每行中的数据，只保留每行最左侧单元格中的数据。合并方法为：选中单元格后，单击"开始"选项卡中的"合并居中"右侧倒三角按钮，打开下拉菜单，从中选择"按行合并"命令即可；或者用鼠标右键单击选中单元格，然后在弹出的快捷工具栏中单击"合并"右侧的倒三角按钮，打开下拉菜单，从中选择"跨列合并"命令即可。跨列合并效果如图4-12所示。

图 4-11　合并内容效果　　　　　　　　　　　　图 4-12　跨列合并效果

（5）跨列居中

适用于选中区域内，行中只有最左侧单元格有数据的情况。可将该行中的数据跨列居中显示，否则将在单元格中居中显示。跨列居中仅设置显示效果，不合并单元格。合并方法为：选中单元格后，单击"开始"选项卡中"合并居中"右侧的倒三角按钮，打开下拉菜单，从中选择"跨列居中"命令即可；或者用鼠标右键单击选中单元格，然后在弹出的快捷工具栏中单击"合并"右侧的倒三角按钮，打开下拉菜单，从中选择"跨列居中"命令即可。跨列居中效果如图4-13所示，其中，第1、2行实现跨列居中，第3行的两个单元格中的数据居中显示。

（6）合并相同单元格

适用于选中区域只包含单个列的情况。可将包含相同数据的相邻单元格合并，去掉重复值。合并方法为：选中单元格后，单击"开始"选项卡中"合并居中"右侧的倒三角按钮，打开下拉菜单，从中选择"合并相同单元格"命令即可。合并相同单元格效果如图4-14所示。

图 4-13　跨列居中效果　　　　　　　　　　　　图 4-14　合并相同单元格效果

4.2　数据编辑

4.2.1　输入和修改数据

在单元格中输入和修改数据的方法如下。

（1）单击单元格，直接输入数据。如果单元格原来有数据，此时原数据将被覆盖。

（2）单击单元格，在编辑框中输入数据。如果单元格原来有数据，此时将修改原来的数据。

（3）双击单元格，在单元格中输入数据。如果单元格原来有数据，此时将修改原来的数据。

在输入或修改单元格数据时，按【Enter】键或单击单元格之外的任意位置，可结束输入或修改。

4.2.2　自动填充

在同一行或同一列中输入有规律的数据时，可使用自动填充功能。自动填充的操作方法为：选中用于填充的单个或多个单元格，然后将鼠标指针指向选择框右下角的填充柄，当鼠标指针变为 ✚ 时，按住鼠标左键拖动，填充相邻单元格。水平拖动将填充同一行的单元格，垂直拖动将填充同一列的单元格。

1．填充相同数据

填充相同数据指使用一个单元格或多个单元格中的数据进行填充。

完成填充时，WPS 会显示填充选项按钮，单击按钮可打开填充选项菜单。用一个单元格和多个单元格数据进行填充的结果及"填充"选项菜单如图 4-15 所示。在"填充"选项菜单中可选择"复制单元格""仅填充格式""不带格式填充"或者"智能填充"。

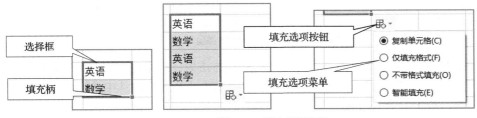

图 4-15　填充相同数据

2．填充等差数列

这里的"等差数列"可以是数学意义上的等差数据，也可以是日常生活中使用的有序序列，例如，一月、二月、…，星期一、星期二、…，2001 年、2002 年、…。如果差值为 1 或一，可输入第 1 个值，再执行填充。如果差值大于 1 或一，可输入前两个值，然后用这两个值执行填充。各种填充序列如图 4-16 所示。

图 4-16　填充序列

3．填充等比数列

对于数学中的等比数列，如 1、2、4、8、…，可先输入前 3 项，然后用这 3 项执行填充。

4.2.3　数据类型

WPS 表格数据的类型主要包括文本类型和数字类型。

1．文本类型

文本类型指由英文字母、数字、各种符号或其他语言符号组成的字符串，此类型数据不能参与数值计算，数据默认左对齐。

数字位数超过 11 位时，WPS 会自动将其识别为文本类型，并在数字前面添加英文单引号 "'"，这种数据可称为数字字符串。单元格包含数字字符串时，其左上角会显示一个三角形图标进行提示。单击单元格，其左侧会显示提示按钮，单击按钮可打开提示菜单。数字字符串的提示图标和提示菜单如图 4-17 所示。数字字符串用于数值计算会导致结果出错，可从提示菜单中选择 "转换为数字" 命令，将其转换为数字类型。

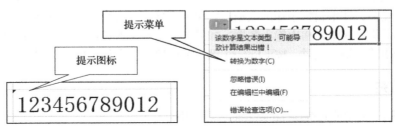

图 4-17　数字字符串的提示图标和提示菜单

数字位数小于或等于 11 位时，WPS 会将其识别为数字类型，默认右对齐。在单元格中输入以 0 开头的数字字符串时，如果长度小于 6，WPS 会忽略前面的 0，将其识别为数字；如果长度大于或等于 6，WPS 自动将其识别为字符串，在其前面添加英文单引号。

在单元格中输入以 0 开头、长度小于 6 的数字字符串时，单元格左侧会显示转换按钮，鼠标指针指向转换按钮可显示原始输入，单击转换按钮可将数据转换为文本类型，如图 4-18 所示。

图 4-18　将数据转换为文本类型

也可将文本类型的数字字符串转换为数字类型，转换方法为：选中包含数字字符串的单元格，在 "开始" 选项卡中单击 "单元格" 右侧的倒三角按钮，打开下拉菜单，从中选择 "文本转换成数值" 命令完成转换；对于单个单元格中的数字字符串，还可使用前面介绍的方法，从提示菜单中选择 "转换为数字" 命令完成转换。

2. 数字类型

数字类型数据可用于数值计算。单元格默认以常规方式显示数据，即文本左对齐、数字右对齐。可以将数字设置为常规、数值、货币、会计专用、日期、时间、文本等十余种显示格式，设置方法如下。

（1）选中单元格，在 "开始" 选项卡中单击 "数字格式" 组合框右侧的下拉按钮打开下拉列表，从列表中选择显示格式。

（2）选中单元格，在 "开始" 选项卡中单击 "单元格" 按钮，打开下拉菜单，从中选择 "设置单元格格式" 命令，打开 "单元格格式" 对话框的 "数字" 选项卡，如图 4-19 所示。在选项卡的 "分类" 列表中选择数字显示格式。

（3）用鼠标右键单击选中单元格，在弹出的快捷菜单中选择 "设置单元格格式" 命令，打开 "单元格格式" 对话框的 "数字" 选项卡，在选项卡的 "分类" 列表中选择数字显示格式。

（4）选中单元格，按【Ctrl+1】组合键打开 "单元格格式" 对话框的 "数字" 选项卡，在选项卡的 "分类" 列表中选择数字显示格式。

图 4-19　"数字" 选项卡

日期和时间数据本质上是数字，可在"单元格格式"对话框的"数字"选项卡中设置显示格式。在输入时，日期数据可使用"yyyy/mm/dd""yy/mm/dd""yy-mm-dd""yy 年 mm 月 dd 日"等多种格式。

4.2.4　复制和移动数据

1．复制数据

复制数据指将单个或多个单元格中的数据复制到其他目标单元格，目标单元格可以在同一个工作表、不同工作表或不同工作簿的工作表中。

复制数据的操作步骤如下。

（1）选中要复制的单元格。

（2）执行复制操作：按【Ctrl+C】组合键，或单击"开始"选项卡中的"复制"按钮，或用鼠标右键单击选中的单元格，然后在弹出的快捷菜单中选择"复制"命令。

（3）执行粘贴操作：单击目标单元格，按【Ctrl+V】组合键，或单击"开始"选项卡中的"粘贴"按钮，或用鼠标右键单击目标单元格，然后在弹出的快捷菜单中选择"粘贴"命令。还可用拖动方式完成复制，具体方法为：选中要复制的单元格，将鼠标指针指向选择框边沿，在鼠标指针下方出现黑色十字箭头图标时，按住【Ctrl】键，并按住鼠标左键将选中的单元格拖动到目标位置，完成复制。

执行粘贴操作时，粘贴数据的右下角会出现"粘贴"选项按钮，单击按钮可打开"粘贴"选项菜单，如图 4-20 所示。它与单击"开始"选项卡中的"粘贴"下拉按钮显示的菜单类似，也可单击鼠标右键，在弹出的快捷菜单中的"选择性粘贴"子菜单中选择粘贴方式。默认粘贴操作会保留源格式，可根据需求在菜单中选择其他粘贴方式。

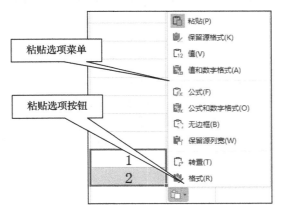

图 4-20　选择粘贴方式

例如，在复制公式时，如果只需要复制计算结果，可在菜单中选择"值"选项；若要在粘贴时将行列互换，可在菜单中选择"转置"选项。

2．移动数据

移动数据指将单个或多个单元格中的数据移动到其他目标单元格，目标单元格可以在同一个工作表、不同工作表或不同工作簿的工作表中。复制数据时，原单元格中的数据不变；移动数据时，原单元格中的数据将被删除。

移动数据的操作步骤如下。

（1）选中要移动的单元格。

（2）执行剪切操作：按【Ctrl+X】组合键，或单击"开始"选项卡中的"剪切"按钮，或用鼠标右键单击选中的单元格，然后在弹出的快捷菜单中选择"剪切"命令。

（3）执行粘贴操作：单击目标单元格，按【Ctrl+V】组合键，或单击"开始"选项卡中的"粘贴"按钮，或用鼠标右键单击目标单元格，然后在弹出的快捷菜单中选择"粘贴"命令。

还可用拖动方式完成移动，具体方法为：选中要移动的单元格，将鼠标指针指向选择框边沿，在鼠标指针下方出现黑色十字箭头图标时，按住鼠标左键将选中的单元格数据拖动到目标位置，完成移动。

执行复制和剪切操作时，都是将数据复制到系统剪贴板，所以可在其他工作簿文件或其他应用程序中执行粘贴操作，将复制的表格数据粘贴到目标应用中。

4.2.5　删除和清除数据

删除数据的方法如下。

（1）选中单元格，按【Delete】键。单个单元格可按【Backspace】键删除数据。选中多个单元格时按【Backspace】键只能删除选中区域左上角的单个单元格数据。

（2）选中单元格，单击"开始"选项卡中的"单元格"右侧倒三角按钮，打开下拉菜单，从中选择"清除"命令子菜单中的"全部"或"内容"命令，删除单元格数据；在"清除"命令子菜单中选择"格式"可清除格式，不删除数据。

（3）用鼠标右键单击选中单元格，在弹出的快捷菜单的"清除内容"命令子菜单中选择"全部"或"内容"，删除单元格数据；在"清除内容"子菜单中选择"格式"仅清除格式，不删除数据。

选择清除内容时，不影响单元格格式。选择清除格式时，不影响单元格中的数据。

4.3　使用公式

如果在电子表格中只是输入一些文本、数值、日期和时间，那么文字处理软件完全可以取代它。电子表格的主要功能不在于显示、存储数据，而在于数据计算能力。它可以对工作表中某一区域的数据进行求和、求平均值、计数、求最大/最小值，以及其他更复杂的运算，从而避免手工计算的烦琐和容易出现的错误；数据修改后公式的计算结果也会自动更新，这更是手工计算无法比拟的。

在 WPS 表格的工作表中，几乎所有的计算工作都是通过公式和函数来完成的。

4.3.1　单元格引用方式

单元格引用指通过单元格地址或单元格区域地址使用其中的数据。单元格引用方式可分为相对引用、绝对引用和混合引用。

1. 相对引用

单元格地址只使用列名和行号时的引用方式称为相对引用，可使用下列几种格式。

（1）引用单个单元格：用单元格名称引用单个单元格。例如，A1 表示引用 A 列第 1 行的单元格，B2 表示引用 B 列第 2 行的单元格。

（2）引用单元格区域：用"区域左上角单元格地址:区域右下角单元格地址"表示单元格区域。例如，A1:C3 表示引用 A 列第 1 行到 C 列第 3 行包围的区域。

（3）引用整列：用"列名:列名"表示整列。例如，A:A 表示引用第 A 列，A:C 表示引用 A、B

和 C 共 3 列。

（4）引用整行：用"行号:行号"表示整行。例如，1:1 表示引用第 1 行，2:4 表示引用第 2、3 和 4 行，共 3 行。

相对引用的特点是公式复制时，该地址会根据复制的目标位置自动调节。假设使用相对引用的公式位于第 x1 行第 y1 列的单元格，将其复制到第 x2 行第 y2 列的单元格，则目标公式包含的相对引用中的行号等于原来的行号加上（x2-x1），列号等于原来的列号加上（y2-y1）。例如，D1 单元格中的公式为"=A1+B1+C1"，将其复制到 D2 中，则列号不变，行号加 1，目标公式变为"=A2+B2+C2"。

2. 绝对引用

为单元格地址的列名或行号加上"$"符号作为前缀的引用方式称为绝对引用，其不会因为位置变化而改变。例如，公式"=SUM($A$1:$C$3)"表示计算 A 列第 1 行到 C 列第 3 行包围区域单元格的和，复制该公式时，引用范围不会发生变化。

3. 混合引用

混合使用相对引用和绝对引用的方式称为混合引用。例如，公式"=SUM($A1:C$3)"使用了混合引用。

> 单元格地址的完整引用格式为：[工作簿名称]工作表名称!单元格地址。例如，"[成绩表]sheet1！A3"。在引用同一个工作表中的单元格时，可省略"[工作簿名称]工作表名称!"；引用同一个工作簿的不同工作表中的单元格时，可省略"[工作簿名称]"；引用不同工作簿中的单元格则需要使用完整名称。
>
> 在编辑公式中的单元格地址时，按【F4】键可将引用地址切换为相对引用或绝对引用。

4.3.2　编辑公式

公式是单元格中以"="开始，由单元格地址、运算符、数字及函数等组成的表达式，单元格中显示公式的计算结果。

在输入公式时，可在单元格或编辑框中编辑公式。需要输入单元格地址时，可单击单元格或拖动鼠标选择单元格区域，将对应的单元格地址添加到公式中。如果修改原有的单元格地址，可先在公式中选中该地址，然后单击其他的单元格或拖动鼠标选择单元格区域，用新单元格地址替换公式中的原有地址。

1. 运算符

运算符可对公式中的元素进行特定类型的运算。WPS 表格包括 4 种类型的运算符：算术运算符、比较运算符、文本运算符和引用运算符，如表 4-1 所示。

表 4-1　运算符及其优先级

类型	表示形式	优先级
算术运算符	+（加）、-（减）、*（乘）、/（除）、%（百分比）、^（乘幂）、-（负号）	从高到低分为 5 个级别：负号、百分比、乘幂、乘/除、加/减
比较运算符	=（等于）、>（大于）、<（小于）、>=（大于等于）、<=（小于等于）、<>（不等于）	优先级相同
文本运算符	&（文本的连接）	
引用运算符	:（区域）、,（联合）、空格（交叉）	从高到低依次为：区域、交叉、联合

其中，算术运算符用来完成基本的数学运算，如加法、减法和乘法等。比较运算符用来比较两个值，其结果是一个逻辑值，为 TRUE 或者 FALSE。文本连接运算符则使用&加入或连接一个或更多文本字符串以产生一串文本。例如："King"&"soft"的结果为 Kingsoft。引用运算符用来将单元格区域合并运算，如表 4-2 所示。

表 4-2　引用运算符的功能

引用运算符	功能	示例
：（冒号）	区域运算符，包括两个引用在内的所有单元格的引用	SUM(A1:C3)
，（逗号）	联合运算符，将多个引用合并为一个引用	SUM(A1,C3)
（空格）	交叉运算符，产生对两个引用共有单元格区域的引用	SUM(A1:C4 B2:D3)

4 类运算符的优先级从高到低依次为引用运算符、算术运算符、文本运算符、比较运算符。当多个运算符同时出现在公式中时，WPS 表格按运算符的优先级进行运算，优先级相同时，自左向右运算。若要更改求值的顺序，可将公式中先计算的部分用括号括起来。

2. 公式的输入和复制

单元格中输入公式后，WPS 表格会自动进行运算，并将运算结果存放在该单元格中。当公式中引用的单元格数据发生变动时，公式所在的单元格的值也会随之改变。

【例 4.1】打开"职工工资表"，使用公式计算每位职工的实发工资。

操作步骤如下。

（1）打开"职工工资表"工作簿文件，选定第 1 位职工"实发工资"单元格，即 H3 单元格。

（2）在 H3 单元格中输入公式"=E3+F3-G3"（或在编辑栏中输入"=E3+F3-G3"），按【Enter】键，电子表格会自动计算并将结果显示在单元格中，如图 4-21 所示。单元格地址可以不用直接输入，而是用鼠标单击源数据单元格，则该单元格的引用地址会自动出现在编辑栏中。

（3）计算其他职工的实发工资：再次单击单元格 H3，使之成为活动单元格；单击"复制"按钮，选定区域 H4:H15，再单击"粘贴"按钮。执行结果如图 4-22 所示。

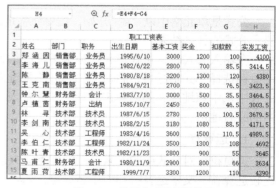

图 4-21　使用公式计算实发工资　　　　图 4-22　使用公式计算的结果

提示

其他职工的实发工资也可以利用公式的自动填充功能快速完成，方法是：移动鼠标到公式所在单元格（即 H3）右下角的填充柄处，当鼠标变成黑十字形状（＋）时，按住鼠标左键拖曳经过目标区域，到达最后一个单元格时释放鼠标左键，公式自动填充完毕。

默认情况下，单元格显示公式的计算结果。单击"公式"工具栏中的"显示公式"按钮，单元格中会显示公式。

4.3.3　使用函数

函数用于完成公式中各种复杂的数据处理，在 WPS 表格中，其使用格式如下：

函数名(参数 1,参数 2,…)

其中的参数可以是常量、单元格、单元格区域、公式或其他函数。

例如，求和函数 SUM(A1:A8)中，A1:A8 是参数，指明操作对象是单元格区域 A1:A8 中的数值。LEN(B1)函数用于计算 B1 单元格中文本字符串中的字符个数。

在编辑公式时，可直接输入函数，也可通过工具栏和菜单插入函数。通过工具栏和菜单插入函数的方法如下。

（1）单击"开始"选项卡中的"求和"按钮∑，插入求和函数 SUM()。

（2）单击"开始"选项卡中"求和"右侧的倒三角按钮，打开函数菜单，从中选择"∑求和""Avg 平均值""Cnt 计数""Max 最大值"或"Min 最小值"命令，插入相应的函数。

（3）单击"开始"选项卡中"求和"右侧的倒三角按钮，打开函数菜单，从中选择"其他函数"命令，打开"插入函数"对话框，如图 4-23 所示。可在对话框的"查找函数"输入框中输入函数的名称或描述信息来查找函数，或者在"或选择类别"下拉列表中选择函数类别，然后在"选择函数"列表中单击选中要插入的函数，最后单击"确定"按钮完成函数插入。

图 4-23　"插入函数"对话框

（4）单击"公式"选项卡中的"插入函数"按钮，打开"插入函数"对话框，在对话框中设置相应选项进行函数插入。

（5）单击"公式"选项卡中的函数类别按钮，打开相应的函数列表，可在列表中选择插入函数。

当单元格中已经输入了函数或者在编辑公式时选中函数，在函数工具栏中单击"自动求和"右侧的倒三角按钮，从弹出的下拉菜单中选择"其他函数"命令时，会打开"函数参数"对话框，如图 4-24 所示。

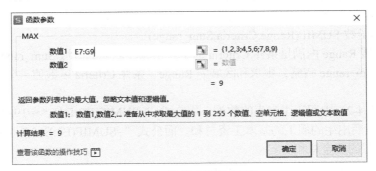

图 4-24　"函数参数"对话框

"函数参数"对话框中的"数值 1"和"数值 2"输入框用于输入函数参数，函数参数可以是常量、单元格地址、单元格区域地址或其他函数。可以在对话框中直接输入单元格地址或单元格区域地址；也可先单击输入框，然后在表格中单击单元格或者拖动鼠标选择单元格区域，将对应的单元格地址插入对话框。

WPS 中的函数包括财务函数、日期与时间函数、数学与三角函数、统计函数、查找与引用函数、数据库函数、文本函数、逻辑函数、信息函数和工程函数等。其中财务函数用于执行财务相关的计算；日期和时间函数用于执行日期与时间相关的计算；数学和三角函数用于执行数学和三角函数相关的计算；统计函数对数据执行统计分析；查找与引用函数用于执行查找或引用相关的计算；数据库函数将单元格区域作为数据库来执行相关计算；文本函数用于对文本字符串执行相关计算；逻辑函数用于执行逻辑运算；信息函数用于获取数据的相关信息；工程函数用于执行工程相关计算。

下面分别介绍几种常用函数。

1. 数学和三角函数

（1）绝对值函数 ABS(Number)

功能：返回参数 Number 的绝对值。

（2）取整函数 INT(Number)

功能：返回不大于参数 Number 的最大整数。

例如，"=INT(5.6)"与"=INT(5)"的值为 5，而"=INT(-5.6)"的值为-6。

（3）求余函数 MOD(Number,Divisor)

功能：返回 Number 除以 Divisor 的余数，结果的符号与 Divisor 的相同。

例如，"=MOD(3,2)"与"=MOD(-3,2)"的值为 1，而"=MOD(3,-2)"的值为-1。

（4）圆周率函数 PI()

功能：返回圆周率 PI 的值。该函数无参数，但使用时圆括号不能省略。

（5）随机数函数 RAND()

功能：返回一个[0,1)之间均匀分布的随机数。

例如，"a+INT(RAND()*(b-a+1))"可以产生[a,b]上的随机整数。其中 a<b 且都为整数。

（6）四舍五入函数 ROUND(Number,Num_digits)

功能：对参数 number 按四舍五入的原则保留 Num_digits 位小数。其中 Num_digits 为任意整数。

例如，"=ROUND(3.1415,2)"的值为 3.14，"=ROUND(3.1415,3)"的值为 3.142。

（7）求平方根函数 SQRT(Number)

功能：返回 Number 的算术平方根。其中要求 Number 大于等于 0。

例如，"=SQRT(9)"的值为 3，"=SQRT(-9)"的值为#NUM!。

（8）求和函数 SUM(Number1, Number2,…)

功能：返回参数表中所有参数的和，常使用单元格区域形式。

（9）条件求和函数 SUMIF(Range,Criteria,Sum_range)

功能：返回区域 Range 内满足条件 Criteria 的单元格顺序对应的区域 Sum_range 内单元格中数值的和。如果参数 Sum_range 省略，则求和区域为 Range。条件 Criteria 以数值、单元坐标、字符串等形式出现。

例如，对于图 4-21 中职工工资表的数据，用公式"=SUMIF(D3:D15,">=1983-1-1",E3:E15)"可计算出 1983-1-1 以后出生的职工的基本工资总和。而公式"=SUMIF(E3:E15,">1000")"可计算出奖金大于 1000 的职工的奖金总和。

（10）截取函数 TRUNC(Number,Num_digits)

功能：将数字 Number 截取为整数或保留 Num_digits 位小数。Num_digits 省略时默认值为 0。

例如，"=TRUNC(3.1415,3)"的值为 3.141，"=TRUNC(3.1415)"的值为 3。

2. 文本函数

（1）字符串长度函数 LEN(Text)

功能：返回文本字符串中的字符个数。

例如，"=LEN("广东梅州嘉应学院")"的值为 8，"=LEN("How do you do? ")"的值为 14。

（2）左截取子串函数 LEFT(Text,Num_chars)

功能：返回字符串 text 左边的 Num_chars 个字符构成的子字符串。其中 Num_chars 省略时默认为 1。

例如，"=LEFT("广东梅州嘉应学院",2)"的值为"广东"，"=LEFT("How do you do? ",3)"的值为"How"。

（3）右截取子串函数 RIGHT(Text,Num_chars)

功能：返回字符串 Text 右边的 Num_chars 个字符构成的子字符串。其中 Num_chars 省略时默认为 1。

例如，"=RIGHT("广东梅州嘉应学院",2)"的值为"学院"，"=RIGHT("How do you do?",3)"的值为"do?"。

（4）中间截取子串函数 MID

格式：MID(Text,Start_num,Num_chars)

功能：返回从字符串 Text 左边的第 Start_num 个字符开始取 Num_chars 个字符构成的子字符串。

例如，"=MID("广东梅州嘉应学院",3,2)"的值为"梅州"，"=MID("How do you do? ",5,6)"的值为"do you"。

3. 日期与时间函数

（1）指定日期函数 DATE(Year,Month,Day)

功能：返回由参数 Year、Month 和 Day 指定的日期。

说明：year 是介于 0～9999 的整数，如数值小于 1900，则会自动加上 1900。Month 是一个代表月份的整数，若输入的月份大于 12，则函数会自动进位。Day 是一个代表在该月份第几天的数，若输入的 Day 大于该月份的最大天数时，则函数也会自动进位。

例如，"=DATE(200,8,8)"的日期值为 2100/8/8，"=DATE(2001,13,8)"的日期值为 2002/1/8。

（2）系统的今天函数 TODAY()

功能：返回计算机系统的当前日期。

（3）系统的现在函数 NOW()

功能：返回计算机系统的当前日期与当前时间。

（4）年函数 YEAR(Serial_number)

功能：返回以序列号表示的某日期的年份，值为介于 1900～9999 的整数。

例如，"=YEAR("2008-10-1")"的值为 2008，"=YEAR(300)"的值为 1900，而"=YEAR(368)"的值为 1901。

说明：系统规定 1900-1-1 对应的日期序列号为 1，以后每增加一天，序列号顺序加 1。

（5）月函数 MONTH(Serial_number)

功能：返回以序列号表示的某日期的月份。

例如，"=MONTH("2008-10-1")"的值为 10，"=MONTH(400)"的值为 2。

（6）日函数 DAY(Serial_number)

功能：返回以序列号表示的某日期的日数字。

例如，"=DAY("2008-10-1")"的值为 1，"=DAY(400)"的值为 2。

4. 逻辑函数

（1）逻辑"与"函数 AND(Logical1,Logical2, ...)

功能：所有参数的逻辑值为真时，返回 TRUE；只要有一个参数的逻辑值为假，即返回 FALSE。

例如，"=AND(3>2,3+2>=2+3,"A"<"B")"的值为 TRUE，"=AND(2>3,2+3>1+2)"的值为 FALSE。

（2）逻辑"或"函数 OR(Logical1,Logical2, ...)

功能：所有参数的逻辑值为假时，返回 FALSE；只要有一个参数的逻辑值为真，即返回 TRUE。

例如，"=OR(3<2,3+2>2+3,"A">"B")"的值为 FALSE，"OR(2>3,2+3>1+2)"的值为 TRUE。

（3）条件函数 IF(Logical_test,Value_if_true,Value_if_false)

功能：当 Logical_test 取值为 TRUE 时，返回 Value_if_true；否则返回 Value_if_false。

【例 4.2】 例 4.1 中的职工工资表，要求使用 IF 函数在区域 I3:I15 完成对职工工资高低进行评价。标准如下：实发工资<4000 为“低”，4000≤实发工资<4500 为“中”，实发工资≥4500 为“高”。

操作步骤如下。

① 在 I3 单元格中输入公式“=IF(H3>=4500,"高",IF(H3>=4000,"中","低"))”，按【Enter】键。

② 评价其他职工的实发工资：再次单击单元格 I3，使之成为活动单元格；双击 I3 单元的填充柄。执行结果如图 4-25 所示。

I3　fx　=IF(H3>=4500,"高",IF(H3>=4000,"中","低"))

	A	B	C	D	E	F	G	H	I
1	职工工资表								
2	姓名	部门	职务	出生日期	基本工资	奖金	扣款数	实发工资	工资评价
3	郑 涵 因	销售部	业务员	1995/6/10	3000	1200	100	4100	中
4	李 海 儿	销售部	业务员	1982/6/22	2800	700	85.5	3414.5	低
5	陈 静	销售部	业务员	1980/8/18	3200	1300	120	4380	中
6	王 克 南	销售部	业务员	1984/9/21	2700	800	76.5	3423.5	低
7	钟 尔 慧	财务部	会计	1983/7/10	3000	500	35.5	3464.5	低
8	卢 植 茵	财务部	出纳	1985/10/7	2450	600	46.5	3003.5	低
9	林 寻	技术部	技术员	1987/6/15	2780	1000	100.5	3679.5	低
10	李 剑 南	技术部	技术员	1988/2/15	3180	1080	88.5	4171.5	中
11	吴 心	技术部	工程师	1983/4/16	3600	1500	110.5	4989.5	高
12	李 伯 仁	技术部	工程师	1982/11/24	3500	1300	108	4692	高
13	陈 叶 青	技术部	技术员	1982/11/23	2800	900	55	3645	低
14	马 甫 仁	财务部	会计	1980/11/9	2900	800	66	3634	低
15	夏 雨 荷	技术部	工程师	1999/7/7	3300	1200	110	4390	中

图 4-25　使用 IF 函数评价职工工资高低的执行结果

5. 统计函数

（1）计数函数 COUNTA(Value1,Value2,…)

功能：返回参数 Value1,Value2,…的个数。对于单元格地址参数则统计其中非空单元的数目。

（2）计数函数 COUNT(Value1,Value2,…)

功能：返回参数 Value1,Value2,…中数值型参数的个数。对于单元格地址参数则统计其中数值型单元格的数目。

函数在计数时，会把数值、空值、逻辑值、日期或以数值构成的字符串计算进去，但错误值及无法转换成数值的文字则被忽略。

例如，“=COUNT(0.6,TRUE,"3","three",4,,9,#DIV/0!)”的值为 6。

（3）条件计数函数 COUNTIF(Range,Criteria)

功能：返回区域 Range 内满足条件 Criteria 的单元格个数。条件 Criteria 以数值、单元格地址、字符串等形式出现。

例如，若 A1:A4 中各单元的值分别为 20、30、40、50，则公式=COUNTIF(A1:A4,">20")的值为 3。

（4）求平均值函数 AVERAGE(Number1,Number2,…)

功能：返回参数表中所有数值型参数的平均值。参数常使用单元格区域形式。

（5）求最大值函数 MAX(Number1,Number2,…)

功能：返回参数表中所有数值型参数的最大值。参数常使用单元格区域形式。

（6）求最小值函数 MIN(Number1,Number2,…)

功能：返回参数表中所有数值型参数的最小值。参数常使用单元格区域形式。

（7）频率分布函数 FREQUENCY(Data_array,Bins_array)

功能：计算一组数据 Data_array 分布在指定区间 Bins_array 的个数，以一列垂直数组返回。

其中，Data_array 为要统计的数组所在的区域，Bins_array 为统计的区间数组数据。设 Bins_array 指定的参数为 A1、A2、A3、…、An，则其统计的区间为 X≤A1、A1<X≤A2、A2<X≤A3、…、An−1<X≤An、X>An，共 n+1 个区间。函数 FREQUENCY 将忽略空白单元格和文本。

【例 4.3】对例 4.1 的职工工资表，要求使用 FREQUENCY 函数统计实发工资＜3500、3500≤实发工资＜4000、4000≤实发工资＜4500、实发工资≥4500 的职工人数各有多少。

操作步骤如下。

① 在空区域 J3:J5 输入统计间距数据 3499.9、3999.9、4499.9。

② 选定统计结果数据的输出区域 K3:K6（比统计间距区域多一个单元格）。

③ 输入频率分布函数的公式“=FREQUENCY(H3:H15,J3:J5)”。

④ 按【Ctrl+Shift+Enter】组合键。执行结果如图 4-26 所示”。

K3 fx =FREQUENCY(H3:H15,J3:J5)

	A	B	C	D	E	F	G	H	I	J	K
1				职工工资表							
2	姓名	部门	职务	出生日期	基本工资	奖金	扣款数	实发工资			
3	郑涵因	销售部	业务员	1995/6/10	3000	1200	100	4100		3499.9	4
4	李海儿	销售部	业务员	1982/6/22	2800	700	85.5	3414.5		3999.9	3
5	陈静	销售部	业务员	1980/8/18	3200	1300	120	4380		4499.9	4
6	王克南	销售部	业务员	1984/9/21	2700	800	76.5	3423.5			2
7	钟尔慧	财务部	会计	1983/7/10	3000	500	35.5	3464.5			
8	卢植茵	财务部	出纳	1985/10/7	2450	600	46.5	3003.5			
9	林寻	技术部	技术员	1987/6/15	2780	1000	100.5	3679.5			
10	李剑南	技术部	技术员	1988/2/15	3180	1080	88.5	4171.5			
11	吴心	技术部	工程师	1983/4/16	3600	1500	110.5	4989.5			
12	李伯仁	技术部	工程师	1982/11/24	3500	1300	108	4692			
13	陈叶青	技术部	技术员	1982/11/23	2800	900	55	3645			
14	马甫仁	财务部	会计	1980/11/9	2900	800	66	3634			
15	夏雨荷	技术部	工程师	1999/7/7	3300	1200	110	4390			

图 4-26 分段职工人数统计结果

（8）排位函数 RANK(Number,Ref,Order)

功能：返回参数 Number 在区域 Ref 中的排位值。参数 Number 为需要排位的数字；Ref 为所有参与排位的数字区域；Order 为指明排位方式的数字，其为 0（零）或省略时按降序排列，不省略且不为零时按照升序排列。

【例 4.4】对例 4.1 的职工工资表中的实发工资进行排位，要求使用 RANK 函数完成，实发工资最高者排第一。

操作步骤如下。

① 在 I3 单元格中输入公式“=RANK(H3,$H$3:$H$15)”，按【Enter】键。

② 对其他职工的实发工资排位：再次单击单元格 I3，使之成为活动单元格；双击 I3 单元格的填充柄。执行结果如图 4-27 所示。

I3 fx =RANK(H3,$H$3:$H$15,0)

	A	B	C	D	E	F	G	H	I
1				职工工资表					
2	姓名	部门	职务	出生日期	基本工资	奖金	扣款数	实发工资	
3	郑涵因	销售部	业务员	1995/6/10	3000	1200	100	4100	6
4	李海儿	销售部	业务员	1982/6/22	2800	700	85.5	3414.5	12
5	陈静	销售部	业务员	1980/8/18	3200	1300	120	4380	4
6	王克南	销售部	业务员	1984/9/21	2700	800	76.5	3423.5	11
7	钟尔慧	财务部	会计	1983/7/10	3000	500	35.5	3464.5	10
8	卢植茵	财务部	出纳	1985/10/7	2450	600	46.5	3003.5	13
9	林寻	技术部	技术员	1987/6/15	2780	1000	100.5	3679.5	7
10	李剑南	技术部	技术员	1988/2/15	3180	1080	88.5	4171.5	5
11	吴心	技术部	工程师	1983/4/16	3600	1500	110.5	4989.5	1
12	李伯仁	技术部	工程师	1982/11/24	3500	1300	108	4692	2
13	陈叶青	技术部	技术员	1982/11/23	2800	900	55	3645	8
14	马甫仁	财务部	会计	1980/11/9	2900	800	66	3634	9
15	夏雨荷	技术部	工程师	1999/7/7	3300	1200	110	4390	3

图 4-27 实发工资的排位结果

6. 财务函数

（1）投资（未来值）函数 FV(Rate,Nper,Pmt)

功能：基于固定利率及等额分期付款方式，返回某项投资的未来值。其中：

Rate：每期的利率。

Nper：付款的总次数。

Pmt：每期应存入或偿还的金额。

在所有参数中，支出的款项（如向银行存款）表示为负数；收入的款项（如股息收入）表示为正数。注意：Rate 与 Nper 使用时单位必须一致。

例如：假定当前年利率为 5%，从现在开始每月向银行存入 1470.46 元，则 5 年后得到的存款（本息）为 FV(5%/12,5*12,-1470.46)=100000.22（元）。

（2）偿还函数 PMT(Rate,Nper,Pv,Fv,Type)

功能：返回固定利率下的投资或贷款的等额分期存款或还款额。其中：

Pv：现值，或一系列未来付款的当前值的累积和（贷款本金）。

Fv：未来值，或在最后一次付款后希望得到的现金余额，如果省略 Fv，则假设其值为零，也就是一笔贷款的未来值为零。

Type：数字 0 或 1，表示何时付款。0 或省略表示期末付款，1 表示期初付款。

例如：某企业向银行贷款 5 万元，准备 4 年还清，假定当前年利率为 4%，每月末应向银行偿还贷款的金额为 PMT(4%/12,4*12,50 000)=-1 128.95 元。如在每月初偿还贷款，则为 PMT(4%/12,4*12,50 000,0,1)=-1 125.20（元）。

再如：假定当前年利率为 5%，为使 5 年后得到 10 万元的存款，则从现在开始每月应向银行存入的金额为 PMT(5%/12,5*12,0,100 000)=1 470.46（元）。

（3）可贷款（现值）函数 PV(Rate,Nper,Pmt)

功能：返回规定利率、偿还期数及偿还能力下可贷款的总额。

例如：某企业向银行贷款，其偿还能力为每月 50 万元，计划 3 年还清，假定当前年利率为 4%，则该企业可向银行贷款的金额为 PV(4%/12,3*12,50)=1 693.54（万元）。

7. 查找与引用函数

（1）选择函数 CHOOSE(Index_Num,Value1,Value2,...)

功能：当 Index_num 为 1 时，取值为 Value1；当 Index_num 为 2 时，取值为 Value2；依次类推。

例如，单元格 A1 的值为 4，则 CHOOSE(A1,2,3,4,5)的值为 5。

（2）按列内容选择函数

```
VLOOKUP(Lookup_value,Table_array,Col_index_num,Range_lookup)
```

功能：在区域 Table_array 的首列查找指定的数值 Lookup_value，然后在 Lookup_value 所在行右移到 Col_index_num 列，并返回该单元格的数据。其中：

Lookup_value：需要在数据表第一列中查找的数据，可以是数值、文本字符串或引用。

Table_array：需要在其中查找数据的数据表（区域），可以使用单元格区域或区域名称等。如果 Range_lookup 为 TRUE 或省略，则 Table_array 的第一列中的数值必须按升序排列，否则，函数 VLOOKUP 不能返回正确的数值。如果 Range_lookup 为 FALSE，Table_array 不必进行排序，其第一列中的数值可以为文本、数字或逻辑值。若为文本时，不区分大小写。

Col_index_num：Table_array 中待返回的匹配值的列序号。Col_index_num 为 1 时，返回 Table_array 第一列中的数值；Col_index_num 为 2 时，返回 Table_array 第二列中的数值，依次类推。

Range_lookup：逻辑值，指明函数 VLOOKUP 返回时是精确匹配还是近似匹配。如果为 TRUE 或省略，则返回近似匹配值，也就是说，如果找不到精确匹配值，则返回小于 Lookup_value 的最大数值；如果 Range_value 为 FALSE，函数 VLOOKUP 将返回精确匹配值。如果找不到，则返回错误值 #N/A。

例如：=VLOOKUP(E3,B2:C10,2,FALSE)为“基础部”，如图 4-28 所示。

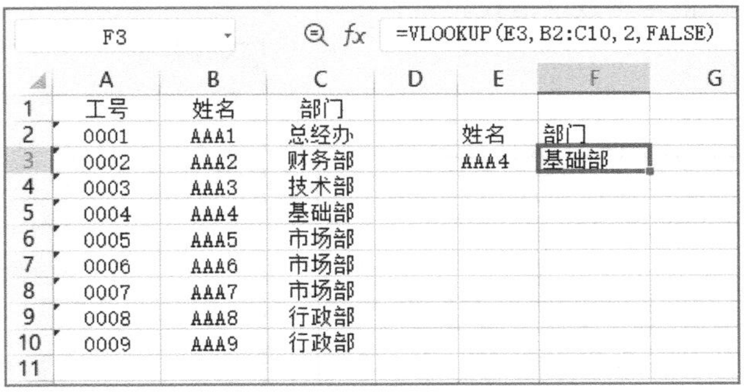

F3　=VLOOKUP(E3,B2:C10,2,FALSE)

	A	B	C	D	E	F	G
1	工号	姓名	部门				
2	0001	AAA1	总经办		姓名	部门	
3	0002	AAA2	财务部		AAA4	基础部	
4	0003	AAA3	技术部				
5	0004	AAA4	基础部				
6	0005	AAA5	市场部				
7	0006	AAA6	市场部				
8	0007	AAA7	市场部				
9	0008	AAA8	行政部				
10	0009	AAA9	行政部				
11							

图 4-28　员工信息表

8. **数据库函数**

（1）格式

```
函数名(Database,Field,Criteria)
```

其中各参数介绍如下。

Database：数据库区域。指整个数据清单所占的区域，即字段名行和所有记录行所占的区域。

Field：字段偏移量，也称列序号。指被统计字段在数据库中的序号，第一字段为 1，第二字段为 2，依次类推。也可以用被统计字段的字段名所在的单元坐标（用相对坐标）或用英文双引号括起的字段名表示。

Criteria：条件区域。指字段名行和条件行所占的区域。条件区域的构造方法将在后续内容中介绍。

（2）功能

DAVERAGE 函数功能：求数据库中满足给定条件的记录对应字段的平均值。

DSUM 函数功能：求数据库中满足给定条件的记录对应字段的和。

DMAX 函数功能：求数据库中满足给定条件的记录对应字段的最大值。

DMIN 函数功能：求数据库中满足给定条件的记录对应字段的最小值。

DCOUNTA 函数功能：求数据库中满足给定条件的记录数。

4.4　格式设置

格式设置用于设置表格的外观，如数字显示格式、对齐方式、字体、边框、底纹等。

4.4.1　数字显示格式

“开始”选项卡中的数字格式组中的工具可用于设置数字显示格式，如图 4-29 所示。“数字格式”组合框 数值 显示了选中单元格的数字格式。设置数字格式的方法如下。

（1）在“数字格式”组合框输入格式名称，按【Enter】键确认。

（2）单击“数字格式”组合框右侧的倒三角按钮，打开格式列表，从列表中选择常用格式。

（3）单击“货币”按钮¥，可将显示格式设置为“货币”。

（4）单击“百分比样式”按钮%，可将显示格式设置为“百分比”。

（5）单击“千位分隔样式”按钮000，可将显示格式设置为“数值”，且使用千位分隔样式。

（6）对于带有小数位的数值格式，可单击"增加小数位数"按钮 $^{.00}_{.0}$ 增加小数部分的位数，或单击"减少小数位数"按钮 $^{.00}_{.0}$ 减少小数部分的位数。

（7）单击数字格式组右下角的 ⌐ 按钮，打开"单元格格式"对话框中的"数字"选项卡，如图 4-30 所示，可在其中设置各种数字格式。

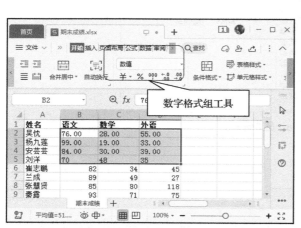

图 4-29　数字格式组工具

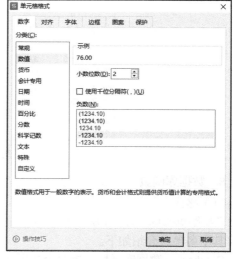

图 4-30　"数字"选项卡

可用多种方式打开"单元格格式"对话框，如按【Ctrl+1】组合键；或单击"开始"选项卡中的"单元格"按钮，打开下拉菜单，从中选择"设置单元格格式"；或用鼠标右键单击单元格，在弹出的快捷菜单中选择"设置单元格"命令。

4.4.2　对齐方式

对齐方式指数据在单元格内部的水平或垂直方向上的位置。文本的默认对齐方式为：左对齐、垂直居中，即水平方向为左对齐、垂直方向为居中。数字的默认对齐方式为：右对齐、垂直居中，即水平方向为右对齐、垂直方向为居中。

"开始"选项卡中的对齐方式组中的工具可用于设置对齐方式，如图 4-31 所示。

对齐方式的设置方法如下。

（1）单击"顶端对齐"按钮 ≡ ，将垂直方向的对齐方式设置为顶端对齐。

（2）单击"垂直居中"按钮 ≡ ，将垂直方向的对齐方式设置为居中对齐。

（3）单击"底端对齐"按钮 ≡ ，将垂直方向的对齐方式设置为底端对齐。

（4）单击"左对齐"按钮 ≡ ，将水平方向的对齐方式设置为左对齐。

（5）单击"水平居中"按钮 ≡ ，将水平方向的对齐方式设置为居中对齐。

（6）单击"右对齐"按钮 ≡ ，将水平方向的对齐方式设置为右对齐。

（7）单击"减少缩进量"按钮 ≡ ，可减少文字与单元格左侧边框的距离。

（8）单击"增加缩进量"按钮 ≡ ，可增加文字与单元格左侧边框的距离。

（9）单击"两端对齐"按钮 ≡ ，可根据需要调整文字间距，使文字两端同时对齐。

（10）单击"分散对齐"按钮 ⊢⊣ ，可根据需要调整文字间距，使段落两端同时对齐。

（11）单击"自动换行"按钮，可设置或取消自动换行。

（12）单击对齐方式组右下角的 ⌐ 按钮，打开"单元格格式"对话框中的"对齐"选项卡，可在其中设置各种对齐格式，如图 4-32 所示。

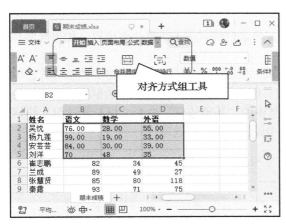

图 4-31　对齐方式组工具

图 4-32　"对齐"选项卡

4.4.3　设置字体

"开始"选项卡的字体设置组中的工具用于设置字体相关的选项，如图 4-33 所示。

字体选项的设置方法如下。

（1）设置字体名称：在"字体"组合框 宋体 中输入字体名称，按【Enter】键确认；或者单击"字体"组合框右侧的下拉按钮，打开字体列表，从中选择字体名称。

（2）设置字号：在"字号"组合框 11 中输入字号，按【Enter】键确认；或者单击"字号"组合框右侧的下拉按钮，打开字号列表，从中选择字号。单击"增大字号"按钮 A⁺，可增大字号；单击"减小字号"按钮 A⁻，可减小字号。

（3）设置粗体效果：单击"加粗"按钮 B，可添加或取消加粗效果。

（4）设置倾斜效果：单击"倾斜"按钮 I，可添加或取消倾斜效果。

（5）设置下画线效果：单击"下画线"按钮 U，可添加或取消下画线。

（6）单击"字体颜色"按钮 A 可设置文字颜色，按钮会显示当前颜色。单击按钮右侧的下拉按钮，可打开颜色列表，从中可选择其他颜色。

（7）单击字体设置组右下角的 ◢ 按钮，打开"单元格格式"对话框中的"字体"选项卡，如图 4-34 所示，从中可设置各种字体选项。

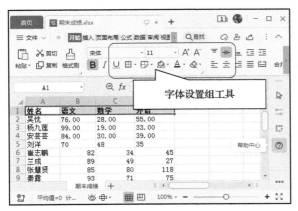

图 4-33　字体设置组工具

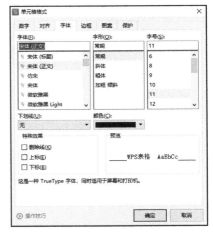

图 4-34　"字体"选项卡

4.4.4　设置边框

默认情况下，表格没有边框，WPS 显示的灰色边框线只用于示意边框位置。如果需要打印出边框，就需要手动设置。

"开始"选项卡的字体设置组中的"边框样式"按钮⊞显示了之前使用过的边框样式，单击按钮可为单元格设置该样式。单击"边框样式"按钮右侧的倒三角按钮，可打开边框样式菜单，如图 4-35 所示。在菜单中可选择边框样式命令，如选择其中的"其他边框"命令，可打开"单元格格式"对话框的"边框"选项卡，如图 4-36 所示，可从中设置各种边框选项。

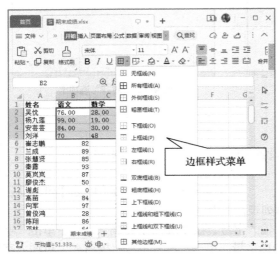

图 4-35　边框样式菜单

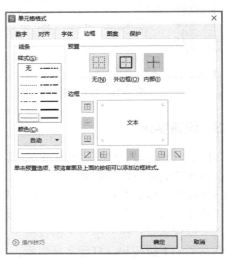

图 4-36　"边框"选项卡

WPS 还提供了绘制边框功能。单击"开始"选项卡字体设置组中"绘图边框"按钮🔲右侧的倒三角按钮，可打开绘制边框下拉菜单，如图 4-37 所示。"绘图边框"按钮始终显示之前执行过的边框菜单命令。在下拉菜单中选择"绘图边框"命令或"绘图边框网格"命令，可进入绘制边框状态，再次选择命令可退出绘制边框状态。选择"绘图边框"命令进入绘制边框状态时，拖动鼠标可为多个单元格添加外边框，或者绘制单条边框线。选择"绘图边框网格"命令进入绘制边框状态时，拖动鼠标可为多个单元格添加外边框以及内部所有网格线。在绘制边框下拉菜单的"线条颜色"命令的子菜单中可设置绘制边框使用的颜色，在下拉菜单的"线条样式"命令的子菜单中可设置绘制边框使用的线条样式。

图 4-37　绘制边框菜单

4.4.5　设置填充颜色

填充颜色指单元格的背景颜色。"开始"选项卡的字体设置组中的"填充颜色"按钮 显示了当前的填充颜色，单击按钮可将当前填充颜色应用到选中单元格。单击"填充颜色"右侧的倒三角按钮，可打开填充颜色菜单，如图 4-38 所示。在菜单中可选择填充颜色，如选择菜单中的"无填充颜色"命令可取消填充颜色。

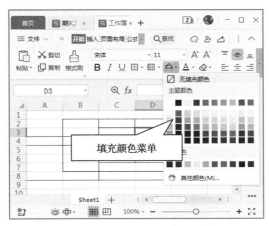

图 4-38　填充颜色菜单

4.4.6　条件格式

条件格式用于为单元格设置显示规则，满足规则条件时应用显示格式。例如，在成绩表中，可应用突出显示单元格规则，将小于 60 分的成绩用红色文本显示。

在"开始"选项卡中单击"条件格式"按钮，可打开条件格式下拉菜单，如图 4-39 所示。条件格式下拉菜单包括"突出显示单元格规则""项目选取规则""数据条""色阶""图标集""新建规则""清除规则"和"管理规则"等命令。

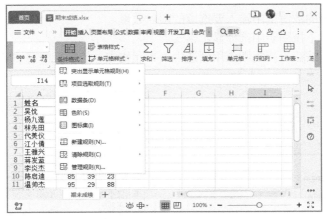

图 4-39　条件格式下拉菜单

1. 突出显示单元格规则

突出显示单元格规则可将满足条件的单元格以填充颜色和文本颜色突出显示。设置突出显示单元格规则的步骤如下。

（1）选中要设置规则的单元格。

（2）在“开始”选项卡中单击“条件格式”按钮，打开条件格式下拉菜单。在菜单的“突出显示单元格规则”命令子菜单中，可选择“大于”“小于”“介于”“等于”“文本包含”“发生日期”或“重复值”命令，选择“其他规则”命令可自定义规则。各种突出显示单元格规则的设置基本相同。“小于”条件格式设置对话框如图 4-40 所示。

（3）在对话框左侧的输入框中输入指定数值，或者单击工作表的单元格将其地址插入输入框，以便引用单元格数据。

（4）在“设置为”下拉列表中选择显示格式。

（5）单击“确定”按钮，将规则应用到选中的单元格中。突出显示效果如图 4-41 所示。

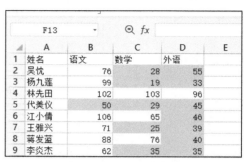

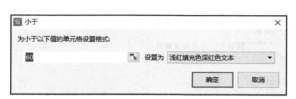

图 4-40 “小于”条件格式设置对话框

F13

	A	B	C	D	E
1	姓名	语文	数学	外语	
2	吴忱	76	28	55	
3	杨九莲	99	19	33	
4	林先田	102	103	96	
5	代美仪	50	29	45	
6	江小倩	106	65	46	
7	王雅兴	71	25	39	
8	蒋发蓝	88	76	40	
9	李炎杰	62	35	35	

图 4-41 突出显示效果

2. 项目选取规则

项目选取规则可将满足条件的多个单元格以填充颜色和文本颜色突出显示。设置项目选取规则的步骤如下。

（1）选中要设置规则的单元格。

（2）在“开始”选项卡中单击“条件格式”按钮，打开条件格式下拉菜单。在菜单的“项目选取规则”命令子菜单中，可选择“前 10 项”“前 10%”“最后 10 项”“最后 10%”“高于平均值”或“低于平均值”命令，如选择“其他规则”命令可自定义规则。各种项目选取规则设置基本相同，“前 10 项”选取规则设置对话框如图 4-42 所示。

（3）在对话框左侧的数值框中输入要选取的项目数量。

（4）在“设置为”下拉列表中选择显示格式。

（5）单击“确定”按钮，将规则应用到选中的单元格中。值最大的前 5 项添加红色边框的效果如图 4-43 所示。

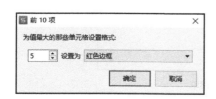

图 4-42 “前 10 项”选取规则设置对话框

B13 75

	A	B	C	D
1	姓名	语文	数学	外语
2	吴忱	76	28	55
3	杨九莲	99	19	33
4	林先田	102	103	96
5	代美仪	50	29	45
6	江小倩	106	65	46
7	王雅兴	71	25	39
8	蒋发蓝	88	76	40
9	李炎杰	62	35	35

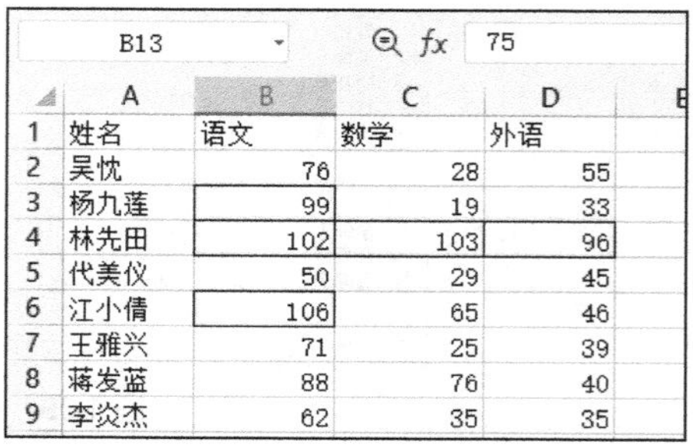

图 4-43 值最大的前 5 项添加红色边框的效果

3. 数据条

数据条可根据数值大小为单元格添加背景填充颜色条，数值越大，填充颜色条越长。设置数据条的步骤如下。

（1）选中要设置规则的单元格。

（2）在“开始”选项卡中单击“条件格式”按钮，打开条件格式下拉菜单。在菜单中选择“数据条”命令子菜单中选择预定义的渐变填充或实心填充样式，若选择“其他规则”命令可自定义规则。

数据条效果中 B 列为渐变填充，C 列为实心填充，如图 4-44 所示。

4. 色阶

色阶可根据数值大小为单元格添加背景填充颜色，数值越接近，颜色越相近。设置色阶的步骤如下。

（1）选中要设置规则的单元格。

（2）在“开始”选项卡中单击“条件格式”按钮，打开条件格式下拉菜单。在菜单中可选择“色阶”命令子菜单中预定义的色阶样式，若选择“其他规则”命令可自定义规则。

5. 图标集

图标集可根据数值大小为单元格添加图标，数值接近的单元格使用相同图标。设置图标集的步骤如下。

（1）选中要设置规则的单元格。

（2）在“开始”选项卡中单击“条件格式”按钮，打开条件格式下拉菜单。在菜单中可选择“图标集”命令子菜单中预定义的图标集样式，若选择“其他规则”命令可自定义规则。

图标集效果中 B 列和 C 列分别设置了不同的图标集样式，如图 4-45 所示。

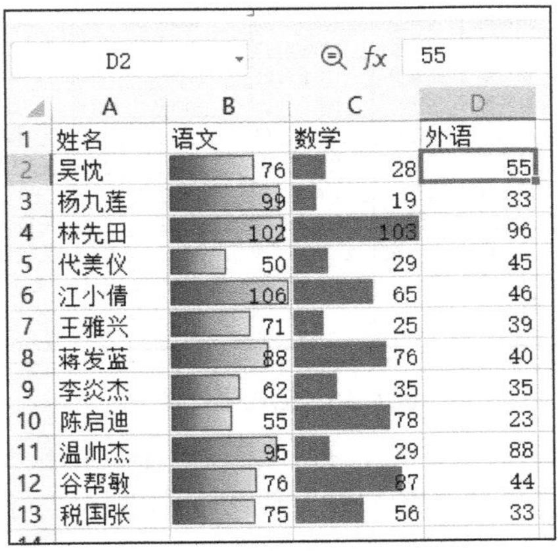

	A	B	C	D
1	姓名	语文	数学	外语
2	吴忱	76	28	55
3	杨九莲	99	19	33
4	林先田	102	103	96
5	代美仪	50	29	45
6	江小倩	106	65	46
7	王雅兴	71	25	39
8	蒋发蓝	88	76	40
9	李炎杰	62	35	35
10	陈启迪	55	78	23
11	温帅杰	95	29	88
12	谷帮敏	76	87	44
13	税国张	75	56	33

图 4-44 数据条效果

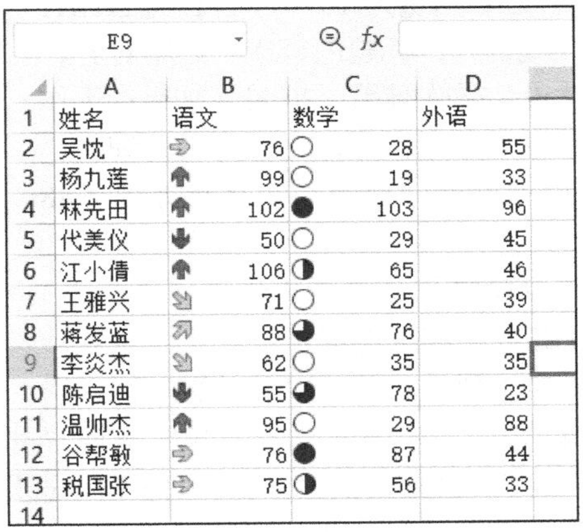

	A	B	C	D
1	姓名	语文	数学	外语
2	吴忱	76	28	55
3	杨九莲	99	19	33
4	林先田	102	103	96
5	代美仪	50	29	45
6	江小倩	106	65	46
7	王雅兴	71	25	39
8	蒋发蓝	88	76	40
9	李炎杰	62	35	35
10	陈启迪	55	78	23
11	温帅杰	95	29	88
12	谷帮敏	76	87	44
13	税国张	75	56	33

图 4-45 图标集效果

4.4.7 表格样式

表格样式包括标题、数据及边框等单元格的格式设置。WPS 提供了多种预定义表格样式，用户也可以自定义样式。

为单元格设置表格样式的操作步骤如下。

（1）选中要设置样式的单元格。

（2）在“开始”选项卡中单击“表格样式”按钮，打开表格样式下拉菜单。可以在菜单中选择预设样式，也可选择“新建表格样式”命令自定义样式。选择样式后，打开“套用表格样式”对话框，如图 4-46 所示。

（3）在“表数据的来源”输入框中输入要应用样式的单元格地址范围。可先单击输入框，然后在工作表中拖动鼠标选择单元格，将其地址插入输入框。选中“仅套用表格样式”单选按钮，表示只将表格样式应用到选中的单元格，同时可设置标题所占的行数。选中“转换成表格，并套用表格样式”单选按钮，表示将选中单元格转换为表格，并应用表格样式，同时可设置表格是否包含标题行及是否显示筛选按钮。

（4）设置完成后，单击“确定”按钮关闭对话框。表格样式效果如图 4-47 所示。

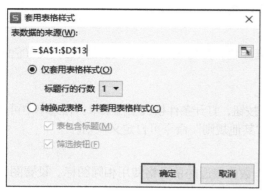

图 4-46 “套用表格样式”对话框

姓名	语文	数学	外语
吴忱	76	28	55
杨九莲	99	19	33
林先田	102	103	96
代美仪	50	29	45
江小倩	106	65	46
王雅兴	71	25	39
蒋发蓝	88	76	40
李炎杰	62	35	35
陈启迪	55	78	23
温帅杰	95	29	88
谷帮敏	76	87	44
税国张	75	56	33

图 4-47 表格样式效果

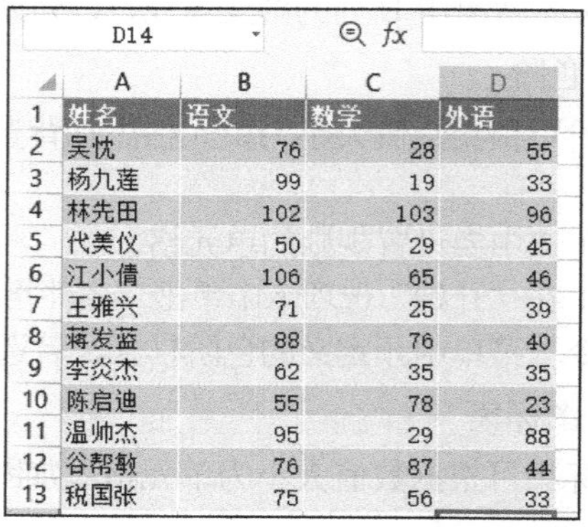

【例 4.5】对例 4.1 中的“职工工资表”进行格式化：设置“扣款数”列小数位为 1，加千位分隔符和人民币符号¥；设置标题行高为 25 磅，姓名列宽为 10 个字符；将 A1:H1 单元格区域合并，标题内容水平居中对齐，标题字体设为微软雅黑、20 号、加粗；工作表边框外框为黑色粗线，内框为黑色细线；姓名所在行背景色为黄色。其效果如图 4-48 所示。

职工工资表

姓名	部门	职务	出生日期	基本工资	奖金	扣款数	实发工资
郑 涵 因	销售部	业务员	1995/6/10	3000	1200	¥100.0	
李 海 儿	销售部	业务员	1982/6/22	2800	700	¥85.5	
陈 静	销售部	业务员	1980/8/18	3200	1300	¥120.0	
王 克 南	销售部	业务员	1984/9/21	2700	800	¥76.5	
钟 尔 慧	财务部	会计	1983/7/10	3000	500	¥35.5	
卢 植 茵	财务部	出纳	1985/10/7	2450	600	¥46.5	
林 寻	技术部	技术员	1987/6/15	2780	1000	¥100.5	
李 剑 南	技术部	技术员	1988/2/15	3180	1080	¥88.5	
吴 心	技术部	工程师	1983/4/16	3600	1500	¥110.5	
李 伯 仁	技术部	工程师	1982/11/24	3500	1300	¥108.0	
陈 叶 青	技术部	技术员	1982/11/23	2800	900	¥55.0	
马 甫 仁	财务部	会计	1980/11/9	2900	800	¥66.0	
夏 雨 荷	技术部	工程师	1999/7/7	3300	1200	¥110.0	

图 4-48 格式化效果

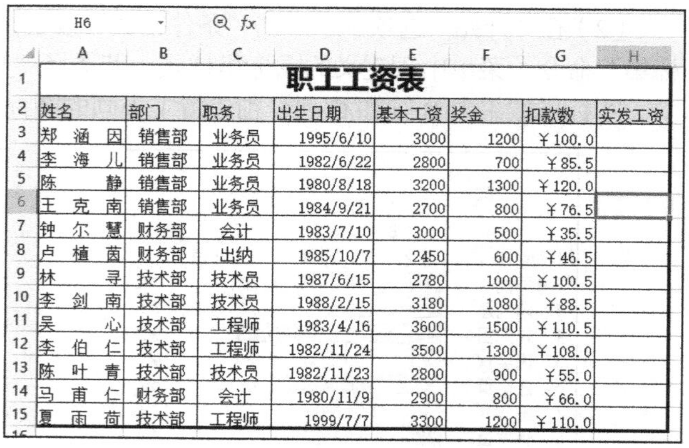

操作步骤如下。

（1）打开“职工工资表”。

（2）单击列号 G 选定“扣款数”列，用鼠标右键单击，在弹出的快捷菜单中选择“设置单元格格式”命令，打开“设置单元格格式”对话框，在“数字”选项卡的“分类”列表框中选择“数值”，在“小数位数”数值框中选择 1，选中“使用千位分隔符(,)”复选框，再在“分类”列表框中选择“货币”，在“货币符号”下拉列表中选择¥，单击“确定”按钮。

（3）单击行号 1 选定标题行，单击“开始”选项卡中“行和列”右侧的倒三角按钮，在打开的下拉菜单中选择“行高”命令，并在打开的“行字”对话框中的“行高”文本框中输入 25，单击“确定”按钮；单击列号 A 选定姓名所在列，单击“开始”选项卡中“行和列”右侧的倒三角按钮，在打开的下拉菜单中选择“列宽”命令，并在打开的“列宽”的对话框中的“列宽”文本框中输入 10，单击“确定”按钮。

（4）选中 A1:H1 单元格区域，在“设置单元格格式”对话框的“对齐”选项卡中设置“水平对齐”为“居中”，选中“合并单元格”复选框，单击“确定”按钮。也可以单击“开始”工具栏中的“合并居中”按钮。

（5）选中标题“职工工资表”，在“设置单元格格式”对话框的“字体”选项卡中设置字体为“微软雅黑”，字号为 20，单击“确定”按钮。也可以利用“字体设置”工具组中的相应选项来完成。

（6）选中 A1:H15 单元格区域，在“设置单元格格式”对话框的“边框”选项卡中选择线条“颜色”为“黑色”，“样式”为“粗线”，单击“外边框”按钮，完成工作表外框的设置；再选择线条“样式”为“细线”，单击“内部”按钮，完成工作表内框线的设置，单击“确定”按钮。

（7）选中 A2:H2 单元格区域，在“设置单元格格式”对话框的“图案”选项卡中选择“颜色”为“黄色”，单击“确定”按钮。也可以利用“字体设置”工具组中的“填充颜色”工具快速完成。

4.5　数据分析

数据分析功能主要包括数据排序、数据筛选、分类汇总等操作。

4.5.1　数据排序

数据排序是将数据按升序或降序的顺序进行排列。数值可按大小进行排序，文本可按字母顺序、拼音顺序或笔画顺序等进行排序。

1. 自动排序

自动排序使用默认规则对数据进行排序，操作步骤如下。

（1）选中进行排序的数据区域。

（2）在“开始”或“数据”选项卡中单击“排序”右侧的倒三角按钮排序▾，打开排序下拉菜单，从菜单中选择“降序”或“升序”命令，打开“排序警告”对话框，如图 4-49 所示。

（3）对话框中的“扩展选定区域”单选按钮表示扩展已选定的区域，同时选中相邻的数据区域进行排序；“以当前选定区域排序”单选按钮表示只对当前选定区域中的数据排序。选定是否扩展选定区域后，单击“排序”按钮执行排序操作。

按“语文”成绩降序排序的结果如图 4-50 所示。

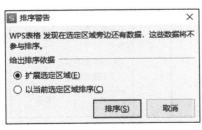

图 4-49　“排序警告”对话框

	A	B	C	D
1	姓名	语文	数学	外语
2	江小倩	106	65	46
3	林先田	102	103	96
4	杨九莲	99	19	33
5	温帅杰	95	29	88
6	蒋发蓝	88	76	40
7	吴忱	76	28	55
8	谷帮敏	76	87	44
9	税国张	75	56	33
10	王雅兴	71	25	39
11	李炎杰	62	35	35
12	陈启迪	55	78	23
13	代美仪	50	29	45

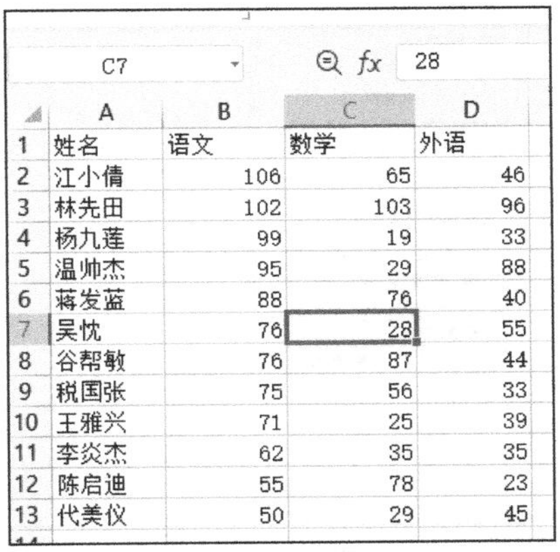

图 4-50　按“语文”成绩降序排序

在自动排序时，如果选定区域无相邻数据，则不会显示“排序警告”对话框。同时选定多个数据列进行排序时，默认对第一列排序，其他列同一行中的数据随之一起变化位置。

2. 自定义排序

自定义排序可设置更多的排序选项。在“开始”或“数据”选项卡中单击“排序”右侧的倒三角按钮排序▾，打开排序下拉菜单，从菜单中选择“自定义排序”命令，打开“排序”对话框，如图 4-51 所示。

图 4-51 "排序"对话框

在"排序"对话框中可定义多个排序条件，每个排序条件包括用于排序的列（关键字）、排序依据及次序。

在对话框中选中"数据包含标题"复选框时，选定区域的第一行作为标题行，在排序条件的关键字下拉列表中可选择标题名称作为排序关键字；未选中"数据包含标题"复选框时，将用列名称作为关键字。

在"排序依据"下拉列表中，可选择按数值、单元格颜色、字体颜色或条件格式图标进行排序。

在"次序"下拉列表中，可选择"升序""降序"或"自定义序列"作为排序方式。选择"自定义序列"时，可打开"自定义序列"对话框，如图 4-52 所示。在对话框中可选择预设的自定义序列，或者输入新序列。

在"排序"对话框中单击"添加条件"按钮，可添加新的排序条件。单击"删除条件"按钮，可删除正在编辑的排序条件。单击"复制条件"按钮，可复制正在编辑的排序条件。单击"上移"按钮 ⬆ 或"下移"按钮 ⬇ 可调整排序条件的先后顺序。

在"排序"对话框中单击"选项"按钮，可打开"排序选项"对话框，如图 4-53 所示。在对话框中可设置是否区分大小写、排序方向及排序方式。

图 4-52 "自定义序列"对话框

图 4-53 "排序选项"对话框

4.5.2 数据筛选

数据筛选用于在表格中快速找出符合条件的数据，并隐藏不符合条件的数据。

1. 启动和关闭筛选功能

可用下列方法启动筛选功能。

（1）在"数据"选项卡中单击"筛选"按钮 ▽。

（2）在"开始"选项卡中单击"筛选"按钮 ▽。

（3）在"开始"选项卡中单击"筛选"右侧的倒三角按钮 筛选▾，打开下拉菜单，从中选择"筛选"命令。

（4）按【Ctrl+Shift+L】组合键。

启用筛选功能后，再次执行上述操作可关闭筛选功能。

未选中筛选区域启用筛选功能时，工作表第一行会显示筛选按钮▾，选中区域后则选中区域的第一行显示筛选按钮。单击筛选按钮可打开筛选选项窗格。启用筛选功能后的表格和筛选选项窗格如图 4-54 所示。

图 4-54　启用筛选功能后的表格和筛选选项窗格

2. 按内容筛选

WPS 默认在筛选选项窗格中显示"内容筛选"选项卡，在选项卡的"名称"列表中列出了数据区域包含的不重复的数据项名称，每个数据项后面的括号中显示了该数据项的重复项数量。选中"（全选）"复选框时，可在工作表显示全部数据项，否则只显示选中的数据项。在"名称"列表上方的查找输入框中输入关键词，WPS 可自动在数据项列表中筛选出与之匹配的数据项。

选中要显示的数据项名称复选框后，单击"确定"按钮关闭筛选选项窗格即可。单击筛选选项窗格之外的任意位置，或单击"取消"按钮，或按【Esc】键，可关闭筛选选项窗格，不应用筛选设置。

3. 按颜色筛选

如对数据区域中的文本设置了颜色，可使用颜色来执行筛选。在筛选选项窗格中，单击"颜色筛选"按钮，可显示颜色筛选选项卡，如图 4-55 所示。单击颜色按钮，可在数据区域中显示对应颜色的数据项，其他颜色的数据项则被隐藏。再次单击同一个颜色按钮，可取消颜色筛选。

4. 文本筛选

当数据区域包含文本数据时，可使用文本筛选功能。文本筛选可按文本比较结果来执行筛选操作。在筛选选项窗格中单击"文本筛选"按钮，可打开筛选方式菜单，如图 4-56 所示。在菜单中选择筛选方式命令后，会打开"自定义自动筛选方式"对话框，从中可进一步设置筛选条件，如图 4-57 所示。

图 4-55　"颜色筛选"选项卡

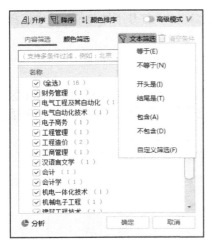
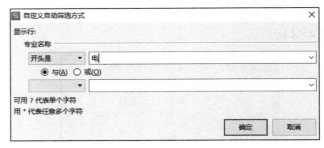

图 4-56　文本筛选菜单　　　　　　　图 4-57　"自定义自动筛选方式"对话框

在"自定义自动筛选方式"对话框的左侧下拉列表中，可选择文本比较方式。在对话框右侧的组合框中可输入具体的值，或者从下拉列表中选择数据区域包含的数据项。设置完筛选条件后，单击"确定"按钮即可。

5. 数字筛选

当数据区域中的数据为数字时，可使用数字筛选功能。数字筛选可按数字比较结果执行筛选操作。在筛选选项窗格中单击"数字筛选"按钮，可打开筛选方式下拉菜单，如图 4-58 所示。在下拉菜单中选择筛选方式命令后，会打开"自定义自动筛选方式"对话框，从中可进一步设置筛选条件，如图 4-59 所示。

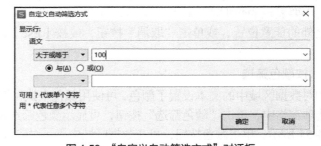

图 4-58　数字筛选下拉菜单　　　　　图 4-59　"自定义自动筛选方式"对话框

6. 高级筛选

高级筛选能实现多字段筛选的"逻辑或"关系，较复杂，需要在数据清单以外建立一个条件区域。在进行高级筛选时，不会出现自动筛选下拉箭头，而是需要在条件区域输入条件。筛选的结果可在原数据清单位置显示，也可在数据清单以外的位置显示。

（1）创建条件区域的具体要求

① 条件区域应在空白区域中建立，与其他数据之间应有空白行或空白列隔开。

② 第一行为条件字段标记行，第二行开始是各条件行。

③ 同一条件行的条件互为"与"（AND）的关系，不同条件行的条件互为"或"（OR）的关系。

④ 条件中可使用比较运算符（<，>，=，>=，<=，<>）和通配符（?代表单个字符，*代表多个字符），但运算符和通配符要用西文符号。

（2）条件区域的构造方法举例

例如，要筛选基本工资≥3500，且职务为"工程师"的所有记录，条件区域如图 4-60 所示。又如，要筛选基本工资≥3500，或职务为"工程师"的所有记录，条件区域如图 4-61 所示。

基本工资	职务
>=3500	工程师

图 4-60　条件区域一

基本工资	职务
>=3500	
	工程师

图 4-61　条件区域二

再如，要筛选 3500≤基本工资≤4000，且职务为"工程师"的姓"李"职工的记录，条件区域如图 4-62 所示。

基本工资	基本工资	职务	姓名
>=3500	<=4000	工程师	李*

图 4-62　条件区域三

（3）高级筛选的操作步骤

① 在空白区域构造条件区域。

② 单击数据库区域的任一单元。

③ 单击"开始"或"数据"选项卡中"筛选"右侧的倒三角按钮，在弹出的菜单中选择"高级筛选"命令。

④ 在打开的"高级筛选"对话框中做必要的选择，并输入列表区域、条件区域及复制到的区域（即输出区域，可只输入其左上角单元的坐标）。

⑤ 单击"确定"按钮。

【例 4.6】在"职工工资表"中筛选销售部基本工资>3000 或财务部基本工资<3000 的记录，并将筛选结果在原有区域显示。筛选结果如图 4-63 所示。

	A	B	C	D	E	F	G	H
			职工工资表					
	姓名	部门	职务	出生日期	基本工资	奖金	扣款数	实发工资
	陈　静	销售部	业务员	1980/8/18	3200	1300	￥120.0	4380
	卢　植　茵	财务部	出纳	1985/10/7	2450	600	￥46.5	3003.5
	马　甫　仁	财务部	会计	1980/11/9	2900	800	￥66.0	3634

图 4-63　高级筛选结果

操作步骤如下。

① 建立条件区域：在数据清单以外选择一个空白区域（如 J2:K3），在首行输入与条件有关的字段名：部门、基本工资；在第 2 行对应字段名下面输入条件：销售部、>3000；在第 3 行对应字段名下面输入条件：财务部、<3000，如图 4-64 所示。

② 单击数据清单中的任意单元格。

③ 单击"开始"或"数据"选项卡中"筛选"右侧的倒三角按钮，在弹出的菜单中选择"高级筛选"命令，弹出"高级筛选"对话框。先确认"在原有区域显示筛选结果"单选按钮为选中状态，以及给出的列表区域是否正确，如果不正确，单击"列表区域"文本框右侧的"折叠对话框"按钮，

用鼠标在工作表中重新选择后，单击按钮█返回；然后单击"条件区域"文本框右侧的"折叠对话框"按钮█，用鼠标在工作表中选择条件区域后，单击按钮█返回。"高级筛选"对话框设置如图 4-65 所示。

图 4-64　建立条件区域

图 4-65　"高级筛选"对话框

④ 单击"确定"按钮，得到筛选结果，如图 4-63 所示。

如果要将筛选的结果显示在数据清单以外的位置，只需要在"高级筛选"对话框中选中"将筛选结果复制到其他位置"单选按钮，并在"复制到"文本框中输入输出区域的左上角单元格坐标即可。

4.5.3　分类汇总

分类汇总用于计算各类数据的汇总值，如计数、求和、求平均值、求方差等。执行分类汇总的操作步骤如下。

（1）对分类字段排序。

（2）在"数据"选项卡中单击"分类汇总"按钮，打开"分类汇总"对话框，如图 4-66 所示。

（3）设置汇总选项。在对话框的"分类字段"下拉列表中选择用于分类的字段；在"汇总方式"下拉列表中选择汇总方式；在"选定汇总项"列表中选中用于执行汇总计算的字段，可选中多个。选中"替换当前分类汇总"复选框，可用当前分类汇总替换原有的分类汇总；选中"每组数据分页"复选框，可对分类结果分页，打印时不同分组打印在不同的页面中；选中"汇总结果显示在数据下方"复选框时，汇总结果将显示在数据下方，否则将显示在数据上方。单击"全部删除"按钮可删除现有的全部汇总结果。

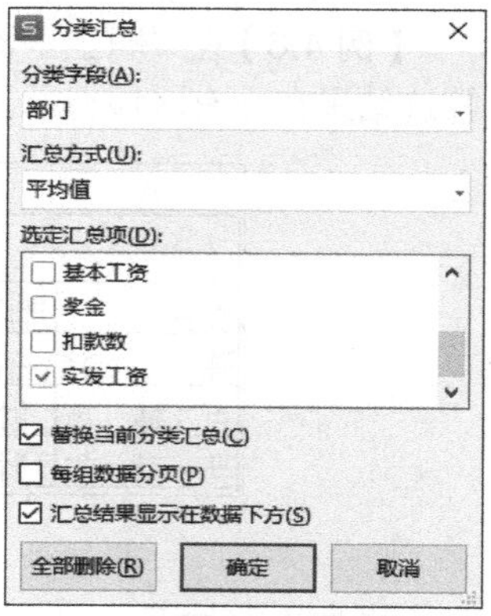

图 4-66　"分类汇总"对话框

（4）汇总选项设置完成后，单击"确定"按钮执行分类汇总。

汇总级别包括 1、2、3 三个级别，第 1 级为总计表，第 2 级为汇总项目表，第 3 级为各项明细数据表。WPS 默认显示第 3 级的各项明细数据表。

单击表格左侧的"1"按钮，可只显示总计表，不显示汇总项目和各项明细数据；单击"2"按钮，可显示总计和汇总项目；单击"3"按钮，可显示总计、汇总项和各项明细数据。3 种汇总级别数据的结果如图 4-67 所示。

单击表格左侧的"-"按钮，可隐藏该级别的明细数据；单击"+"按钮可显示该级别的明细数据。

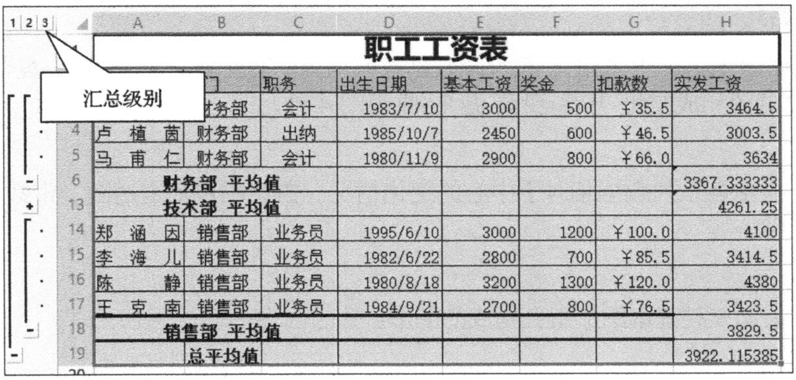

	A	B	C	D	E	F	G	H
1	职工工资表							
2		门	职务	出生日期	基本工资	奖金	扣款数	实发工资
3		财务部	会计	1983/7/10	3000	500	￥35.5	3464.5
4	卢 植 茵	财务部	出纳	1985/10/7	2450	600	￥46.5	3003.5
5	马 甫 仁	财务部	会计	1980/11/9	2900	800	￥66.0	3634
6		财务部 平均值						3367.333333
13		技术部 平均值						4261.25
14	郑 涵 因	销售部	业务员	1995/6/10	3000	1200	￥100.0	4100
15	李 海 儿	销售部	业务员	1982/6/22	2800	700	￥85.5	3414.5
16	陈 静	销售部	业务员	1980/8/18	3200	1300	￥120.0	4380
17	王 克 南	销售部	业务员	1984/9/21	2700	800	￥76.5	3423.5
18		销售部 平均值						3829.5
19		总平均值						3922.115385

图 4-67　3 种汇总级别数据的结果

4.6　数据图表

图表可以使用图形直观、形象地展示数据。本节主要介绍图表类型、创建图表、图表的基本组成、编辑图表等内容。

4.6.1　图表类型

WPS 中的图表可分为柱形图、折线图、饼图、条形图、面积图、XY（散点图）、股价图、雷达图、组合图等类型。

1. 柱形图

柱形图主要用于显示随时间而变化的数据或者各项目的对比情况。柱形图的 X 轴通常显示类别数据，Y 轴显示数值。柱形图包括簇状柱形图、堆积柱形图和百分比堆积柱形图 3 种。

2. 折线图

折线图主要用于显示随时间而变化的连续数据，展示数据趋势。折线图的 X 轴通常显示类别数据，Y 轴显示数值。折线图包括折线图、堆积折线图、百分比堆积折线图、带数据标记的折线图、带数据标记的堆积折线图和带数据标记的百分比堆积折线图 6 种。

3. 饼图

饼图主要用于显示一个数据系列中各项数据的大小与总和之间的比例关系。饼图包括饼图、三维饼图、复合饼图、复合条饼图和圆环图 5 种。

4. 条形图

条形图相当于旋转 90 度的柱状图，主要用于显示各项目之间的对比情况。条形图的 X 轴通常显示数值，Y 轴显示类别数据。条形图包括簇状条形图、堆积条形图和百分比堆积条形图 3 种。

5. 面积图

面积图主要用于显示数量随时间的变化程度或变化趋势。面积图包括面积图、堆积面积图和百分比堆积面积图 3 种。

6. XY（散点图）

XY（散点图）主要用于显示和对比离散数据。XY（散点图）包括散点图、带平滑线和数据标记的散点图、带平滑线的散点图、带直线和数据标记的散点图、带直线的散点图、气泡图和三维气泡图 7 种。

7. 股价图

股价图主要用于显示股价变化。股价图包括盘高-盘低-收盘图、开盘-盘高-盘低-收盘图、成交量-盘高-盘低-收盘图和成交量-开盘-盘高-盘低-收盘图 4 种。

8. 雷达图

雷达图用于显示各系列数据相对于中心的变化情况。雷达图包括雷达图、带数据标记的雷达图和填充雷达图 3 种。

9. 组合图

组合图指用前面 8 种基本图形组合构成的图形。

4.6.2　创建图表

准备好用于创建图表的数据表格后，即可开始创建图表。可使用下列方法创建图表。

（1）选中用于创建图表的数据区域，按【Alt+F1】组合键插入柱形图。

（2）选中用于创建图表的数据区域，在"插入"选项卡中单击"全部图表"右侧的倒三角按钮，打开下拉菜单，从中选择"全部图表"命令，打开"图表"对话框。在对话框中单击要使用的图表，完成插入。

（3）选中用于创建图表的数据区域，在"插入"选项卡中单击"全部图表"右侧的倒三角按钮，打开下拉菜单，在菜单的"在线图表"命令子菜单中单击要使用的图表，完成插入。

（4）选中用于创建图表的数据区域，在"插入"选项卡中单击"插入柱形图""插入条形图"等按钮，打开图表菜单，在菜单中单击要使用的图表，完成插入。

工作表中插入的柱形图如图 4-68 所示。

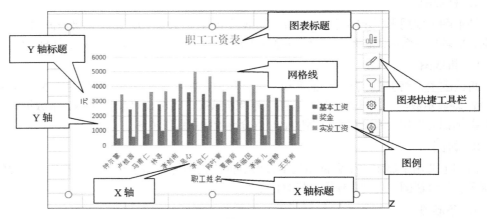

图 4-68　柱形图

4.6.3　图表的基本组成

图表由各种图表元素组成，不同类型的图表，其构成有所不同。常见的图表元素如下。

（1）图表区：整个图表所在的区域。

（2）绘图区：绘制图形和网格线的区域。

（3）数据源：用于绘制图形的数据。

（4）坐标轴：包括横坐标轴（X 轴）和纵坐标轴（Y 轴）。WPS 允许图标最多包含 4 条坐标轴：主横坐标轴、主纵坐标轴、次横坐标轴和次纵坐标轴。通常，X 轴显示数据系列，数据源中每一个列为一个系列；Y 轴显示数值。

（5）轴标题：X 轴和 Y 轴的名称。X 轴标题默认显示在 X 轴下方，Y 轴标题默认显示在 Y 轴左侧。

（6）图表标题：图表的名称，默认显示在图表顶部居中位置。

（7）数据标签：用于在图表中显示源数据的值。

（8）数据表：在 X 轴下方显示的数据表格。

（9）误差线：用于在图形顶端显示误差范围。

（10）网格线：与坐标轴刻度对齐的水平或垂直网格线，用于对比数值大小。

（11）图例：用颜色标明图表中的数据系列。

（12）趋势线：根据数值变化趋势绘制的预测线。

4.6.4　编辑图表

1．更改图表类型

WPS 允许更改现有图表的类型，其操作与插入图表操作类似，方法如下。

（1）单击选中图表，在"插入"选项卡中单击"全部图表"右侧的倒三角按钮，打开下拉菜单，从中选择"全部图表"命令，打开"图表"对话框。在对话框中单击要使用的图表，完成更改。

（2）单击选中图表，在"插入"选项卡中单击"全部图表"右侧的倒三角按钮，打开下拉菜单，在菜单的"在线图表"命令子菜单中单击要使用的图表，完成更改。

（3）单击选中图表，在"插入"选项卡中单击"插入柱形图""插入条形图"等按钮，打开图表菜单，在菜单中单击要使用的图表，完成更改。

（4）单击选中图表，在"图表工具"选项卡中单击"更改类型"按钮，打开"更改图表类型"对话框。在对话框中选中要使用的图表，单击"插入图表"按钮完成更改。

2．修改数据源

在工作表中修改或删除图表数据源中的数据时，图表可自动进行更新。

要更改图表的数据源，可通过"更改数据源"对话框修改。单击选中图表后，在"图表工具"选项卡中单击"选择数据"按钮；或者用鼠标右键单击图表，然后在弹出的快捷菜单中选择"选择数据"命令，打开"编辑数据源"对话框，如图 4-69 所示。

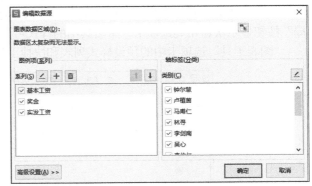

图 4-69　"编辑数据源"对话框

"编辑数据源"对话框中可进行下列操作。

（1）更改图表数据区域：在对话框的"图表数据区域"输入框中，可修改数据区域地址。可单击输入框，然后在表格中拖动鼠标选择数据区域，选中的数据区域地址会自动插入输入框。

（2）更改系列生成方向：在对话框的"系列生成方向"下拉列表中，可选择将数据源中的行或列作为系列。

（3）更改系列：在对话框的"系列"列表中，被选中的系列会在图表中显示，未选中的则不显示。单击"编辑"按钮 ☑ ，可修改系列；单击"添加"按钮 ＋ ，可添加系列；单击"删除"按钮 ▣ ，可删除选中的系列。

（4）更改类别：在对话框的"类别"列表中，被选中的类别会在图表中显示，未选中的则不显示。

（5）高级设置：在对话框中单击"高级设置"按钮，可显示或隐藏高级设置选项。高级设置选项包括空单元格显示格式和是否显示隐藏行列中的数据。

3. 添加或删除图表元素

为图表添加或删除图表元素的方法如下。

（1）在图表中单击选中图表元素，按【Delete】键可将其删除。

（2）用鼠标右键单击图表元素，在弹出的快捷菜单中选择"删除"命令可将其删除。

（3）单击选中图表，然后在"图表工具"选项卡中单击"添加元素"右侧的倒三角按钮，打开添加元素菜单，如图 4-70 所示。可在菜单对应图表元素的子菜单中选择命令添加或删除图表元素。

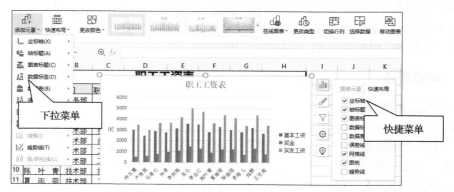

图 4-70　添加元素菜单及图标元素快捷菜单

（4）单击选中图表，然后在出现的图表快捷工具栏中单击"图表元素"按钮，打开图表元素快捷菜单，如图 4-70 所示。在菜单中选中相应的图表元素复选框，可将其添加到图表中；取消选中复选框，可从图表中删除对应的图表元素。

4. 更改图表样式和布局

单击选中图表后，将鼠标指针指向"图表工具"选项卡中的预设样式列表中的样式，可预览样式效果；在预设样式列表中单击样式，可将其应用到图表。

在图表快捷工具栏中单击"图表元素"按钮，打开图表元素快捷菜单。在菜单中单击"快速布局"按钮显示快速布局选项卡，单击其中的样式可更改图表布局。

"图表工具"选项卡中的预设样式列表和快捷工具栏中的快速布局选项卡如图 4-71 所示。

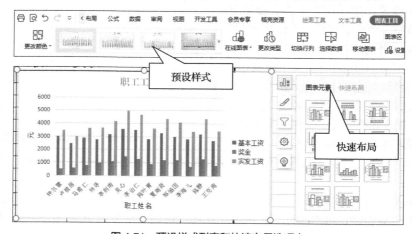

图 4-71　预设样式列表和快速布局选项卡

5. 移动图表

可用下列方法移动图表。

（1）在图表空白位置按住鼠标左键拖动，可移动图表位置。

（2）单击选中图表，按【Ctrl+X】组合键剪切图表，然后单击放置图表的新位置，再按【Ctrl+V】组合键粘贴图表。图表的新位置可以在同一个工作表或其他工作表中。

（3）用鼠标右键单击图表，在弹出的快捷菜单中选择"移动图表"命令，打开"移动图表"对话框，或在选中图表后，单击"图表工具"选项卡中的"移动图表"按钮，打开"移动图表"对话框，如图 4-72 所示。可在对话框中选择将图表移动到现有的工作表或新工作表中。

图 4-72　"移动图表"对话框

6．调整图表大小

单击选中图表后，图表的 4 个角和上下边框中部会显示调整按钮，将鼠标指针指向调整按钮，当鼠标指针变为双向箭头时按住鼠标左键拖动，即可调整图表大小。

7．删除图表

单击选中图表后，按【Delete】键可将其删除。也可用鼠标右键单击图表空白位置，在弹出的快捷菜单中选择"删除"命令删除图表。

4.7　数据安全

WPS 通过保护工作簿、保护工作表及文档加密等措施保护数据安全。

4.7.1　保护工作簿

工作簿保护功能允许使用密码保护工作簿的结构不被更改，如添加、删除、移动工作表等。

在"审阅"选项卡中单击"保护工作簿"按钮，打开"保护工作簿"对话框，在文本框中输入密码，单击"确定"按钮，在"确认密码"对话框中再次输入密码，单击"确定"按钮，即可启用工作簿保护功能。

要撤销工作簿保护，可在"审阅"选项卡中单击"撤销工作簿保护"按钮，打开"撤销工作簿保护"对话框，在文本框中输入密码，单击"确定"按钮即可。

4.7.2　保护工作表

工作表保护功能可以保护锁定的单元格，防止工作表中的数据被更改。默认情况下，工作表中的单元格都被锁定，只有在启用工作表保护后锁定才能生效。未锁定的单元格，在启用工作表保护后，可以编辑其数据。

在"审阅"选项卡中单击"保护工作表"按钮，打开"保护工作表"对话框，如图 4-73 所示。在对话框的"密码（可选）"文本框中可输入密码，也可以不设置密码。在操作列表中，可选中允许用户执行的操作。最后，单击"确定"按钮启用工作表保护功能。

要撤销工作表保护，可在"审阅"选项卡中单击"撤销工作表保护"按钮，打开"撤销工作表保护"对话框，在文本框中输入密码，单击"确定"按钮即可。

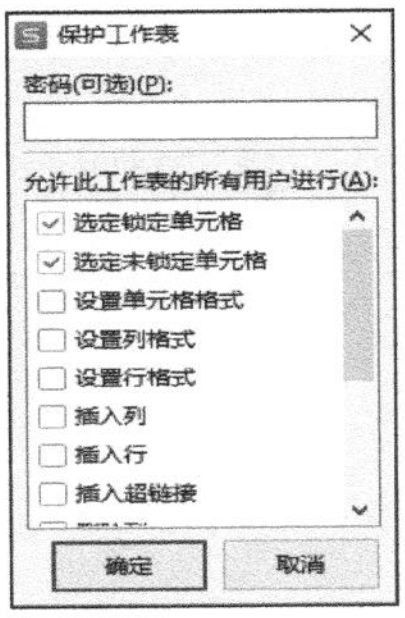

4.7.3　文档加密

文档加密功能可以为文档指定访问账号，非指定账号不能访问文档。同时，

图 4-73　保护工作表

可为文档指定打开权限密码和编辑权限密码。

要加密文档，需要在保存或另存文档时，在"另存文件"对话框中将"文件类型"设置为"WPS加密文档格式"，如图 4-74 所示。

图 4-74　设置为"WPS 加密文档格式"

在"另存文件"对话框中单击"加密"链接，可打开"密码加密"对话框，如图 4-75 所示。在对话框中为打开权限和编辑权限设置密码，单击"应用"按钮，即可启用文档加密功能。

在注册为 WPS 会员后，可将文档转换为私密文档，为文档指定访问账号。在"密码加密"对话框中单击"转换为私密文档"链接，可打开"文档权限"对话框；也可在"审阅"选项卡中单击"文档权限"按钮打开"文档权限"对话框，如图 4-76 所示，左侧对话框展

图 4-75　"密码加密"对话框

示的是文档启用了私密文档保护，单击 按钮可取消私密文档保护；右侧对话框展示的是未启用私密文档保护，单击 按钮可启用私密文档保护。在对话框中单击"添加指定人"按钮，可添加访问文档的账号。

图 4-76　启用/取消私密文档保护和指定文档访问账号

4.8　打印工作表

4.8.1　设置打印区域

默认情况下，WPS 会打印工作表中的打印区域，在未设置打印区域时默认打印工作表的全部内容。

设置打印区域的方法如下。

● 选中要打印的表格区域，在"页面布局"选项卡中单击"打印区域"按钮 ⊟。

● 选中要打印的表格区域，在"页面布局"选项卡中单击"打印区域"右侧的倒三角按钮 打印区域▾，然后在打开的菜单中选择"设置打印区域"命令。

在工作表中，打印区域的边框显示为虚线。若要取消打印区域，可在"页面布局"选项卡中单击"打印区域"右侧的倒三角按钮 打印区域▾，然后在打开的菜单中选择"取消打印区域"命令。

4.8.2　设置打印标题

打印标题指打印位于每个页面顶部或者左侧的数据。位于页面顶端的数据称为标题行，可以是单行或多行数据。位于页面左侧的数据称为标题列，可以是单列或多列数据。

设置打印标题的方法为：在"页面布局"选项卡中单击"打印标题"按钮，打开"页面设置"对话框的"工作表"选项卡，如图 4-77 所示。在"顶端标题行"输入框中，可输入标题行的地址，如单行地址"$1:$1"、多行地址"$1:$2"等。在"左端标题列"输入框中，可输入标题列的地址，如单列地址"$A:$A"、多列地址"$A:$B"等。也可以先单击输入框，然后在表格中单击或拖动鼠标选择标题行或标题列。

图 4-77　"工作表"选项卡

4.8.3　设置页眉和页脚

通常，可在页眉和页脚中设置表格名称、页码等附加信息。设置页眉和页脚的方法为：在"页面布局"选项卡中单击"页眉页脚"按钮，打开"页面设置"对话框的"页眉/页脚"选项卡，如图 4-78 所示。

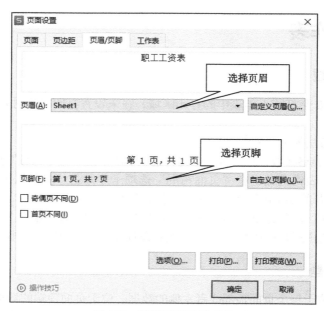

图 4-78 "页眉/页脚"选项卡

在"页眉"下拉列表中可选择预定义的页眉，也可单击"自定义页眉"按钮打开"页眉"对话框自定义页眉内容。在"页脚"下拉列表中可选择预定义的页脚，也可单击"自定义页脚"按钮打开"页脚"对话框自定义页脚内容。

选中"奇偶页不同"复选框时，可分别为奇数页码和偶数页码页面定义不同的页眉和页脚。选中"首页不同"复选框时，首页不打印页眉和页眉。

4.8.4　预览和打印

在"页面布局"选项卡中单击"打印预览"按钮，可切换到打印预览视图。打印预览视图显示页面的实际打印效果。在预览视图中，可进一步设置纸张大小、打印方向、页边距、页眉页脚等相关设置。默认情况下，按打印区域的实际尺寸进行打印，即无打印缩放。在"打印缩放"下拉列表中，可选择将整个工作表、所有列或者所有行打印在一页。在工具栏中单击"直接打印"按钮，可执行打印操作。

本章小结

本章主要介绍了 WPS 表格软件的基本功能和使用方法，包括 WPS 表格的基本知识、基本操作、数据编辑、公式的使用、格式设置、数据分析、数据图表、数据安全及打印工作表等内容。

基本操作是对工作簿中的工作表进行的基本操作，包括创建工作表、编辑工作表及格式设置等。公式是用运算符将数据、单元格地址、函数等连接在一起的式子，以等号开头；而函数是表格软件中已定义好的公式。在工作表中，几乎所有的计算工作都是通过公式和函数完成的。WPS 表格不仅具有较强的计算功能，还可以对数据进行分析管理，包括排序、筛选、分类汇总及创建图表等。WPS 通过保护工作簿、工作表及文档加密等措施保护数据安全。

通过本章的学习，要求读者理解 WPS 表格的基本概念，熟悉工作表的各种操作，掌握数据分析和管理、图表的制作等操作，并在此基础上解决一些实际问题。

思考题

1. WPS 表格有哪些主要功能？

2. 复制工作表的方法有哪些？

3. 在合并单元格时，"合并单元格"与"合并内容"两种方式有何区别？

4. WPS 表格中的日期时间型数据是依据什么原则比较大小的？而字符型（汉字、字母及其他各种字符）、逻辑型数据呢？

5. WPS 表格为用户提供了哪几类函数？试比较函数 INT、ROUND、TRUNC 功能的异同。

6. 比较自动筛选和高级筛选功能的异同。

7. WPS 表格为高级筛选创建条件区域应满足哪些要求？

8. WPS 表格为用户提供了哪几种图表类型？其中柱形图、折线图、饼图、XY（散点图）各适用于何种场合？

9. 数据库函数有哪几个参数？其中"列序号"（field）是指什么？它可用几种形式表示？

10. 可用哪些方法保护 WPS 表格中的数据？

05 第5章 WPS 演示

WPS 演示是应用广泛的演示文稿制作软件之一，它同样是 WPS 办公软件系列中的一个主要组件。

现实生活中，演示文稿制作软件已广泛应用于会议报告、课程教学、论文答辩、广告宣传和产品演示等方面，成为人们在各种场合下进行信息交流的重要工具。

目前流行的演示文稿制作软件除了 WPS 演示外，还有微软 Office 中的 PowerPoint 演示文稿等。WPS 演示由于网络资源丰富，逐渐成为演示文稿制作的主流软件。本章将以 WPS 演示为例，介绍演示文稿制作软件的基本功能和使用方法。

5.1 基本功能

演示文稿制作软件以幻灯片的形式提供了一种演讲工具，可用于制作集声音、文字、图形、影像（包括视频、动画、电影、特技等）于一体的演示文稿。制作的演示文稿可以在计算机上或投影屏幕上播放，也可以打印成幻灯片或透明胶片，还可以生成网页。它与传统的演讲方式相比，演讲效果更直观生动，使人印象深刻。

演示文稿制作软件不仅可以制作如贺卡、电子相册等多媒体演示文稿，还可以借助超链接功能创建交互式的演示文稿，并能充分利用万维网的特性，在网络上"虚拟"演示。

演示文稿制作软件一般具有以下功能。

（1）制作多媒体演示文稿：包括根据内容提示向导、设计模板、现有演示文稿或空演示文稿创建新演示文稿；在幻灯片上添加对象（如声音、动画和视频）、超链接（下画线形式和动作按钮形式），以及幻灯片的移动、复制和删除等编辑操作。

（2）设置演示文稿的视觉效果：包括美化幻灯片中的对象及设置幻灯片外观（利用幻灯片版式、背景、母版、设计模板和配色方案）等。

（3）设置演示文稿的动画效果：包括设计幻灯片中对象的动画效果、设计幻灯片的切换效果。

（4）设置演示文稿的播放效果：包括设置放映方式、自定义放映、放映控制操作等。

（5）演示文稿的其他有关功能：包括演示文档打包、排练计时和隐藏幻灯片等。

5.2　工作环境与基本概念

5.2.1　工作环境

WPS 演示的启动和退出与前面介绍的 WPS 文字、WPS 表格类似。

（1）启动 WPS Office。

（2）在图 5-1 所示的 WPS 首页中，单击左侧导航栏中的"新建"按钮，或单击标题栏中的"+"按钮，打开新建标签。在 WPS 首页中，按【Ctrl+N】组合键也可打开新建标签。

（3）单击左侧的"新建演示"按钮，右侧显示 WPS 推荐的模板列表，如图 5-2 所示。

图 5-1　WPS 首页

图 5-2　WPS 演示推荐模板列表

（4）单击模板列表中的"新建空白演示"按钮，创建一个空白演示文稿，如图 5-3 所示。

图 5-3　WPS 演示窗口

WPS 演示窗口主要由"文件"按钮、快速访问工具栏、选项卡、功能区、大纲/幻灯片窗格、编辑区、状态栏等组成。

（1）"文件"按钮：选择菜单中的相应命令可显示对应的操作。

（2）快速访问工具栏：包括保存、输出为 PDF、打印、打印预览、撤销、恢复等常用按钮。单击"自定义快速访问工具栏"按钮 ，打开下拉菜单，从中可选择在快速访问工具栏中显示的按钮；或者在下拉菜单中选择"其他命令"命令打开"选项"对话框，从中选择相应命令为快速访问工具栏添加相应按钮。

（3）选项卡：不同编辑功能选项的切换。

（4）功能区：提供对应选项卡的操作按钮，单击相应按钮执行相应的操作。

（5）大纲/幻灯片窗格：大纲窗格用于在普通视图中显示幻灯片大纲。幻灯片窗格用于在普通视图中显示所有幻灯片，单击可切换编辑区显示的幻灯片。

（6）编辑区：显示和编辑当前幻灯片。

（7）状态栏：显示演示文档信息，还包括视图切换工具和缩放工具。

WPS 演示根据新建、编辑、浏览、放映幻灯片的需要，提供了如下 5 种视图模式："普通"视图、"幻灯片浏览"视图、"备注页"视图、"阅读"视图和母版视图。视图不同，演示文稿的显示方式不同，对演示文稿的编辑也不同。各视图间的切换可以通过单击"视图"选项卡中相应的按钮来实现，如图 5-4 所示。

图 5-4 "视图"选项卡

（1）"普通"视图

"普通"视图如图 5-3 所示，它是软件的默认视图，只能显示一张幻灯片。它集成了"幻灯片"标签和"大纲"标签。

①"幻灯片"标签：可以查看每张幻灯片的文本外观，还可以在单张幻灯片中添加图形、影片和声音，创建超链接并向其中添加动画，按照幻灯片的编号顺序显示演示文稿中全部幻灯片的图像。

②"大纲"标签：仅显示文稿的文本内容（大纲），按序号从小到大的顺序和幻灯片内容层次的关系，显示文稿中全部幻灯片的编号、标题和主体中的文本。

在"普通"视图中，还集成了备注窗格。备注是演讲者对每一张幻灯片的注释，它可以在备注窗格中输入，该注释内容仅供演讲者使用，不能在幻灯片上显示。

（2）"幻灯片浏览"视图

"幻灯片浏览"视图可以同时显示多张幻灯片，方便对幻灯片进行移动、复制、删除等操作。

（3）"备注页"视图

在"备注页"视图中，"备注"窗格位于"幻灯片"窗格下。用户可以在此处输入要应用于当前幻灯片的备注。之后，用户可以将备注打印出来并在放映演示文稿时进行参考。

（4）"阅读"视图

"阅读"视图用于在自己的计算机上查看演示文稿，而不是通过大屏幕放映演示文稿。如果要更改演示文稿，可随时从阅读视图切换至其他视图。

（5）母版视图

母版视图包括"幻灯片母版"视图、"备注母版"视图和"讲义母版"视图。它们是存储有关演示文稿信息的主要幻灯片，包括背景、颜色、字体、效果、占位符大小和位置。使用母版视图的一个主要优点在于，在"幻灯片母版""备注母版"或"讲义母版"上，可以对与演示文稿关联的每个幻灯片、备注页或讲义的样式进行全局更改。

5.2.2　基本概念

WPS 演示文稿的默认保存文件类型为 "Microsoft PowerPoint 文件"，文件扩展名为.pptx，这是为了与微软的 PowerPoint 兼容。还可将文档保存为 WPS 演示文件（*.dps）、WPS 演示模板文件（*.dpt）、WPS 加密文档格式、PDF 文件格式等多种文件类型。演示文稿制作软件提供了所有用于演示的工具，包括将声音、文字、图形、视频、动画等各种媒体整合到幻灯片工具中，还有将幻灯片中的各种对象赋予动态演示效果的工具。

一个演示文稿是由若干张幻灯片组成的，一张幻灯片就是演示文稿的一页。这里的"幻灯片"一词只是用来形象地描绘文稿的组成形式，实际上它代表一个"视觉形象页"。多媒体演示文稿是指幻灯片内容丰富多彩、声文图像俱全。

制作一个演示文稿的过程其实就是制作一张张幻灯片的过程。

5.3　制作一个多媒体演示文稿

5.3.1　新建演示文稿

在 WPS 演示中创建演示文稿的常用方法有新建空白演示、新建在线演示文档、根据"模板"创建，如图 5-5 所示。

1. 新建空白演示

如果想按照自己的意愿设计演示文稿的外观和布局，可以先创建一个空白演示文稿，然后再对其进行外观的设计和布局。

2. 新建在线演示文档

如果演示文稿需要在线供多个用户编辑，可以新建在线演示文档。在线演示文档也可以通过新建空白演示文档或根据"模板"创建，不同之处在于创建后可以发布或分享给其他用户进行在线编辑。

3. 根据"模板"创建

利用 WPS 提供的模板资源可自动且快速地生成每张幻灯片的外观，节省了外观设计的时间，使制作人能更专注于内容的处理。

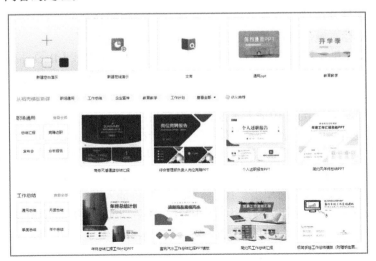

图 5-5　新建演示文稿

最常使用的是新建空白演示文稿，在 WPS 操作环境中单击"新建空白演示"图标，就创建了一个空白的演示文稿。此种演示文稿只有一张幻灯片，而一个演示文稿一般都有若干张幻灯片，下面介绍演示文稿的编辑。

5.3.2 编辑演示文稿

编辑演示文稿包括两部分：一是对每张幻灯片中的对象进行编辑操作；二是对演示文稿中的幻灯片进行新建、删除、复制、移动等操作。

1. 编辑幻灯片中的对象

编辑幻灯片中的对象指对幻灯片中的各个对象进行插入、复制、删除、调整等操作，通常在普通视图下进行。

在幻灯片上添加对象有两种方法。一种方法是通过"插入"选项卡中的"表格""图片""形状""图标""智能图形""图表""流程图""思维导图""文本框"等来实现。另一种方法是建立幻灯片时，通过选择幻灯片的版式为添加的对象提供占位符，再插入需要的对象。用户在幻灯片上添加的对象除了文本框、图片、表格、公式等外，还包括音频、视频和超链接等。

（1）插入文本

在新建的幻灯片中，WPS 演示使用占位文本框提示输入文本的位置。通常，占位文本框边框为虚线，其中显示"单击此处添加标题"或"单击此处添加文本"等提示。在占位文本框内部单击后，可在其中输入需要的文本，提示信息自动消失。

可根据需要为幻灯片添加文本框，添加方法如下。

① 在"开始"或"插入"选项卡中单击"文本框"按钮，鼠标指针变为十字形状。在添加文本框的位置按住鼠标左键拖动绘制出文本框。该方式默认添加横向文本框。

② 在"开始"或"插入"选项卡中单击"文本框"右侧的倒三角按钮，打开"预设文本框"菜单。在菜单中选择"横向文本框"或"竖向文本框"命令后，鼠标指针变为十字形状。在添加文本框的位置按住鼠标左键拖动绘制出文本框。在"预设文本框"菜单中，也可在"稻壳文本框"列表中选择各种预设样式的文本框，单击将其添加到幻灯片中。

添加完文本框后，插入点自动定位到文本框中，可进一步输入文本。"稻壳文本框"中包含多个文本框样式，按其中的文字提示进行选择即可。

幻灯片中的文本框均可移动位置，移动方法为：将鼠标指针指向文本框边沿，在鼠标指针变为四向箭头时，按住鼠标左键，将其拖动到新位置后释放鼠标左键即可。

对于不需要的文本框，可单击文本框边沿，然后按【Delete】键或【Backspace】键将其删除。或者用鼠标右键单击文本框边沿，然后在弹出的快捷菜单中选择"删除"命令将其删除。

（2）插入图片

① 插入本地图片：在幻灯片中插入本地图片的方法如下。

• 在"插入"选项卡中单击"图片"按钮，或者在"插入"工具栏中单击"图片"右侧的倒三角按钮，在打开的下拉菜单中单击"本地图片"按钮，打开"插入图片"对话框。在占位文本框中单击"插入图片"按钮，打开"插入图片"对话框，如图 5-6 所示。在对话框的文件列表框中双击文件，或者在选中文件后单击"打开"按钮，即可插入图片。

• 也可先在 Windows 的文件夹窗口中复制图片，然后切换回幻灯片编辑窗口，再单击"开始"工具栏中的"粘贴"按钮，或按【Ctrl+V】组合键，或用鼠标右键单击幻灯片，然后在弹出的快捷菜单中选择"粘贴"命令，将图片粘贴到幻灯片中。

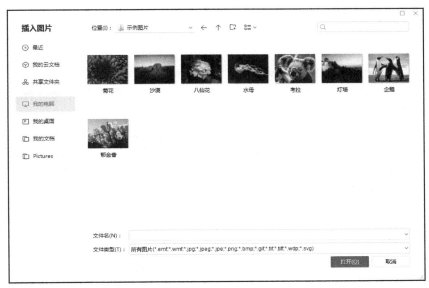

图 5-6　"插入图片"对话框

② 插入稻壳图片：稻壳是 WPS 的在线资源，提供了丰富的在线图片，插入方法为：在"插入"选项卡中单击"插入图片"下拉按钮 图片▼ ，打开插入图片菜单，在菜单中的"稻壳图片"列表中单击图片即可将其插入到幻灯片，有些稻壳图片资源需要付费才可以使用。

③ 插入手机图片：WPS 提供了插入手机图片功能，插入方法为：在"插入"选项卡中单击"图片"右侧的倒三角按钮 图片▼ ，打开"插入图片"菜单，如图 5-7 所示，在菜单中单击"手机图片/拍照"按钮，即可打开"使用手机图片/拍照"二维码窗口。用手机扫描图片中的二维码连接手机，在手机中完成图片选择后，对话框会显示图片预览图标，如图 5-8 所示。双击图片预览图标可将其插入幻灯片中。

图 5-8　图片预览图标

图 5-7　"插入图片"菜单

调整图片大小的方法如下。

• 单击选中图片后，图片边框和四个角会显示大小调整按钮，将鼠标指针指向大小调整按钮，当其变为双向箭头时，按住鼠标左键拖动即可调整图片大小。

• 在单击选中图片后，也可在"图片工具"选项卡中的"高度"或"宽度"数值框中输入图片

171

的准确高度和宽度来调整图片大小。

调整图片位置：将鼠标指针指向图片，按住鼠标左键拖动即可。

裁剪图片：如果只需要图片的部分内容，可对图片进行裁剪。单击选中图片后，单击"图片工具"选项卡中的"裁剪"按钮，或者在快捷工具栏中单击"裁剪图片"按钮，进入图片裁剪模式。可通过拖动图片边框的裁剪按钮，调整裁剪范围。调整好裁剪范围后，单击图片之外的任意位置，或按【Enter】键完成图片裁剪。

进入裁剪模式后，也可在图片右侧的裁剪工具窗格中选择按形状或按比例裁剪。在"图片工具"选项卡中单击"裁剪"右侧的倒三角按钮，打开下拉菜单，在菜单中可选择"裁剪"命令子菜单中的"按形状裁剪"或"按比例裁剪"选项卡中的相应选项，也可在"裁剪"下拉菜单的"创意裁剪"命令子菜单中选择按创意形状进行裁剪，如图5-9所示。

图5-9　图片裁剪模式

删除图片：选中图片后，按【Delete】键或【Backspace】键可将其删除。也可用鼠标右键单击图片，然后在弹出的快捷菜单中选择"删除"命令将其删除。

（3）插入音频

音频可作为演示文稿的讲解声音或背景音乐。

插入音频：在"插入"选项卡中单击"音频"按钮，打开"音频"下拉菜单，如图5-10所示。

图5-10　"音频"下拉菜单

　　在"音频"下拉菜单中可选择"嵌入音频""链接到音频""嵌入背景音乐""链接背景音乐"等命令将本地音频插入幻灯片。或者将鼠标指针指向菜单"音乐库"列表中的音乐，然后单击出现的"下载"按钮，下载完成后可将音乐插入幻灯片中。

　　嵌入的音频保存在演示文档中，即使删除外部的音频文件，幻灯片中的音频仍然可用。链接的音频仍保存在音频文件原位置，此时应将其保存到与演示文档相同的文件夹，在复制移动演示文档时需同时复制音频文件。

　　将音频插入幻灯片后，幻灯片中会显示音频图标 ，单击图标可显示音频播放工具栏，单击工具栏中的"播放"按钮即可播放音频，如图 5-11 所示。

图 5-11　播放音频

　　在嵌入背景音乐或链接背景音乐时，WPS 会显示对话框提示是否从第一页开始插入背景音乐，如图 5-12 所示。如果单击"是"按钮，则将音频插入第一页，否则插入当前幻灯片。

　　裁剪音频：裁剪音频指从音频中截取要使用的部分，裁剪方法如下。

　　在幻灯片中单击音频图标 选中音频，然后在"音频工具"选项卡中单击"裁剪音频"按钮，打开"裁剪音频"对话框，如图 5-13 所示。

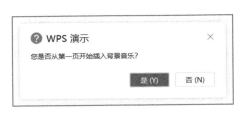

图 5-12　插入背景音乐提示

图 5-13　"裁剪音频"对话框

　　将鼠标指针指向音频开始时间或结束时间选取按钮，在鼠标指针变为双向箭头时，按住鼠标左键拖动调整开始或结束时间。也可在"开始时间"和"结束时间"数值框中输入时间。单击"确定"按钮完成音频裁剪。

　　设置播放音频选项："音频工具"选项卡提供了音频的各种播放选项设置，如图 5-14 所示。

图 5-14　音频播放选项设置

① 设置音量。

在"音频工具"选项卡中单击"音量"按钮，在弹出的下拉菜单中可设置音量大小。

② 设置淡入和淡出效果。

在音频开始部分可设置淡入效果，在"音频工具"选项卡中的"淡入"数值框中可设置淡入时间；在音频结束部分可设置淡出效果，在"音频工具"选项卡中的"淡出"数值框中可设置淡出时间。

③ 设置音频播放开始方式。

默认情况下，进入音频所在幻灯片时，会自动开始播放音频。若在"音频工具"选项卡的"开始"下拉列表中将开始方式设置为"单击"，则只会在单击音频图标时才播放音频。

④ 设置是否跨页播放。

在"音频工具"选项卡中选中"当前页播放"单选按钮时，音频只在当前幻灯片中播放，离开当前幻灯片时自动停止播放；选中"跨幻灯片播放"单选按钮，可设置播放到指定页幻灯片时停止播放。非背景音乐默认只在当前幻灯片播放，背景音乐默认为跨幻灯片播放。

⑤ 设置是否循环播放。

在"音频工具"选项卡中选中"循环播放，直至停止"复选框时，音频会循环播放，直到停止放映幻灯片。非背景音乐默认不循环播放，背景音乐默认循环播放。

⑥ 设置是否隐藏音频图标。

在"音频工具"选项卡中选中"放映时隐藏"复选框，可在放映幻灯片时隐藏音频图标。非背景音乐默认不隐藏音频图标，背景音乐默认隐藏音频图标。隐藏图标时，应将开始方式设置为"自动"，否则无法播放音频。

⑦ 设置是否在播放完后返回开头。

在"音频工具"选项卡中选中"播放完返回开头"复选框，可在播放完音频时，自动返回音频起始位置。背景音乐和非背景音乐默认均在播放完时不返回起始位置。

⑧ 设置或取消背景音乐。

在"音频工具"选项卡中单击"设为背景音乐"按钮，可将非背景音乐设置为背景音乐。设置为背景音乐后，"设为背景音乐"按钮变为选中状态，再次单击该按钮可将音频设置为非背景音乐。

（4）插入视频和 Flash 动画

在"插入"选项卡中单击"视频"按钮，可打开"视频"下拉菜单，从中选择相应命令插入视频和 Flash 动画。例如在菜单中选择"嵌入视频"或"链接到视频"命令，可将本地视频插入当前幻灯片。嵌入的视频保存在演示文档中，链接的视频保存在视频原位置。在下拉菜单中选择"网络视频"命令，可打开对话框输入网络视频地址，从而将网络视频插入幻灯片。在下拉菜单中选择"开场动画视频"，可根据模板，通过替换图片，制作开场动画视频。图 5-15 显示了插入视频后的幻灯片。

图 5-15　插入视频后的幻灯片

与音频类似，可使用"视频工具"选项卡中的工具设置音量、裁剪视频、设置开始方式及其他选项。

2. 编辑幻灯片

一个演示文稿往往由多张幻灯片组成，因此建立演示文稿经常要新建幻灯片，可以通过单击"开始"选项卡中的"新建幻灯片"按钮来完成。幻灯片的其他编辑操作如删除、移动、复制等，通常在幻灯片浏览视图或普通视图的"幻灯片"标签中，通过右键快捷菜单的相应命令实现对应操作。

（1）新建幻灯片

新建的空白演示文档通常只有一个封面页，可使用下列方法添加新的幻灯片。

① 在"开始"或"插入"选项卡中单击"新建幻灯片"按钮目，可在当前幻灯片之后添加一张新幻灯片。

② 将鼠标指针指向幻灯片窗格中的幻灯片，单击幻灯片下方出现的"新建幻灯片"按钮 ，可在其后添加一张新幻灯片。

③ 在幻灯片窗格中单击两张幻灯片之间的空白位置，然后在"开始"选项卡中单击"新建幻灯片"按钮目，在该位置添加一张新幻灯片。

④ 在幻灯片窗格中，用鼠标右键单击两张幻灯片之间的空白位置，然后在弹出的快捷菜单中选择"新建幻灯片"命令，可在该位置添加一张新幻灯片。

⑤ 用新建幻灯片窗格添加幻灯片。单击幻灯片窗格最下方的"新建幻灯片"按钮 ，或在"开始"或"插入"选项卡中单击"新建幻灯片"右侧的倒三角按钮 新建幻灯片 ，可打开"新建幻灯片"窗格，如图 5-16 所示。在窗格中可选择各种版式的幻灯片模板，单击模板，即可在当前幻灯片之后或者指定位置添加幻灯片。

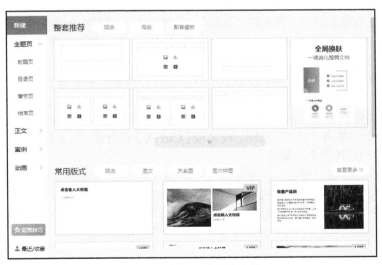

图 5-16 "新建幻灯片"窗格

⑥ 在幻灯片窗格中单击两张幻灯片之间的空白位置，然后按【Enter】键即可在该位置添加一张新幻灯片。

（2）删除幻灯片

删除幻灯片的操作步骤如下。

① 在"普通"视图中，先在幻灯片窗格中选中幻灯片，再按【Delete】键或【Backspace】键将其删除；或者用鼠标右键单击选中的任意一张幻灯片，然后在弹出的快捷菜单中选择"删除幻灯片"命令删除当前选中的幻灯片。

② 在"幻灯片浏览"视图中，先选中幻灯片，再按【Delete】键或【Backspace】键将其删除；或者用鼠标右键单击选中的幻灯片，然后在弹出的快捷菜单中选择"删除幻灯片"命令删除选中的幻灯片。

（3）复制幻灯片

可使用多种方法复制幻灯片。

① 快速复制单张幻灯片：在"普通"视图的幻灯片窗格中，用鼠标右键单击要复制的幻灯片，然后在弹出的快捷菜单中选择"复制幻灯片"命令。用该方法复制出的幻灯片在原幻灯片下方。

② 快速复制多张幻灯片：在"普通"视图的幻灯片窗格中，先选中要复制的多张幻灯片，再用鼠标右键单击选中的任意一张幻灯片，然后在弹出的快捷菜单中选择"复制幻灯片"命令。不管选中的幻灯片是否相邻，复制出的幻灯片均出现在之前选中的最后一张幻灯片下方，且按之前的先后顺序排列。

③ 用复制粘贴方法复制幻灯片：用此方法可将幻灯片复制到指定位置，操作步骤如下。

● 在"普通"视图的幻灯片窗格中或者在"幻灯片浏览视图"中，选中要复制的幻灯片。

● 执行复制操作。用鼠标右键单击选中的幻灯片，在弹出的快捷菜单中选择"复制"命令，或者在"开始"选项卡中单击"复制"按钮，或者按【Ctrl+C】组合键，将选中的幻灯片复制到剪贴板。

● 执行粘贴操作。在"普通"视图的幻灯片窗格中或者在"幻灯片浏览"视图中，用鼠标右键单击要粘贴幻灯片的位置，然后在弹出的快捷菜单中选择"粘贴"命令；也可在"普通"视图的幻灯片窗格中或者在"幻灯片浏览"视图中，用鼠标单击要粘贴幻灯片的位置，然后在"开始"选项卡中单击"粘贴"按钮，或者按【Ctrl+V】组合键，完成粘贴操作。

（4）移动幻灯片

可使用拖动和剪切粘贴方法移动幻灯片。

① 用拖动方法移动幻灯片：首先在"普通"视图的幻灯片窗格中或者在"幻灯片浏览"视图中，选中要移动的幻灯片。然后将鼠标指针指向选中的幻灯片，按住鼠标左键将幻灯片拖动到新位置，释放鼠标左键即可完成移动。

② 用剪切粘贴方法复制幻灯片：用此方法移动幻灯片的操作步骤如下。

● 在"普通"视图的幻灯片窗格中或者在"幻灯片浏览"视图中，选中要移动的幻灯片。

● 执行剪切操作。用鼠标右键单击选中的幻灯片，在弹出的快捷菜单中选择"剪切"命令，或者在"开始"选项卡中单击"剪切"按钮，或者按【Ctrl+X】组合键，将选中的幻灯片复制到剪贴板，同时窗格中选中的幻灯片将会被删除。

● 执行粘贴操作。在"普通"视图的幻灯片窗格中或者在"幻灯片浏览"视图中，用鼠标右键单击要粘贴幻灯片的位置，然后在弹出的快捷菜单中选择"粘贴"命令；也可在"普通"视图的幻灯片窗格中或者在"幻灯片浏览"视图中，用鼠标单击要粘贴幻灯片的位置，然后在"开始"选项卡中单击"粘贴"按钮，或者按【Ctrl+V】组合键，完成粘贴操作。

（5）更改幻灯片版式

版式指标题、文本或图片等内容在幻灯片中的布局方式。通常，第一张幻灯片默认为封面幻灯片版式，只包含标题和副标题。从第二张幻灯片开始，新建的幻灯片默认为标题加内容版式。

在"开始"或"设计"选项卡中单击"版式"按钮，或者用鼠标右键单击幻灯片窗格中的幻灯片，然后在弹出的快捷菜单中选择"版式"命令，可打开"版式"下拉列表，从中选出要使用的版式，即可将其应用到当前幻灯片或者选中的多张幻灯片。

5.3.3　保存演示文档

单击"快速访问工具栏"中的"保存"按钮，或单击"文件"按钮，在打开的菜单中选择"保存"命令，或按【Ctrl+S】组合键，可保存当前正在编辑的文档。

单击"文件"按钮，在打开的菜单中选择"另存为"命令，将正在编辑的幻灯片按照指定的位置和文件名称重新保存为演示文稿。保存新建演示文件或执行"另存为"命令时，会打开"另存文件"对话框，如图 5-17 所示。

图 5-17 "另存文件"对话框

在"另存文件"对话框的左侧窗格中，列出了常用的保存位置，包括"我的云文档""共享文件夹""我的电脑""我的桌面""我的文档"等。

"位置"下拉列表显示了当前保存位置，也可从下拉列表或文件夹列表中选择其他保存位置。

可在"文件名"下拉列表框中输入文档名称，在"文件类型"下拉列表中选择文件类型。完成设置后，单击"保存"按钮完成保存操作。

【例 5.1】创建一个空白演示，制作一个有 3 张幻灯片的演示文稿。第 1 张幻灯片如图 5-18 所示，插入声音（歌曲"美丽中国.mp3"）；第 2 张幻灯片如图 5-19 所示，第 1 行文字是以下画线表示的超链接，右下角的按钮 ▶ 是以动作按钮表示的链接，链接到下一张幻灯片；第 3 张幻灯片如图 5-20 所示，插入图片（长城.jpg）。

 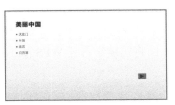 

图 5-18 第 1 张幻灯片　　　　图 5-19 第 2 张幻灯片　　　　图 5-20 第 3 张幻灯片

操作步骤如下。

（1）运行 WPS，单击"新建"按钮，再单击"新建演示"按钮，最后单击"新建空白演示"按钮，创建一个空白演示文稿。

（2）在第 1 张幻灯片上单击标题占位符，输入文字"美丽中国"，再单击副标题占位符，输入

"制作人：山山"。

（3）单击"插入"选项卡中的"音频"按钮，从弹出的下拉菜单中选择"嵌入音频"选项，在打开的"插入音频"对话框中查找音频文件"美丽中国.mp3"，将音频插入幻灯片中，然后选定音频对象，单击"音频工具"选项卡，在"开始"的下拉列表中选择"自动"，并设置为"放映时隐藏"。

（4）单击"开始"选项卡中"新建幻灯片"右侧的倒三角按钮，在展开的幻灯片版式库中选择"目录页"版式，插入第2张幻灯片，在标题和内容的占位符中输入相应内容。

（5）单击"开始"选项卡中"新建幻灯片"右侧的倒三角按钮，在展开的幻灯片版式库中选择"图文"版式，插入第3张幻灯片，然后单击"插入"选项卡中的"图片"按钮，在打开的"插入图片"对话框中查找图片文件"长城.jpg"，将图片插入幻灯片，并适当调整大小和位置。

（6）在第2张幻灯片中选定文本"长城"，然后单击"插入"选项卡中的"超链接"按钮，弹出"插入超链接"对话框，在"请选择文档中的位置"列表框中选择"幻灯片标题：幻灯片 3"，如图5-21所示。

（7）在第2张幻灯片中，单击"插入"选项卡中"形状"右侧的倒三角按钮，在弹出的"预设"形状库中选择"动作按钮"中的"前进或下一项"形状，移动"+"光标到幻灯片的适当位置，按住鼠标左键绘制出一个形状，松开鼠标左键，在"动作设置"对话框的"超链接到"下拉列表中选择"下一张幻灯片"选项，如图5-22所示。

图 5-21　"插入超链接"对话框

图 5-22　"动作设置"对话框

（8）单击"文件"按钮，选择弹出菜单中的"保存"命令，在打开的"另存文件"对话框中，设置对应的文件保存位置，输入文件名"美丽中国"，其他按照默认设置。

通过上面步骤的操作，一个简单的演示文稿就制作完成了。演示文稿的制作过程就是新建一张张新的幻灯片，然后把各种对象放入相应的幻灯片中，这样制作完成的演示文稿内容单调、色彩简单，为了使其有更好的视觉效果，下面将继续学习在 WPS 演示中如何设置视觉效果。

5.4　视觉效果

5.4.1　背景

设置演示文稿的视觉效果可以通过在整个幻灯片或部分幻灯片中设置某种颜色、效果、图片等作为背景来实现，背景的设置可以使演示文稿独具特色或者标识明确。

【例 5.2】将例 5.1 中演示文稿的第 1 张幻灯片的标题文字设置为华文行楷、66 号、分散对齐；将第 2 张幻灯片的版式设置为标题和文字竖排的版式并居中对齐；将第 3 张幻灯片的背景设置为"金山"纹理填充。效果如图 5-23 所示。

图 5-23　美化幻灯片中的对象

操作步骤如下。

（1）在"普通"视图的"幻灯片"标签中单击第 1 张幻灯片，选定标题文字，在"开始"选项卡中设置"字体"为"华文行楷"，"字号"为"66"，在段落编辑中设置对齐方式为"分散对齐"。

（2）单击第 2 张幻灯片，单击"开始"选项卡中的"版式"按钮，选择效果为标题和竖排文字对应的版式，并设置为居中对齐。

（3）单击第 3 张幻灯片，单击"设计"选项卡中的"背景"按钮，在打开的右侧的"对象属性"窗口中设置填充效果，选中"图片或纹理填充"单选按钮，将"纹理效果"设置为"金山"，如图 5-24 所示。

（4）单击"文件"按钮的弹出菜单中的"保存"按钮，按照原文件名称和路径保存。

图 5-24　"对象属性"窗口

5.4.2　设计方案

WPS 演示提供了多种设计方案，包含"智能美化""统一字体""背景""编辑母版"和"页面设置"等。使用预先设计的方案，可以轻松快捷地更改演示文稿的整体外观。通过单击"设计"选项卡中的"更多设计"按钮，在打开的"全文美化"窗口中可以查看 WPS 演示提供的不同设计主题，也可以通过单击"设计"选项卡中的"统一字体""配色方案"和"单页美化"按钮来实现。

【例 5.3】将例 5.2 中演示文稿的第 1 张幻灯片的视觉效果通过"单页美化"进行改变，效果如图 5-25 所示。

操作步骤如下。

（1）在"普通"视图中，单击选中第 1 张幻灯片。

（2）单击"设计"选项卡中的"单页美化"按钮，在 WPS 演示提供的设计效果中任选一种应用于对应的幻灯片。

图 5-25　"单页美化"后的效果

如果对设置的设计效果不满意，还可以通过单击"设计"选项卡中的"更多设计"按钮，从打开的"全文美化"窗口中进行进一步的设计和比较。WPS 演示提供许多免费的在线设计方案，用户在制作演示文稿时可以应用这些设计方案提高工作效率。

5.4.3　母版

一个演示文稿由若干张幻灯片组成，为了保持风格一致和布局相同，并提高编辑效率，可以通过 WPS 演示提供的"幻灯片母版"功能来设计一张"幻灯片母版"，使之应用于所有幻灯片。WPS 演示的母版分为幻灯片母版、讲义母版和备注母版。单击"视图"选项卡，如图 5-26 所示，单击"幻灯片母版"进入"幻灯片母版"视图，如图 5-27 所示。

图 5-26　"视图"选项卡

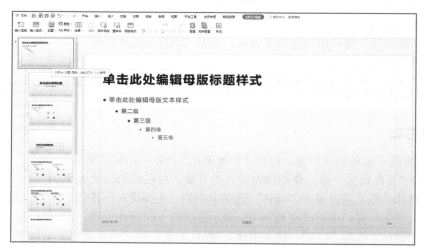

图 5-27　"幻灯片母版"视图

修改母版版式时，鼠标指针指向视图左侧版式列表中的母版，会显示当前有哪些幻灯片使用该母版。每个母版包含了一系列版式。在列表中单击版式，可在编辑区中修改版式中的标题、文本等各种对象的格式。修改版式时，应用了该版式的所有幻灯片格式会自动更新，显示最新格式。

1. 添加新版式

在母版的版式列表中用鼠标右键单击插入位置，然后在弹出的快捷菜单中选择"新幻灯片版式"命令，或者单击"幻灯片母版"工具栏中的"插入版式"命令，插入一个包含标题的空白版式。然后可在编辑区中设置标题格式，或者为该版式添加文本框、形状或背景图片等对象。

2. 添加新母版

用鼠标右键单击母版列表，然后在弹出的快捷菜单中选择"新幻灯片母版"命令，或者单击"幻灯片母版"工具栏中的"插入母版"命令，插入一个新的空白母版。然后单击列表中的新母版，可在编辑区中设置版式中的各种对象格式。

【例 5.4】在例 5.2 中演示文稿的每张幻灯片中加入幻灯片编号和页脚"美丽中国欢迎你"，并设置页脚字号为 24 号。

操作步骤如下。

（1）打开对应的幻灯片，单击"视图"选项卡中的"幻灯片母版"按钮进入"幻灯片母版"视图。

（2）在"幻灯片母版"视图中单击"插入"选项卡中的"页眉页脚"按钮或"幻灯片编号"按钮，弹出"页眉和页脚"对话框。

（3）在"页眉和页脚"对话框中分别选中"幻灯片编号"和"页脚"复选框，然后输入页脚的文本"美丽中国欢迎你"，如图 5-28 所示，单击"全部应用"按钮。

（4）在"幻灯片母版"视图中，选择页脚对应的文本，设置其字体大小为 24 号，最后关闭"幻灯片母版"视图，返回"普通"视图即可。

图 5-28 设置幻灯片编号和页脚

5.5 动画效果

制作演示文稿过程中，除了精心组织内容、合理安排布局外，还需要应用动画效果控制幻灯片中各种对象的进入方式和顺序，以突出重点，控制信息的流程，提高演示的趣味性。演示文稿幻灯片中插入的文本框、形状、图片、表格或文本中的段落等各种对象，均可设置动画效果，使演示文稿在放映时展示出更丰富的动态视觉效果。

WPS 演示设计动画效果包括两部分：一是设计幻灯片中对象的动画效果；二是设计幻灯片间切换的动画效果。

5.5.1 设置对象的动画效果

打开演示文稿，选择某张幻灯片中的某个对象，单击"动画"选项卡中的动画效果右侧的下拉列表按钮，如图 5-29 所示，对象的动画效果分为进入、强调、退出和动作路径 4 种类型。

进入动画指对象出现在幻灯片中的过程动画效果；强调动画指对象出现后在幻灯片中的显示动画效果；退出动画指对象从幻灯片中消失的过程动画效果；动作路径动画指对象按指定轨迹运动的动画效果。

图 5-29 幻灯片对象的动画效果类型

1. 添加动画效果

为对象添加动画效果的方法为：选中要添加动画的对象，然后在"动画"选项卡中的动画样式列表中单击要使用的样式，将其应用到对象。为对象添加了动画后，可单击"动画"选项卡中的"动画窗格"按钮，打开"动画窗格"，从中设置动画选项，如图 5-30 所示。

动画选项包括"开始""方向""速度"及"出现顺序"等。要更改动画选项，首先在幻灯片中选中对象，或者在"动画窗格"的顺序列表中单击对象，然后再修改动画选项。

（1）修改开始方式

在"开始"下拉列表中，可选择动画的开始方式。开始方式为"单击时"表示单击鼠标开始动画；开始方式为"与上一动画同时"表示与上一个动画同时开始；开始方式为"在上一动画之后"表示在上一个动画结束之后开始动画。

（2）修改方向

在"方向"下拉列表中，可选择对象自屏幕的哪个位置出现，如"自左侧""自右侧""自顶部""自底部"等。

（3）修改速度

速度指动画完成的时间，可在"速度"下拉列表中选择动画的完成速度。

图 5-30　设置动画选项

（4）**修改出现顺序**

默认情况下，文档按添加的先后顺序播放各个动画。在"动画窗格"的顺序列表中，可看到各个动画的序号。打开"动画窗格"时，幻灯片中对象左侧也会显示动画的序号。动画的序号越小，越先出现。在"动画窗格"的顺序列表中，可单击选中对象，然后单击列表下方的 ⬆ 或 ⬇ 按钮调整动画的先后顺序；也可在列表中拖动对象来调整动画顺序。

（5）删除动画效果

在"动画窗格"的顺序列表中，可单击选中对象，然后单击"删除"按钮可删除动画效果。或者，用鼠标右键单击顺序列表中的对象，然后在弹出的快捷菜单中选择"删除"命令来删除动画效果。

2. 使用智能动画

智能动画可根据选中的对象，自动设置动画效果。添加智能动画的方法为：在幻灯片中选中要设置动画的对象，然后在"动画"选项卡或"动画窗格"中单击"智能动画"按钮，打开"智能动画"列表，如图 5-31 所示。在列表中单击要使用的动画，将其应用到选中对象。

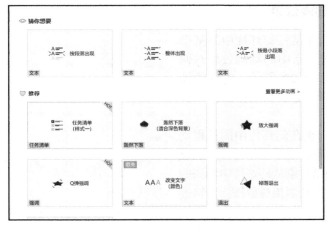

图 5-31　"智能动画"列表

3. 删除所有动画

在 "动画" 选项卡中单击 "删除动画" 右侧的倒三角按钮，打开下拉菜单，如图 5-32 所示，可以从中选择删除某个选定对象的所有动画效果，或者删除某张幻灯片的所有动画效果，甚至可以删除演示文稿中所有动画的动画效果。选择对应的列表命令后，会弹出提示信息，单击 "确定" 按钮即可。

图 5-32　删除动画下拉菜单

5.5.2　设置幻灯片的切换效果

幻灯片间的切换效果是指移走屏幕上已有的幻灯片，并以某种效果开始新幻灯片的显示。设置幻灯片的切换效果，需要先选定演示文稿中的幻灯片，然后单击 "切换" 选项卡中的 "切换效果" 右侧的倒三角按钮，在弹出的下拉列表中可以看到 WPS 演示提供的切换效果，如图 5-33 所示。切换效果设置完成后还可以在窗口右边的 "幻灯片切换" 窗格中进行进一步设置，如图 5-34 所示。另外也可以通过 "切换" 选项卡中对幻灯片的换片方式、时间、速度、声音等进行设置。

图 5-33　切换效果　　　　　　　　　　图 5-34　设置幻灯片切换效果

1. 添加切换效果

选中要设置切换效果的幻灯片后，在 "切换" 选项卡或者 "幻灯片切换" 窗格的效果列表中单击要使用的效果，将其应用到幻灯片。切换效果为 "无切换" 时，可删除已设置的切换效果。

2. 设置效果选项

在"效果"列表中选择"对象"时，可对幻灯片中的对象应用切换效果；选择"文字"时，可对幻灯片中的对象和词语应用切换效果；选择"字符"时，可对幻灯片中的对象和字符应用切换效果。

3. 设置切换速度

在"速度"数值框中，可设置完成切换的时间。

4. 设置切换声音

在"声音"下拉列表中，可选择切换播放的声音。

5. 设置换片方式

默认情况下，单击鼠标时切换幻灯片，开始播放切换动画。可选中"自动换片"复选框，并设置时间，即可自动切换幻灯片。

6. 应用范围

默认情况下，切换效果应用于当前幻灯片。在"切换"选择卡单击"应用到全部"按钮，或在"幻灯片切换"窗格中单击"应用于所有幻灯片"按钮，可将切换效果应用到整个文稿中的所有幻灯片。

【例 5.5】将例 5.4 中演示文稿的第 1 张幻灯片的文字"美丽中国"的动画效果设为自顶部逐字飞入，第 3 张幻灯片的切换效果为"梳理"，并伴有风铃的声音，换片时间设置为 2 秒。

操作步骤如下。

（1）打开演示文稿，在"普通视图"中单击选中第 1 张幻灯片。

（2）选定第 1 张幻灯片中"美丽中国"所在的文本框，单击"动画"选项卡中的"飞入"动画，在"动画属性"下拉列表中选择"自顶部"，在"文本属性"下拉列表中选择"逐字播放"。

（3）选定第 3 张幻灯片，单击"切换"选项卡中的"梳理"切换效果。

（4）将"切换"选项卡中的"速度"设置为 2，"声音"设置为"风铃"。

5.6 播放效果

5.6.1 设置放映方式

在"放映"选项卡中单击"放映设置"按钮，可打开"设置放映方式"对话框，如图 5-35 所示。

1. 设置放映类型

在"设置放映方式"对话框的"放映类型"选项框中，可选中"演讲者放映（全屏幕）"或"展台自动循环放映（全屏幕）"单选按钮。"演讲者放映（全屏幕）"为默认放映类型，有演讲者播放演示文档；"展台自动循环放映（全屏幕）"为自动播放，演讲者不能手动切换幻灯片。

2. 设置可放映的幻灯片

在"设置放映方式"对话框的"放映幻灯片"选项框中，可设置播放哪些幻灯片，默认为播放全部幻灯片，也可设置播放的幻灯片页码方位，或者按自定义放映序列播放。

【例 5.6】设置例 5.5 中演示文稿的放映方式。放映类型设置为"演讲者放映（全屏幕）"；放映选项设置为"循环放映，按 ESC 键终止"；放映幻灯片从第 1 张到第 3 张；如果有排练时间则按照排练的时间换片。

操作步骤如下。

（1）打开对应的演示文稿，单击"放映"选项卡中的"放映设置"按钮，弹出"设置放映方式"对话框，如图 5-36 所示。

图 5-35　设置放映方式

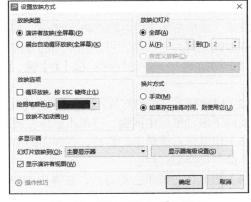

图 5-36　"设置放映方式"对话框

（2）在"设置放映方式"对话框中，放映类型选中"演讲者放映（全屏幕）"单选按钮，放映选项选中"循环放映，按 ESC 键终止"复选框，放映幻灯片从 1 到 3，换片方式设置选中"如果存在排练时间，则使用它"单选按钮。

（3）按【F5】键观看放映，查看幻灯片播放效果。

5.6.2　自定义放映

放映序列指按顺序排列的幻灯片放映队列。在"设置放映方式"对话框中，可在"放映幻灯片"框中选择相应放映序列播放幻灯片。自定义的放映序列可包含演示文档中的部分或全部幻灯片，幻灯片的播放顺序可以按需要排列。

在"放映"选项卡中单击"自定义放映"按钮，可打开"自定义放映"对话框，如图 5-37 所示。在对话框的"自定义放映"列表框中列出了已定义的放映序列，可单击选中序列，然后单击"编辑"按钮修改放映序列。单击"删除"按钮可删除选中的放映序列。单击"复制"按钮可复制选中的放映序列。单击"新建"按钮，可打开"定义自定义放映"对话框，创建放映序列，如图 5-38 所示。

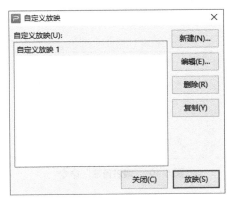
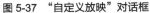

图 5-37　"自定义放映"对话框

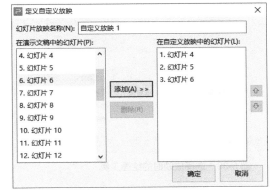

图 5-38　自定义放映序列

在"定义自定义放映"对话框的"在演示文稿中的幻灯片"列表中，双击幻灯片标题，或者在单击选中幻灯片后，单击"添加"按钮，将幻灯片添加到播放序列中。

5.6.3　放映控制操作

单击"放映"选项卡中的"从头开始"按钮，或按【F5】键，可从第 1 张幻灯片开始放映。将鼠标指针指向幻灯片窗格中的幻灯片，单击出现的放映按钮 ▶，或者单击"放映"选项卡中的"当页开始"按钮，或单击状态栏中的放映按钮 ▶，按【Shift+F5】组合键，可从当前幻灯片开始放映。

在放映幻灯片过程中，可使用下面的方法控制放映。

（1）切换到上一张幻灯片：按【P】键、【↑】键、【←】键、【PageUp】键或向上滚动鼠标中间键。

（2）切换到下一张幻灯片：按【N】键、【↓】键、【→】键、【PageDown】键、【Space】键、【Enter】键，或向下滚动鼠标中间键，或单击鼠标左键。

（3）用鼠标右键单击幻灯片，在弹出的快捷菜单中选择"上一页""下一页""第一页""最后一页"等命令切换幻灯片。

（4）用鼠标右键单击幻灯片，在弹出的快捷菜单中选择"定位→按标题"命令子菜单中的幻灯片标题，切换到该幻灯片。

（5）结束放映：按【Esc】键，或用鼠标右键单击幻灯片，在弹出的快捷菜单中选择"结束放映"命令。

5.6.4 放映工具栏

在放映幻灯片时，单击"放映"工具栏中的 ✏ 按钮，可打开"绘图"工具菜单，如图 5-39 所示。可使用绘图工具在幻灯片上绘制各种标记，以便强调和突出重点内容。

在"绘图"工具菜单中可选择"圆珠笔""水彩笔""荧光笔"等命令，然后用鼠标在幻灯片中绘制标记。也可用鼠标右键单击幻灯片，然后在弹出的快捷菜单中的"墨迹画笔"命令子菜单中选择相应的画笔工具。

演讲备注用于给幻灯片添加说明信息，在放映幻灯片时，演讲者可看到该信息，而观众无法看到。在"放映"工具栏中单击"演讲备注"按钮 ⬤，在弹出的菜单中，选择"演讲备注"命令，如图 5-40 所示。打开"演讲者备注"对话框，在对话框中可编辑演讲备注信息。也可在"普通视图"编辑区下方的备注框中编辑演讲备注信息。在放映幻灯片时，用鼠标右键单击幻灯片，然后在弹出的快捷菜单中选择"演讲备注"命令。

图 5-39 选择放映时的绘图工具

图 5-40 "演讲备注"命令

5.7 其他功能

5.7.1 演示文档打包

如果在演示文档中使用了特殊字体、链接音频、链接视频等外部文件，为了在其他计算机上能正常使用演示文档，就需要使用 WPS 的"打包"工具。

1. 打包为文件夹

打包为文件夹功能可将演示文档、字体文件、链接音频、链接视频等复制到指定的文件夹，将文件夹复制到其他计算机即可正常使用。

将演示文档打包为文件夹的操作步骤如下。

（1）保存正在编辑的样式文档。

（2）单击"文件"按钮，从弹出的菜单中选择"文件打包→将演示文档打包为文件夹"命令，打开"演示文件打包"对话框，如图 5-41 所示。

图 5-41　设置打包参数

（3）在"文件夹名称"文本框中输入文件夹名称，在"位置"文本框中输入文件夹位置，可单击"浏览"按钮打开"选择位置"对话框从中选择保存位置。也可选中"同时打包成一个压缩文件"复选框，打包时生成包含相同内容的压缩文件。

（4）单击"确定"按钮执行打包操作。打包完成后，WPS 显示图 5-42 所示的对话框。单击"打开文件夹"按钮，可打开打包生成文件夹，以便查看打包内容，如图 5-43 所示。

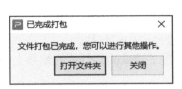

图 5-42　打包完成

图 5-43　打包生成的文件夹内容

2. 打包为压缩文件

打包为压缩文件功能可将演示文档、字体文件、链接音频、链接视频等打包到一个压缩文件中，将压缩文件复制到其他计算机，解压缩后即可正常使用演示文档。

将演示文档打包为压缩文件的操作步骤如下。

（1）保存正在编辑的样式文档。

（2）单击"文件"按钮，从弹出的菜单中选择"文件打包→将演示文档打包为压缩文件"命令，打开"演示文件打包"对话框，如图 5-44 所示。

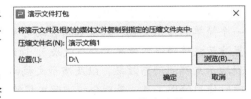

图 5-44　设置打包参数

（3）在"压缩文件名"文本框中输入压缩文件夹名称，在"位置"文本框中输入文件夹位置，可单击"浏览"按钮打开"选择位置"对话框从中选择保存位置。

（4）单击"确定"按钮执行打包操作。打包完成后，WPS 显示图 5-45 所示的对话框。单击"打开压缩文件"按钮，可打开压缩文件查看打包的内容，如图 5-46 所示。

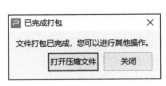

图 5-45　打包完成

图 5-46　查看压缩文件打包的内容

5.7.2 排练计时

排练计时可记录每张幻灯片的放映时间。单击"放映"选项卡中的"放映设置"按钮，在打开的"设置放映方式"对话框的"换片方式"框中，选中"如果有排练时间，则使用它"单选按钮，则可按排练计时记录的时间自动切换幻灯片。

在"放映"选项卡中单击"排练计时"按钮 ⏱，或者单击"排练计时"右侧的倒三角按钮 排练计时 ᵛ，打开"排练计时"下拉菜单，在菜单中选择"排练全部"命令，可从第一张幻灯片开始排练全部幻灯片。选择"排练当前页"命令，则只排练当前幻灯片。

在结束放映幻灯片时，WPS 会显示对话框，提示是否保留排练时间，如图 5-47 所示。单击"是"按钮可保存排练时间。

图 5-47　保存排练时间提示

5.7.3 隐藏幻灯片

在播放演示文稿时，根据不同的场合和不同的观众，可能不需要播放演示文稿中所有的幻灯片，这时可将演示文稿中的某几张幻灯片隐藏起来，而不必将其删除。被隐藏的幻灯片在放映时不播放，且设置为隐藏的幻灯片可以重新设置为不隐藏。

操作步骤如下。

（1）在"普通"视图或"幻灯片浏览"视图界面下，选中需要隐藏的幻灯片。

（2）单击"放映"选项卡中的"隐藏幻灯片"按钮即可。设置了隐藏的幻灯片的编号上会添加"\"标记。

如果要取消隐藏，只需在"普通"视图或"幻灯片浏览"视图界面下选择隐藏的幻灯片，再次单击"放映"选项卡中的"隐藏幻灯片"按钮。或单击鼠标右键，在弹出的快捷菜单中选择"隐藏幻灯片"命令也可取消隐藏。隐藏的幻灯片的编号上"\"标记也将消失。

本章小结

本章首先介绍了 WPS 演示的基本功能、工作环境和基本概念，然后通过举例的方式介绍如何制作一个简单的演示文稿，以及如何在幻灯片中插入各种对象。其次介绍通过幻灯片背景、设计和母版设置演示文稿的视觉效果（静态效果），通过设置幻灯片中每个对象的动画效果和幻灯片的切换效果，实现演示文稿的动态效果，以及演示文稿的播放效果，包括设置放映方式、自定义放映、排练计时和放映时使用绘图工具。最后介绍演示文稿的其他相关功能，包括演示文稿的打包、幻灯片的隐藏等功能。

思考题

1. 举例说明 WPS 演示制作软件的用途。
2. 说明演示文稿和幻灯片之间的关系。
3. 哪些具体的操作可以改变演示文稿的视觉效果（静态效果）？
4. 哪些具体的操作可以改变演示文稿的动态视觉效果？
5. 如何理解"设置放映方式"对话框中的"如果存在排练时间，则使用它"？
6. 如何在 WPS 演示的幻灯片中使用二维码登录某个网页？

第6章 计算机网络

计算机网络技术的飞速发展，不仅促使信息领域发生了日新月异的变化，而且日益深入人们的生产、生活和社会活动等各个方面，成为影响社会发展的重要技术。本章主要介绍计算机网络的基础知识和计算机病毒等内容，使读者对计算机网络有基本的了解，并掌握计算机病毒的分类和防治方法。

6.1 计算机网络基础

6.1.1 计算机网络概述

1. 计算机网络的定义

计算机网络是现代通信技术与计算机技术结合的产物，是指将地理位置不同的具有独立功能的多台计算机及其外部设备，通过通信线路连接起来，在网络操作系统、网络管理软件及网络通信协议的管理和协调下，实现资源共享和信息传递的计算机系统。

计算机网络的定义并不唯一，但所有定义均具备下列共同含义。

（1）计算机网络的主要目的是实现数据通信和资源共享。

（2）接入网络的计算机分布在不同的地理位置。

（3）接入网络的计算机具有相对独立性。

2. 资源子网和通信子网

计算机网络从逻辑功能上可分为资源子网和通信子网两部分。通信子网是网络系统的中心，由通信线路和通信设备组成，用于为主机之间的数据传送提供通道。资源子网也称为用户子网，由主机、终端和相应的软件组成，为用户提供硬件资源、软件资源和网络服务。图6-1所示是一个典型的计算机网络结构图。

3. 计算机网络的功能

计算机网络的主要功能如下。

（1）资源共享

资源共享包括硬件资源、软件资源和信息资源等共享。硬件资源共享通常指共享打印机、扫描仪、光驱、绘图仪等硬件设备。软件资源共享通常指共享系统软件或应用软件，例如共享数据库管理系统。信息资源共享通常指共享计算机中的各种信息，例如，通过新华网可及时了解各种新闻信息，通过中国知网可访问各种期刊、报纸、论文等多种数据库，通过淘宝网可在线购买各种商品。

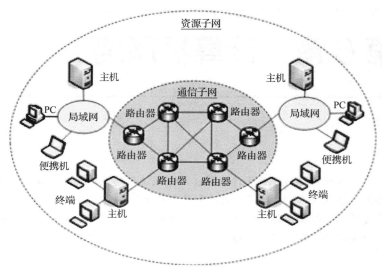

图 6-1　计算机网络结构图

（2）数据通信

这是计算机网络的基本功能。计算机网络的主要目的之一就是要实现位于不同地理位置的计算机之间的数据传递，包括声音、图形、图像等多媒体信息的传递。

（3）负载均衡和分布式处理

负载指网络计算机的处理任务。当负载过重时，可能会导致网络计算机处理能力下降或使系统崩溃。通过负载均衡，可将任务分配给网络中的其他计算机进行分布式处理，从而保证网络系统正常运行。

（4）提供系统容灾能力

大型网络系统通常会通过计算机网络建立备份系统，当网络中的某台计算机系统发生故障时，可及时启用备份系统来保证网络正常运行。

6.1.2　计算机网络的发展

计算机网络诞生于 20 世纪 50 年代，随着通信技术和计算机技术的不断发展，以及社会需求的不断提高，计算机网络从最初的由主机 – 终端之间的联机系统，发展到现在全世界无数计算机的互连。其发展过程可分为 4 个阶段。

第一阶段：20 世纪 50～60 年代，面向终端的时代。主机系统通过通信线路和通信设备，与分布在不同地理位置的终端相连，形成计算机网络的雏形，如图 6-2 所示。早期的终端不具备独立性，必须连接到主机，通过主机的处理能力完成计算，所有终端分享主机的软件和硬件资源。其典型应用是由一台计算机和全美范围内 2000 多个终端组成的飞机订票系统。

第二阶段：20 世纪 70 年代，计算机互连时代。这一时期由于计算机价格降低促进了计算机应用的普及，也使各领域对计算机之间进行数据交互的需求不断增加，各种计算机网络不断出现。计算机网络通过通信线路将多个主机连接起来，如图 6-3 所示，相互交换数据和传递信息，为用户提供服务，典型代表是美国国防部高级研究计划局协助开发的美国高级研究计划局网络（Advanced Research Projects Agency Network，ARPANET，阿帕网），它是计算机网络发展的一个重要里程碑。ARPANET 允许用户通过本地终端将本地计算机接入网络，与网络中的其他计算机共享软件、硬件和数据资源。初期只有 4 台主机，1973 年扩展为 40 台，到 20 世纪 70 年代末已经有 100 多台主机连入 ARPANET。

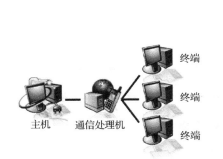

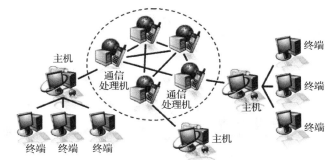

图 6-2　面向终端的计算机通信网络　　　　图 6-3　计算机互连

第三阶段：20 世纪 80 年代，计算机网络互连时代。20 世纪 70 年代，由于计算机网络的迅猛发展，众多公司和研究机构纷纷推出自己的计算机网络系统，导致网络体系结构和协议标准不统一成为限制计算机网络发展的最大问题。1984 年，国际标准化组织（International Organization for Standardization，ISO）发布了开放式系统互连（Open System Interconnection，OSI）参考模型，简称为 ISO/OSI 模型，它成为研究和制定新一代计算机网络的基础，使不同网络之间的互连成为现实，实现了跨网络计算机之间的资源共享。

第四阶段：20 世纪 90 年代至今，互联网时代。互联网起源于 ARPANET，美国国家科学基金会（National Science Foundation，NSF）组建的广域网 NSFNET 的接入进一步推动了互联网的发展。ARPANET 和 NSFNET 最初都是为科研服务，其目的是共享大型主机的宝贵资源。随着接入主机数量的增加和广泛的商业化，越来越多的用户通过互联网进行通信和交流。WWW（World Wide Web，万维网）服务、电子邮件、QQ、微信、电子商务等各种网络应用的不断出现，也促进了互联网的飞跃发展，使其成为覆盖全球的网络。

6.1.3　计算机网络的分类

随着计算机网络的不断发展，已经出现了各种不同形式的计算机网络。计算机网络可以从不同的角度去观察和划分，例如：按网络拓扑结构可分为总线型、星形、环形、树形等；按网络的地理范围可分为局域网、广域网和城域网；按网络信号的传输方式可分为点对点网络和广播式网络；按拥有者可以分为公用网和专用网；按传输介质可分为有线网和无线网。

1. 按网络拓扑结构分类

拓扑（Topolgy）是从数学中的"图论"演变而来的，是一种研究与大小和形状无关的点、线、面的数学方法。在计算机网络中，如果不考虑网络的地理位置，把网络中的计算机、通信设备等网络单元抽象为"点"，把网络中的通信线路看成"线"，这样就可以将一个复杂的计算机网络系统抽象成为由点和线组成的几何图形，即计算机网络的拓扑结构，如图 6-4 所示。

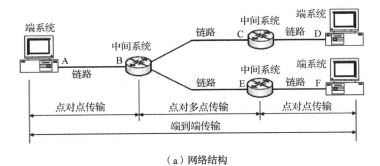
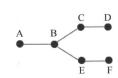

（a）网络结构　　　　　　　　（b）抽象为点和线的网络拓扑结构

图 6-4　计算机网络拓扑结构

按拓扑结构进行划分，计算机网络一般可以分成总线型结构、星形结构、环形结构、树形结构、网状结构等，如图 6-5 所示。

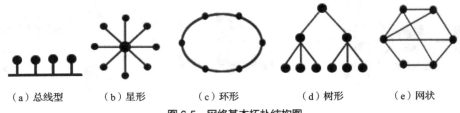

（a）总线型　　　（b）星形　　　（c）环形　　　（d）树形　　　（e）网状

图 6-5　网络基本拓扑结构图

（1）总线型结构。如图 6-5（a）所示，将网络中所有设备连接在一条公共总线上，采用广播方式传输信号（网络上所有节点都可以接收同一信号）。总线型结构的优点是结构灵活简单，增删节点容易，可扩展性好，当某个节点出现故障时不影响整个网络的工作，性能好。但是网络中主干线发生故障时会造成全网瘫痪，且故障诊断困难，同时由于总线的负载能力有限，因此网络中节点的个数是有限制的。最有代表性的总线型网络是以太网。

（2）星形结构。如图 6-5（b）所示，是由一个中心节点和若干从节点组成的。各节点之间相互通信，且必须经过中心节点。

星形结构的优点是建网容易，结构形式和控制方法简单，便于管理和维护。每个节点独占一条传输线路，减少了数据传送冲突现象。一台计算机及其接口发生故障时，不会影响整个网络。但其对中心节点的要求较高，中心节点一旦出现故障，会造成整个网络瘫痪。目前星形网的中心节点多采用交换机、集线器等网络设备。常见的星形拓扑网络有 10Base-T、100Base-T、1000Base-T 等以太网，其中 10 表示传输速率为 10Mbit/s，Base 表示基带传输，T 表示传输介质为双绞线。

（3）环形结构。如图 6-5（c）所示，指由各节点首尾相连形成的一个闭合环形线路。环形网络中的信息传送是单向的，即沿一个方向从一个节点传到另一个节点。

环形结构每个节点地位平等，传输路径固定，不需要进行路径选择，但是管理比较复杂，投资费用较高，节点故障会引起全网故障，且故障检测困难，目前仅用于广域网和城域网。

早期的环形网采用令牌来控制数据的传输，即只有获得令牌的计算机才能发送数据，因此避免了冲突现象，这种网络目前已经淘汰。

（4）树形结构。如图 6-5（d）所示，是星形结构的扩充，它是一种分层结构，就像一棵倒置的树。树形结构网络控制线路简单，故障隔离容易，管理也易于实现。但树形结构各个节点对根的依赖性太强，资源共享能力差。

（5）网状结构。如图 6-5（e）所示，是指将各节点通过传输线路互连起来，并且每一个节点至少与其他两个节点相连。网状结构由于存在多条链路，因此传输数据时可进行路由选择，提高网络可靠性，资源共享会更加容易。但其安装复杂，成本高，不易管理和维护，一般用于 Internet 骨干网。

以上介绍了基本的网络拓扑结构，由于各种结构各具优点，也存在一些不足，因此，在实际使用中，经常采用几种结构的组合，称为混合网结构。如总线型与环形的混合连接、总线型与星形的混合连接等，同时兼顾了各种网络的优点，弥补了各种网络的缺点。

2. 按网络地理范围分类

计算机网络按网络地理范围划分为以下几种，如图 6-6 所示。

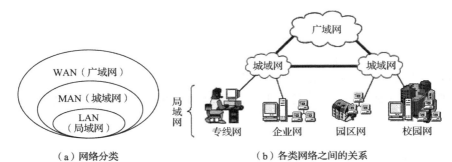

（a）网络分类　　　　　　　　（b）各类网络之间的关系

图 6-6　按网络地理范围分类

（1）局域网（Local Area Network，LAN）。局域网通常组建在一幢建筑物内或相邻几幢建筑物之间，其覆盖范围一般在几千米以内，通常不超过 10 千米。局域网组建方便、使用灵活，具有高数据传输速率、低误码率的高质量数据传输能力，是目前应用最广泛的一类网络。

（2）广域网（Wide Area Network，WAN）。广域网又称远程网，地理范围通常在几百千米至几千千米间，能连接多个城市或国家，甚至是全世界各个国家，因此广域网能实现大范围的资源共享。

广域网传输介质较为简单，一般采用光纤或卫星进行信号传输，其数据传输速率比局域网低，但信号的传播延迟却比局域网要高得多。

（3）城域网（Metropolitan Area Network，MAN）。城域网是一种在城市范围内所建立的计算机网络，介于局域网和广域网之间，主要对个人用户、企业用户进行信号接入，并且将用户信号转发到因特网中。例如，一个学校的多个分校分布在城市的几个城区，每个分校的校园网连接起来就是一个城域网。

3. 按网络信号的传输方式分类

根据网络信号的传输方式，计算机网络可分为点对点网络和广播式网络两种类型。

（1）点对点网络。它是指用点对点的方式将各台计算机或网络设备（如路由器）连接起来的网络。点对点网络的优点是网络性能不会随数据流量加大而降低，但网络中任意两个节点通信时，如果它们之间的中间节点较多，就需要经过多跳后才能到达，这加大了网络传输时延。点对点网络的主要拓扑结构有星形、树形、环形等，常用于城域网和广域网中。

（2）广播式网络。它是指通过一条传输线路，连接所有主机的网络。在广播式网络中，任意一个节点发出的信号都可以被连接在电缆上的所有计算机接收。广播式网络的最大优点是在一个网段内，任何两个节点之间的通信，最多只需要"两跳"（主机 A－交换机－主机 B）的距离；缺点是网络流量很大时，容易导致网络性能急剧下降。广播式网络主要用于局域网中，有三种信号传输方式：单播、多播和组播，如图 6-7 所示。单播即两台主机之间的点对点传输，如网段内两台主机之间的文件传输；多播是指一台主机与整个网段内的主机进行通信，如常见的地址广播；组播是指一台主机与网段内的多台主机进行通信，如网络视频会议。

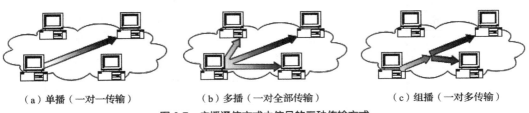

（a）单播（一对一传输）　　　　（b）多播（一对全部传输）　　　　（c）组播（一对多传输）

图 6-7　广播通信方式中信号的三种传输方式

4. 按拥有者分类

计算机网络按拥有者可分为公用网和专用网两种。

（1）公用网：即公众网，指一般由国家的电信公司出资建造的网络，所有按电信公司规定交纳费用者都可以使用，因此，公用网是为全社会的用户提供服务的网络。

（2）专用网：一个或几个部门为特殊业务工作而建立的网络，只为拥有者服务，例如军队、银行等建立的专用网。

5. 按传输介质分类

传输介质可分为有线和无线两种，因此，根据传输介质的不同，计算机网络可分为以下两种。

（1）有线网：采用有线介质（如同轴电缆、双绞线、光纤等）传输数据的网络。

（2）无线网：采用无线介质（如微波、红外线等）传输数据的网络。

除了以上介绍的几种分类方法外，计算机网络还有很多其他分类方法，如按网络环境可以分为校园网、企业网、政府网等；按传输速率可以分为高速网、中速网、低速网等。

6.1.4 网络的体系结构

计算机网络系统中，两台计算机之间要实现通信是非常复杂的。虽然表面上看起来，数据发送方只需要使用键盘输入数据并通过相应的网络应用软件发送出去，接收方就可以在显示器上看到这些数据。但实际上，计算机网络为了完成这项任务解决了很多具体的问题，如传输线路在物理上是怎样设置的，在介质上怎样传输数据，如何将数据发给特定的接收者。计算机网络体系结构正是解决这些问题的钥匙。所谓网络体系结构就是为了完成计算机之间的通信合作，把每台计算机互连的功能划分成有明确定义的层次，并固定了同层次的进程通信的协议及相邻之间的接口及服务，这些层次进程通信的协议及相邻层的接口统称为网络体系结构。

网络体系结构出现后，同一个公司生产的各种设备能方便地组网，但是对于不同公司之间的设备，由于每个公司都有自己的网络体系结构，因此很难进行互连。为了能使不同网络体系结构的计算机网络都能互连起来，实现相互交换信息、资源共享、分布应用，国际标准化组织（ISO）于 1984 年提出了著名的开放系统互连参考模型（Open Systems Interconnection Reference Model，OSI/RM），该模型将计算机网络体系结构划分为七个层次，从下到上依次为物理层、数据链路层、网络层、传输层、会话层、表示层和应用层，如图 6-8 所示。

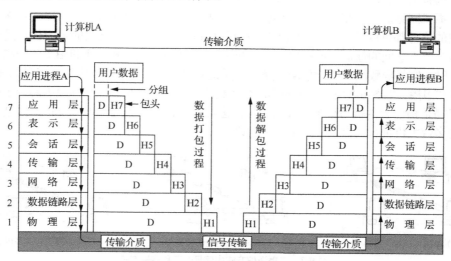

图 6-8 OSI/RM 网络体系结构模型

OSI/RM 参考模型不仅定义了各层的名称，同时还规定了每层实现的具体功能和通信协议。在 OSI/RM 模型中，每一层协议都建立在下层之上，使用下层提供的服务，同时为上一层提供服务。第 1～3 层属于通信子网层，提供通信功能，第 5～7 层属于资源子网层，提供资源共享功能，第 4 层起着衔接上下 3 层的作用。

1. 物理层

物理层是 OSI/RM 的最低层，主要任务是实现通信双方的物理连接，以比特流（Bit Stream）的形式传送数据信息，并向数据链路层提供透明的传输服务。

物理层是构成计算机网络的基础，所有通信设备、主机都需要通过物理线路互连。物理层建立在传输介质的基础上，包括网络、传输介质、网络设备的物理接口。网络设备的物理接口具有四个重要特性，即机械、电气、功能和过程特性。

2. 数据链路层

数据链路层的主要功能是利用物理层提供的比特流传输功能，控制相邻节点之间的物理链路，保证两个相邻节点间以"帧"为单位进行透明、无差错的数据传输。数据链路层接收来自上层的数据，给它加上某种差错校验位、数据链路协议控制信息和头、尾分界标志等信息将其变成帧，然后把帧从物理信道上发送出去，同时处理接收端的应答，重传出错和丢失的帧，保证按发送次序把帧正确地传送给对方。

数据链路层为上层提供的主要服务是差错检测和控制。典型的数据链路层协议有高级数据链路控制、点对点协议等。

3. 网络层

网络层是 OSI/RM 模型中的第 3 层，是通信子网层的最高层。网络层的主要功能是在数据链路层的透明、可靠传输的基础上，进一步管理网络中的数据通信，将数据设法从源端经过若干个中间节点传送到目的端，从而向传输层提供最基本的端到端数据传送服务。网络层的目的是实现两个端系统之间的数据透明传送，具体功能包括路由选择、拥塞控制和网际互联等。该层传输的信息以报文分组或包为单位。所谓报文分组是将较长的报文按固定长度分为若干段，且每个段按规定格式加上相关信息，如呼叫控制信息和差错控制信息等，就形成了一个数据单位，通常称其为报文分组或简称"分组"，有时也称为包。网络层接收来自源主机的报文，将其转换为报文分组，然后根据一定的原则和路由选择算法，在多节点的通信子网中选择一条最佳路径将其送到指定目标主机，当它到达目标主机之后再还原成报文。

4. 传输层

传输层也称为运输层或传送层，是整个网络的关键部分，实现两个用户进程间端到端的可靠通信，向下是提供通信服务的最高层，弥补通信子网的差异和不足，向上是用户功能的最低层。传输层的主要功能如下：建立、维护和拆除传输层连接，选择网络层提供合适的服务，提供端到端的错误恢复和流量控制服务，向会话层提供独立于网络层的传送服务和可靠的透明数据传输服务。

5. 会话层

会话层又称为对话层，是用户到网络的接口。它用于建立、管理以及终止两个应用系统之间的会话，使它们之间按顺序正确地完成数据交换。会话层要为用户提供可靠的会话连接，不能因传输层的崩溃而影响会话。

6. 表示层

表示层主要提供交换数据的语法，把结构化的数据从源主机的内部格式表示为适于网络传输的比特流，然后在目的主机端将它们译码为所需要的表示内容，还可以压缩或扩展并加密或解密数据。

表示层主要解决的问题是翻译和加密。

7. 应用层

应用层是 OSI/RM 模型的最高层，直接为应用进程提供服务。其任务是负责两个应用进程之间的通信，即为网络用户之间的通信提供专用的应用程序，如电子邮件、文件传输、数据库存取等。

以计算机 A 向计算机 B 发送电子邮件为例：在计算机 A 中，在应用层将邮件内容进行封装，加上控制信息后形成数据包，然后将数据包传递给表示层；表示层在数据包中加上本层的控制信息后，将其传递给会话层；以此类推，层层添加相应的控制信息，最后在物理层将数据包转换为比特流，通过传输介质发送给计算机 B。计算机 B 接收到数据包后，逐层解封数据，最后在计算机 B 中通过电子邮件软件将邮件内容展示给用户。

6.2 计算机网络的组成

计算机网络是一个非常复杂的系统，主要包括计算机硬件及软件、通信线路、通信设备等。

6.2.1 计算机硬件及软件

计算机硬件和软件的主要作用是负责数据的收集、处理、存储、传播并提供资源共享。

1. 计算机硬件

与网络连接的计算机可以是巨型机、大型机、微机及其他数据终端设备，根据其承担的任务又可以分为服务器（为网络上的其他计算机提供服务的计算机）、客户机（使用服务器提供的服务的计算机）、同位体（同时作为服务器和客户机的计算机）。

2. 计算机软件

网络软件是一种在网络环境下运行或管理网络工作的计算机软件，主要包括网络协议、网络操作系统和通信软件、网络应用软件。

（1）网络协议

网络协议是指通信双方为了实现网络中的数据交换而制订的通信双方必须共同遵守的规则、标准和约定。例如，什么时候通信，数据怎样编码，怎样交换数据等，主要有语法、语义和同步三个要素。

（2）网络操作系统

网络操作系统是计算机网络软件的核心程序，负责管理和合理分配网络资源，以提高网络运行效率。其主要功能包括网络管理、网络通信、文件管理、网络安全与容错、设备共享等。常见的网络操作系统有以下 4 种。

① UNIX：最早最成熟的网络操作系统，由美国贝尔实验室开发，具有良好的安全性、可移植性等，目前广泛应用于高端市场，特别是在金融商业领域有着绝对的优势。

② NetWare：由美国 Novell 公司开发，其目录管理技术被公认为业界的典范。主要特点是安全性能好，多用于中低端市场。

③ Windows：由 Microsoft（微软）公司开发，采用多任务、多流程操作及多处理器系统，特别适合于客户机/服务器方式的应用，并且用户界面友好，已逐步成为企业组网的标准平台。目前 Windows 的市场份额独占鳌头。

④ Linux：1991 年诞生，是一套免费使用和自由传播的类 UNIX 操作系统。目前，Linux 以源代码开放、优异的性能，在网络软件市场占据一席之地。

（3）网络应用软件

网络应用软件是为某一种应用目的而开发的网络软件，常用的网络应用软件有远程桌面、浏览器、QQ、微信、网盘客户端等。

6.2.2　通信线路

通信线路指的是传输介质及其连接部件，为数据传输提供传输信道。目前常用的传输介质分为有线和无线两种，其中有线介质包括同轴电缆、双绞线、光纤等，无线介质包括微波、红外线等。

1. 同轴电缆

同轴电缆是局域网中常见的传输介质之一。它是用来传递信息的一对导体，一层圆筒式的外导体套在内导体（一根细芯）外面，两个导体间用绝缘材料互相隔离，外导体和中心轴芯线的圆心在同一个轴心上，因此称作同轴电缆。它一般分为粗缆和细缆两种。同轴电缆的优点是可以在相对长的无中继器的线路上支持高带宽通信，数据传输速率可达到几兆比特到几百兆比特，抗干扰能力强；缺点是体积大，不能承受缠结、压力和严重的弯曲。

2. 双绞线

双绞线是由一对互相绝缘的金属导线互相绞合在一起组成的。实际使用时，双绞线是由多对双绞线一起包在一个绝缘电缆套管里的。双绞线与其他传输介质相比，传输距离较小，限制在几百米之内；数据传输速率较低，一般为每秒几兆比特到 100 兆比特；抗干扰能力也较差。但其价格较为低廉，且其不良限制在一般的快速以太网中影响甚微，因此目前双绞线仍是局域网中首选的传输介质。双绞线可分为非屏蔽双绞线（Unshielded Twisted Pair，UTP）和屏蔽双绞线（Shielded Twisted Pair，STP）两种，现在常用的是 5 类 UTP。

3. 光纤

光纤是光导纤维的简称，是一种利用光在玻璃或塑料制成的纤维中的全反射原理而制成的光传导工具，采用特殊的玻璃或塑料来制作。光纤的数据传输速率高，可达到每秒几吉比特（Gbit/s）；其传输损耗低，抗干扰能力强，安全保密好，常用于计算机网络中的主干线。

4. 微波

微波是指频率为 300MHz～300GHz 的电磁波，沿直线传播。主要用途是完成远距离通信服务及短距离的点对点通信，但微波受地球表面、高大建筑物和气候的影响，在地面上传播距离有限，因此，为了实现远距离的传输，需要使用中继站来"接力"。微波的优点是通信容量大，传输质量高，初建费用小，但其保密性较差。

5. 红外线

红外线是太阳光线中众多不可见光线中的一种，波长为 0.75～1000μm。利用红外线来传输信号的通信方式，称作红外线通信。红外线通信有两个最突出的优点：不易被人发现或截获，保密性强；几乎不会受到电气、人为干扰，抗干扰性强。此外，红外线通信机体积小，重量轻，结构简单，价格低廉。但是它必须在直视距离内通信，且传播易受天气的影响。

6.2.3　通信设备

计算机网络进行互连都需要通过网络通信设备，常用的通信设备有网卡、集线器、交换机、路由器、网关等。

1. 网卡

网卡又称作网络适配器，是计算机连网必需的硬件设备，工作在数据链路层。网卡通过物理地址识别其在网络中的位置，它具有唯一性，用以标识局域网内不同的计算机。网卡的物理地址也称MAC 地址（Media Access Control Address，介质访问控制地址），它由生产商在制造时写入网卡的EPROM。网卡物理地址由 48 位（6 字节）二进制数组成，常用十六进制表示，如 04-92-26-14-87-E2。网卡物理地址的前 3 个字节为生产商编号，由电气电子工程师协会（Institute of Electrical and Electronics Engineers，IEEE）统一分配，用于区别不同的生产商；后 3 个字节由生产商自由分配，从而保证网卡物理地址的唯一性。网卡的主要功能是整理计算机内发往网络的数据，并将数据分解为适当大小的数据包之后向网络发送出去；在接收数据时，网卡读入其他网络设备传输过来的数据帧，通过检查帧中 MAC 地址的方法来确定网络上的帧是不是发给本节点。如果是发往本节点的则收下，并将其转换成计算机可以识别的数据，通过主板上的总线将数据传输到所需的计算机设备中，否则丢弃。目前网卡按其传输速率可分为 10Mbit/s 网卡、10/100Mbit/s 自适应网卡、100Mbit/s 网卡以及 1000Mbit/s（千兆）网卡。现在计算机主板上大多集成了标准的以太网卡，因此不需要另外安装网卡，但是在服务器主机、防火墙等网络设备内，网卡还有它独特的作用。在组建无线局域网时，计算机也必须另外安装无线网卡。网卡如图 6-9 所示。

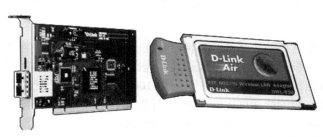

（a）服务器光纤网卡　　　　（b）笔记本、微机无线网卡

图 6-9　网卡

2. 集线器

集线器（Hub）属于物理层（第 1 层）网络互连设备，可以说它是一种多端口的中继器。集线器的主要功能是对接收到的信号进行再生整形放大，以扩大网络的传输距离，同时把所有节点集中在以它为中心的节点上。集线器外观与交换机相似，但是它采用共享工作模式，性能远不如交换机。由于交换机性能好，并且越来越便宜，因此集线器在网络中已很少使用，正面临着淘汰。

3. 交换机

交换机属于数据链路层（第 2 层）网络互连设备，实际上是支持以太网接口的多端口网桥。交换机是一种基于 MAC 地址识别，对数据的传输进行同步、放大和整形处理，还提供数据完整性和正确性保证的网络设备。交换机可以"学习"MAC 地址，并把其存放在内部地址表中，通过在数据帧的始发者和目标接收者之间建立临时的交换路径，使数据帧直接由源地址到达目的地址。与集线器相比，交换机性能更好。交换机如图 6-10 所示。

图 6-10　交换机

4. 路由器

路由器一般是一台专用网络互连设备，也可以由"通用计算机＋路由软件"构成。路由器本身

就是一台专用的计算机，也有 CPU、内存、主板、操作系统等，工作在 OSI 参考模型的第 3 层网络层。路由器的第一个主要功能是连接不同类型的网络，对不同网络之间的协议进行转换，具体实现方法是数据包格式转换，也就是网关的功能；第二个功能是网络路由器，通过选择最佳路径，将数据包传输到目的主机。路由器如图 6-11 所示。

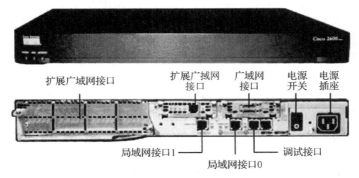

图 6-11 路由器

5. 网关

网关又称网间连接器、协议转换器，具备路由器的全部功能，主要用于连接两个不兼容的网络，实现不同协议的转换。默认网关在网络层以上实现网络互连，是最复杂的网络互连设备。网关与路由器类似，不同的是网关既可用于广域网的互连，也可用于局域网的互连。

6.3 Internet 基础

Internet 的中文标准译名为"因特网"，是由全世界各国、各地区的成千上万个计算机网互连起来的全球性网络。世界上任何计算机系统和网络，只要遵守共同的网络通信协议 TCP/IP，都可以连接到 Internet 上。Internet 可实现全球信息资源共享，如信息查询、文件传输、远程登录、电子邮件等，成为推动社会信息化的主要工具，对人类社会产生了深刻的影响。

6.3.1 Internet 简介

1. Internet 起源

Internet 的原型是 1969 年美国国防部远景研究规划局为军事实验用而建立的网络，名为 ARPANET（阿帕网）。在 ARPANET 问世后，其网络规模增长很快，到了 20 世纪 70 年代中期，人们已认识到不可能仅使用一个单独的网络来解决所有的通信问题。于是专家们开始研究多种网络（如分组无线网络）互连的技术，导致了互联网的出现。1983 年，TCP/IP 协议成为 ARPANET 的标准通信协议。这样，在 1983—1984 年之间，形成了 Internet 的雏形。

ARPANET 的发展使美国国家科学基金会（NSF）认识到计算机网络对科学研究的重要性。1986 年，NSF 建立了国家科学基金网（NSFNET），通过 56kbit/s 的通信线路连接六大超级计算机中心。由于美国国家科学资金的鼓励和资助，许多大学、政府资助的研究机构，甚至私营的研究机构纷纷把自己的局域网并入 NSFNET，使 NSFNET 取代 ARPANET 成为 Internet 的主干网，传输速率也提高到 1.544Mbit/s。

Internet 的商业化阶段始于 20 世纪 90 年代初，商业机构开始进入 Internet，使 Internet 开始了商业化的新进程，也成为 Internet 大发展的强大推动力。1991 年美国政府决定将 Internet 的经营权转交给商业公司，商业公司开始对接入 Internet 的企业收费。1992 年，Internet 上的主机超过了 100 万台。从 1993 年开始，由美国政府资助的 NSFNET 网逐渐被若干个商用的 Internet 主干网替代，提供 Internet 接入服务的商业公司也称为互联网服务提供商（Internet Service Provider，ISP）。任何个人、企业或组织只要向 ISP 交纳规定的接入费用，就可通过 ISP 接入 Internet。为了使不同 ISP 经营的网络都能够互连互通，美国政府在 1994 年创建了 4 个网络接入点（NAP），它们分别由 4 家大型电信公司经营，均安装了性能很好的通信设备，向不同的 ISP 提供信息交换服务。目前美国 NAP 的数量已达到数十个，Internet 也逐渐演变成多级结构网络。

现在 Internet 已经成为世界上规模最大和增长速度最快的计算机网络，没有人能够准确说出 Internet 上究竟连接了多少台计算机。由于 Internet 用户数量的猛增，使得现有的 Internet 不堪重负。1996 年，美国一些研究机构和 34 所大学提出研制和建造新一代 Internet 的设想，并计划实施"下一代 Internet 计划"，即"NGI（Next Generation Internet）计划"。

NGI 计划要实现的第一个目标是开发下一代 Internet 技术，以比现有的 Internet 高 100 倍的传输速率连接至少 100 个研究机构，以比现有 Internet 高 1000 倍的速率连接 10 个大型网络节点，网络中端到端的传输速率达到 100Mbit/s 至 10Gbit/s。NGI 计划的第二个目标是使用更加先进的网络服务技术，开发许多革命性的应用，如远程医疗、远程教育、有关能源和地球系统的研究、高性能的全球通信、环境监测和预报、紧急情况处理等。NGI 计划将使用超高速全光网络，实现更快速的信号交换和路由选择。NGI 计划的第三个目标是对整个 Internet 的管理、信息的可靠性和安全性等方面做出很大的改进。

2. 我国 Internet 骨干网络

我国的 Internet 发展可分为两个阶段。第一个阶段为 1987—1993 年，我国的一些科研部门已开展与 Internet 连网的科研课题和科技合作工作，实现了电子邮件转发系统的连接，而且支持文件传输（FTP）、远程登录（Telnet）等。随后，几所高等院校也与美国互联网连通。

第二阶段是从 1994 年至今，实现了与 Internet 的 TCP/IP（Transmission Control Protocol/Internet Protocol，传输控制协议/网际协议）连接，开通了 Internet 的全功能服务。1994 年，我国的国家计算与网络设施接入 Internet，标志着我国互联网时代的开启。我国的主要 Internet 骨干网络如下。

（1）中国教育和科研网（China Education and Research Network，CERNET）：由国家投资建设，教育部负责管理，清华大学等高等学校承担建设和管理运行的全国性学术计算机互连网络。CERNET 始建于 1994 年，是我国第一个 IPv4（Internet Protocol Version 4，网际协议版本 4）主干网。2013 年，CERNET 完成升级扩容，建成我国第一个 100G 互联网主干网和第一个 100G 波长的光纤传输网。

（2）中国科技网（China Science and Technology Network，CSTNET）：由中国科学院负责运行和管理的网络，始建于 1989 年，于 1994 年接入 Internet，是我国第一个接入 Internet 的网络。

（3）中国公用计算机互联网：又称 ChinaNet，由中国电信部门主管。

（4）中国联通计算机互联网（Unicom Net，UNINet）：由中国联通主管。

（5）中国网通公用互联网（China Network Communication Net，CNCNet）：由中国网通主管。

（6）中国移动互联网（China Mobile Network，CMNET）：由中国移动主管。

中国互联网络信息中心（China Internet Network Information Center，CNNIC）于 2022 年 8 月发布了第 50 次《中国互联网络发展状况统计报告》，反映了我国的互联网发展现状：截至 2022 年 6 月，我国网民规模为 10.51 亿，手机上网的比例达 99.6%，互联网普及率达 74.4%。

3. Internet 提供的服务

Internet 提供的基本服务有 WWW 服务、电子邮件（E-mail）、远程登录（Telnet）和文件传输（FTP）、即时通信服务等。

（1）WWW 服务

WWW（World Wide Web，万维网）一般简称为 Web。万维网是以超文本标记语言（Hypertext Markup Language，HTML）与超文本传输协议（HyperText Transfer Protocol，HTTP）为基础，能够以友好的接口提供 Internet 信息查询服务的多媒体信息系统。这些信息资源分布在全球数千万个 Web 站点上，并由提供信息的专门机构进行管理和更新。用户通过 Web 浏览器软件（如 Windows 系统中的 IE 浏览器），就可浏览 Web 站点上的信息，并可单击标记为"链接"的文本或图形，随心所欲地转换到世界各地的其他 Web 站点，访问丰富的信息资源。

WWW 系统的结构采用客户机/服务器工作模式，用户在客户端运行客户端程序（如 IE 等），提出查询请求，通过相应的网络介质传送给 Web 服务器，服务器"响应"请求，把查询结果（网页信息）通过网络介质传送给客户端。可以形象地将 Web 服务器视为 Internet 上一个大型图书馆，Web 上某一特定信息资源的所在地就像图书馆中的一本本书，而网页则是书中的某一页，即 Web 节点的信息资源是由一篇篇称为 Web 网页的文档组成的。多个相关 Web 网页组合在一起便组成了一个 Web 站点，用户每次访问 Web 网站时，总是从一个特定的 Web 站点开始的。每个 Web 站点的资源都有一个起始点，即处于顶层的 Web 网页，就像一本书的封面或目录，通常称为主页或首页，如图 6-12 所示。

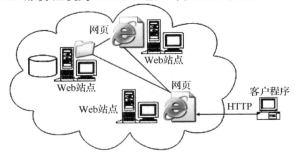

图 6-12　Web 网页的超链接

Web 网页采用超文本格式，即每份 Web 文档除包含其自身信息外，还包含指向其他 Web 页的超级链接，可以将链接理解为指向其他 Web 网页的"指针"，由链接指向的 Web 网页可以在近处的一台计算机上，也可能是远在万里之外的一台计算机上，但对用户来说，单击网页上的超链接，所需的信息就立刻显现在眼前，非常方便。需要说明的是，现在的超级文本已不仅仅只含有文本，还增加了音频、动画、视频等多媒体内容，因此这种增强的超级文本也称为超媒体。

Internet 中的 Web 服务器上，每一个信息资源（如一个文件等）都有统一的、在网上唯一的地址，该地址称为 URL（Unified Resource Location，统一资源定位符）地址，俗称为"网址"。URL 用来确定 Internet 上信息资源的位置，它采用统一的地址格式，以方便用户通过浏览器查阅 Internet 上的信息资源。URL 地址的格式为：资源类型://域名:端口号/路径/文件名。下面是一个 URL 示例：http://www.jyu.edu.cn/jyzd，其中，http 是超文本传输协议的英文缩写，://表示其后跟的是域名，如 www.jyu.edu.cn，后面是文件的路径名和文件名。URL 不仅可描述 WWW 资源地址，也可以描述其他类型的资源地址，如：

`ftp://ftp.pku.edu.cn`	FTP 服务器
`file:///D:/myweb/mypage.htm`	本地磁盘文件
`telnet://bbs.pku.edu.cn`	telnet 服务器
`http://www.gzic.gd.cn:81/mass/sxzn/x44001.htm`	某一站点的网页文档，81 为端口号

域名也可以用 IP 地址直接表示，例如：

`http://210.38.164.1:88/408/main.htm`	某一站点的网页文档，88 为端口号
`ftp://210.38.164.1:1529/user/lw/doc`	FTP 服务器，1529 为端口号

（2）电子邮件服务

电子邮件（E-mail）是一种利用计算机网络交换电子信件的通信方式。它将邮件发送到收信人的邮箱中，收信人可随时进行读取。它不仅能传递文字信息，还可以传递图像、声音、动画等多媒体信息。与传统的邮件相比，电子邮件不仅使用方便，还具有传递迅速、费用低廉、容易保存和全球畅通无阻的优点。例如一天 24 小时可以随时发送电子邮件，在几分钟内便可以将电子邮件发送到全球任何地方。

① 电子邮件的收发过程。电子邮件系统采用客户机/服务器工作模式，由邮件服务器端与邮件客户端两部分组成。邮件服务器好像是邮局，包括发送邮件服务器和接收邮件服务器两类。发送邮件服务器采用简单邮件传输协议（Simple Mail Transfer Protocol，SMTP）通信协议，当用户发出一份电子邮件时，发送方邮件服务器依照邮件地址，将邮件送到收信人的接收邮件服务器中。接收方邮件服务器为每个用户的电子邮箱开辟了一个专用的硬盘空间，用于暂时存放对方发来的邮件。当收件人将自己的计算机连接到接收邮件服务器并发出接收操作后，接收方通过邮局协议版本 3（Post Office Protocol Version 3，POP3）或网际报文存取协议（Internet Message Access Protocol，IMAP）读取电子信箱内的邮件。当用户采用 Web 网页进行电子邮件收发时，必须登录到邮箱；如果用户采用邮件收发程序（如 Outlook Express），则程序会自动登录邮箱，将邮件下载到本机中。图 6-13 所示为电子邮件的收发过程。

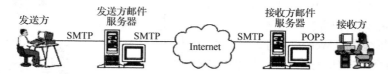

图 6-13　电子邮件的收发过程

② 电子邮件地址。每一个电子邮箱都有一个 E-mail 地址，其统一格式如下：

收信人邮箱名@邮箱所在主机的域名

其中，符号"@"读作"at"，表示"在"的意思。收信人邮箱名是用户在电子邮件服务机构注册时获得的用户名，它必须是唯一的。例如 aaa@163.com 就是一个用户的 E-mail 地址。

③ 电子邮件的使用方式和协议。电子邮件有两种常用的使用方式：Web 方式和邮件客户端软件方式。使用 Web 方式，必须通过浏览器（如 IE 等）先登录到电子邮件服务器的站点，再通过站点来收发邮件。

使用邮件客户端软件收发电子邮件，必须在客户机安装邮件客户端软件，目前常见的邮件客户端软件有 Microsoft 公司的 Outlook Express，以及国内开发的非商业软件 Foxmail。图 6-14 所示为 Outlook Express 邮件收发程序的主界面。

图 6-14　Outlook Express 邮件收发程序的主界面

目前，电子邮件客户端软件所提供的功能基本相同，都可以完成以下操作：新建和发送电子邮件，接收、阅读和管理电子邮件，账号、邮箱和通信簿管理等。

① 创建新邮件的方法：单击工具栏上的"新建电子邮件"按钮，在"收件人"文本框中输入收件人的电子邮件地址。若需要将邮件同时发给多个收件人，则在"抄送"文本框中输入这些收件人的邮件地址，地址之间用分号"；"或"，"分隔。若要从通信簿中选择收件人，可以单击"收件人"文本框和"抄送"文本框左侧的图标，打开"选择收件人"对话框，可从中选择所需的收件人地址。在"主题"文本框中输入邮件的主题。单击邮件编辑区，把插入点移至该区，可在此录入邮件正文的内容，通过单击工具栏中的"附件"按钮，可把需要发送的文件添加进来。当邮件编辑完成后，单击工具栏的"发送"按钮，就可以发送电子邮件了。

② 回复和转发邮件：收到对方发来的邮件后，可按以下方法回复，即单击要回复的邮件的主题，打开回复窗口，单击工具栏的"答复"按钮，系统将弹出一个"答复"窗口，在该窗口中的"收件人"文本框中列出了原发件人的地址，"主题"文本框中列出了原邮件的主题，在编辑区中列出了原邮件正文，在编辑区上方输入回复的内容，最后单击"答复"窗口工具栏上的"发送"按钮，即可把回复的邮件发送出去。

若要将原邮件直接转发给其他人阅读，可以通过转发邮件功能实现：选中邮件，单击工具栏中的"转发"按钮，其他步骤与回复邮件的类似。

（3）远程登录

远程登录（Telnet）是指用户使用本地计算机通过 Internet 连接到远程的服务器上，使本地计算机成为远程服务器的终端，并可通过该终端远程控制服务器，使用服务器的各种资源。要开始一个 Telnet 会话，一般需输入用户名和密码来登录服务器。

一些 Internet 的数据库提供了开放式的远程登录方式，即登录这些数据库不需要账号和密码，任何人都可以登录和查询。电子公告板系统（Bulletin Board System，BBS）就是通过 Telnet 来实现的，为用户提供发布消息、讨论问题、学习交流的平台。

虽然 Telnet 较为简单实用，也很方便，但是在格外注重安全的现代网络技术中，Telnet 并不被重视。原因在于 Telnet 是一个明文传送协议，它将用户的所有内容，包括用户名和密码都在互联网上明文传送，具有一定的安全隐患，因此许多服务器都会选择禁用 Telnet 服务。如果要使用 Telnet，使用前应在远程服务器上检查并设置允许 Telnet 服务的功能。

（4）FTP 服务

文件传输协议（File Transfer Protocol，FTP）是 Internet 上广泛使用的文件传送协议，采用客户机/服务器工作方式，用户计算机称为 FTP 客户端，远程提供 FTP 服务的计算机称为 FTP 服务器。FTP 服务是一种实时联机服务，用户在访问 FTP 服务器之前需要进行注册。不过，Internet 上大多数 FTP 服务器都支持匿名服务，即以 anonymous 作为用户名，以任何字符串或电子邮件的地址作为口令登录。当然匿名 FTP 服务有很大的限制，匿名用户一般只能获取文件，不能在远程计算机上新建文件或修改已存在的文件，对可以复制的文件也有严格的限制。用户输入网站 FTP 地址后，就可以登录到远程计算机的公共目录下，搜索需要的文件或程序，然后将其复制到本地计算机上，也可以将本地计算机的文件上传到远程 FTP 计算机上。操作过程与在本机上复制文件过程完全一致，但是大部分 FTP 站点不允许用户任意删除文件。利用 FTP 传输文件的方式主要有以下两种：浏览器登录和 FTP 下载工具登录。

① 浏览器登录。IE（Internet Explorer）浏览器和 Navigator 浏览器中都带有 FTP 程序，因此可在浏览器地址栏中直接输入 FTP 服务器的 IP 地址或域名，按【Enter】键后浏览器将自动调用 FTP 程序完成连接。

② FTP 下载工具登录。使用 FTP 下载工具，如 CuteFTP、LeapFTP、迅雷等，也可以访问 FTP

站点。通常，这类软件打开后，其工作窗口分成左、右窗格，就像资源管理器一样。左右窗格分别是本地计算机系统和远程主机的系统，当用户需要下载时，只需要把右窗格的内容拖动到左窗格的目标位置即可，上传文件则把左窗格中需要上传的文件拖到右窗格的目标位置，但是上传文件时一般必须有"写"的权限。

（5）即时通信服务

即时通信（Instant Message，IM）服务有时简单地称为"聊天"软件，它可以在 Internet 上进行即时的文字信息、语音信息、视频信息、电子白板等方式的交流，还可以传输各种文件，在个人和企业即时通信中发挥着越来越重要的作用。即时通信软件分为服务器软件和客户端软件，普通用户只需要安装客户端软件。即时通信软件非常多，常用的主要有 WhatsApp、Messenger、微信等。

微信是腾讯公司开发的一款基于 Internet 的中文即时通信软件。通过使用微信实现与好友进行交流，信息可即时发送、即时回复。微信还具有视频会议、视频电话、发送文件等功能，是目前国内应用最广泛的中文即时通信软件。

6.3.2　Internet 协议

Internet 使用 TCP/IP 协议集，其核心是传输控制协议（Transmission Control Protocol，TCP）和网际协议（Internet Protocol，IP）。TCP/IP 参考模型分为 4 层，图 6-15 所示为 TCP/IP 参考模型的层次结构与 OSI 参考模型之间的对应关系。

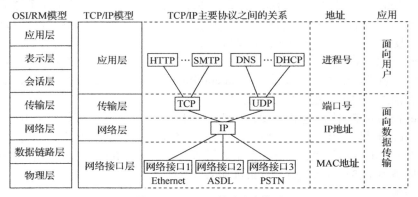

图 6-15　TCP/IP 协议层次模型

1. 应用层

应用层定义了应用协议以及应用程序与传输层服务之间的接口。应用协议用于实现各种应用服务，如域名系统（Domain Name System，DNS）、超文本传输协议（HyperText Transfer Protocol，HTTP）、FTP、SMTP、POP 等。

2. 传输层

传输层主要功能是为通信节点提供数据传输服务。传输层协议包括 TCP 和用户数据报协议（User Datagram Protocol，UDP）。TCP 为应用程序提供面向连接的、可靠的传输控制。UDP 提供不可靠的无连接传输方式，数据的可靠性和数据流控制由应用程序完成。

3. 网络层

网络层主要功能是将数据转换为 IP 数据报，实现 IP 数据报的路由和寻址。网络层协议包括 IP、地址解析协议（Address Resolution Protocol，ARP）、反向地址解析协议（Reverse Address Resolution Protocol，RARP）、网际控制报文协议（Internet Control Message Protocol，ICMP）、网际组管理协议（Internet Group Management Protocol，IGMP）等。

4. 网络接口层

网络接口层又称链路层、数据链路层，主要功能是实现数据的物理传输。网络接口层支持各种物理网络的硬件设备驱动和介质访问控制协议，这些驱动和协议与具体物理网络相关，并未在 TCP/IP 协议集中定义。

6.3.3　IP 地址

IP 地址（Internet Protocol Address）是指互联网协议地址，又译为网际协议地址，是 IP 协议提供的一种统一的地址格式，用于定位网络节点，每个网络节点（主机、手机、路由器等）都需要为其分配 IP 地址。IP 地址可分为 IPv4（Internet Protocol Version 4）地址和 IPv6（Internet Protocol Version 6）地址 。

1. IPv4 地址

IPv4 地址由 32 位（4 字节）二进制数表示，分为 4 段，即 4 个字节，每段 8 位。例如，某个采用二进制码表示的 IP 地址是 "00000010 00000001 00000001 00000001"。为了方便人们的记忆和使用，IP 地址经常采用点分十进制的方法，即把每 8 位二进制数转换成十进制的形式，总共有 4 个十进制数，每个数取值为 0～255，中间用符号 "."分开。上面的 IP 地址采用点分十进制法可以表示为 "2.1.1.1"。

IPv4 地址分为 5 类：A、B、C、D 和 E。各类地址结构如图 6-16 所示。A、B、C 类地址包括网络号和主机号。

图 6-16　IPv4 地址结构

A 类地址：最高位为 0，7 位网络号，24 位主机号，地址范围为 1.0.0.0～126.255.255.255。IP 地址中各位全部为 0 或全部为 1 时，用于特殊用途。A 类地址中网络号有 2^7-2（126）个，即可分配 126 个网络；主机号有 $2^{24}-2$（16777214）个，即每个网络中最多有 16777214 台主机，这里减 2 的原因是：主机地址为全 0 表示 "本主机"，而全 1 用于广播地址。A 类地址适用于拥有大量主机的大型网络。

B 类地址：最高两位为 10，14 位网络号，16 位主机号，地址范围为 128.0.0.0～191.255.255.255。B 类地址中网络号有 $2^{14}-2$（16382）个；主机号有 $2^{16}-2$（65534）个。

C 类地址：最高三位为 110，21 位网络号，8 位主机号，地址范围为 192.0.0.0～223.255.255.255。C 类地址中网络号有 $2^{21}-2$（2097152）个；主机号有 2^8-2（254）个，一般用于规模较小的局域网。

D 类地址作为广播地址使用，E 类地址保留未使用。

例如，某大学中的一台计算机分配到的地址为 "222.240.210.100"（见图 6-17），地址的第一个字节在 192～223 范围内，因此它是一个 C 类地址，按照 IP 地址分类规定，它的网络地址为 222.240.210，它的主机地址为 100。

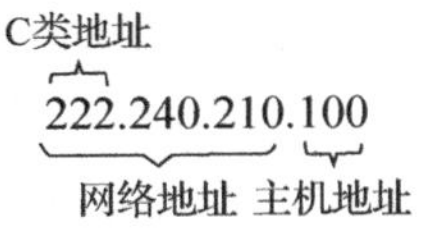

C类地址
222.240.210.100
网络地址 主机地址

图 6-17　IP 地址实例

子网是指在一个 IP 地址上生成的逻辑网络，它使用源于单个 IP 地址的 IP 寻址方案，把一个网络分成多个子网，要求每个子网使用不同的网络号，通过把主机号分成两个部分，为每个子网生成唯一的网络号。一部分用于标识作为唯一网络的子网，另一部分用于标识子网中的主机，这样原来的 IP 地址结构变成如下三层结构：

网络地址	子网地址	主机地址

例如，某个 C 类网络最多可容纳 254 台主机，若需要把它划分成 4 个子网，则需要从主机号中借 2 个二进制位，用来标识子网号，剩余的 6 位仍为主机号。

子网掩码是一个 32 位的 IP 地址，它的作用如下：一是用于屏蔽 IP 地址的一部分，以区别网络号和主机号；二是用来将网络分割为多个子网；三是判断目的主机的 IP 地址是在本地局域网还是在远程网络。表 6-1 为各类 IP 地址默认的子网掩码，其中值为 1 的位用来确定网络号，值为 0 的位用来确定主机号。例如对于某个 C 类网络，它另有两个二进制位表示子网，其子网掩码为 11111111.11111111.11111111.11000000。

表 6-1 不同地址类型的子网掩码

地址类	子网掩码（十进制表示）	子网掩码（二进制表示）
A	255.0.0.0	11111111 00000000 00000000 00000000
B	255.255.0.0	11111111 11111111 00000000 00000000
C	255.255.255.0	11111111 11111111 11111111 00000000

2. IPv6 地址

IPv4 采用 32 位地址长度，只有大约 43 亿个地址。由于互联网的蓬勃发展，IP 地址的需求量愈来愈大，使得 IP 地址的发放愈趋严格，各项资料显示全球 IPv4 地址可能在 2005—2010 年全部发完（实际情况是在 2019 年 11 月 25 日 IPv4 地址分配完毕）。地址空间的不足必将妨碍互联网的进一步发展。为了扩大地址空间，拟通过 IPv6 重新定义。IPv6 是下一版本的互联网协议，也可以说是下一代互联网的协议，采用 128 位地址长度，几乎可以不受限制地提供地址。按保守方法估算 IPv6 实际可分配的地址，整个地球的每平方米面积上仍可分配 1000 多个地址。在 IPv6 的设计过程中除解决了地址短缺问题以外，还考虑了在 IPv4 中解决不好的其他一些问题，主要包括端到端 IP 连接、服务质量（Quality of Service，QoS）、安全性、多播、移动性、即插即用等。

IPv6 地址可表示为下列 3 种形式。

（1）常规形式：n:n:n:n:n:n:n:n，n 是表示地址的十六进制数，如 FE80:234E:74D5:DC1F:4D6:3018:2D5F:73A。

（2）压缩形式：IPv6 地址中单个或连续多个为 0 的段可压缩为一组双冒号，如 FE80:0:0:0:0:0:2D5F:73A 可表示为 FE80::2D5F:73A，0:0:0:0:0:0:0:1 可表示为::1。

（3）混合形式：n:n:n:n:n:n:d.d.d.d，IPv4 地址和 IPv6 地址的组合形式，n 是十六进制数，d 是十进制数，"n:n:n:n:n:n"表示 IPv6 地址，"d.d.d.d"表示 IPv4 地址，如 FE80:237:3018:2D5F:73A:74F:192.168.1.1。

6.3.4 域名系统

Internet 使用 IP 地址定位网络中的计算机，但数字格式的 IP 地址不便识别和记忆，所以引入了域名系统（Domain Name System，DNS）。DNS 用文字格式的域名来命名主机，包括域名命名规则、域名管理及域名解析。

1. 域名命名规则

域名按分层树型结构规则进行命名，如图 6-18 所示。在域名树中，从叶子节点到顶级域名构成倒置的树型层次结构。域名树中的每个叶子节点到顶级域名的路径为一个主机的域名。域名树的顶层为顶级域名，第二层为二级域名，第三层为三级域名，依次类推，最多有五级域名。

主机域名的典型结构为"主机名或服务名.网络名或单位名.机构类型名.国家或地区名"。通常，在美国注册的域名会省略国家名 us。

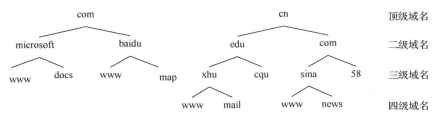

图 6-18　域名层次结构

例如，www.microsoft.com 是微软公司的 WWW 服务主机域名，www 为服务名，microsoft 为单位名，com 为机构类型名。又如，news.sina.com.cn 是新浪公司的新闻服务主机域名，news 为主机名，sina 为单位名，com 为机构类型名，cn 为国家名。

2. 域名管理

为保证域名的唯一性，域名采用分级管理方式。因特网域名与地址管理机构（Internet Corporation for Assigned Names and Numbers，ICANN）负责顶级域名的分配和管理。顶级域名可分为区域名和类型名两种。类型名表示机构类型，如表 6-2 所示。

表 6-2　机构类型顶级域名

域名	类型	域名	类型
com	商业机构	edu	教育机构
int	国际组织	mil	军事结构
org	非营利组织	arts	文化娱乐
firm	公司企业	into	信息服务
gov	政府部门	net	网络机构
stor	销售单位	web	与 WWW 有关单位

区域名表示国家或地区，如表 6-3 所示。

表 6-3　区域顶级域名

域名	国家或地区	域名	国家或地区	域名	国家或地区
au	澳大利亚	fr	法国	de	德国
br	巴西	uk	英国	kr	韩国
ca	加拿大	in	印度	sg	新加坡
cn	中国	jp	日本	us	美国

二级域名由各个国家或地区的域名管理机构负责管理。三级域名通常为单位或网络域名，由单位或网络提出申请，由归属国家或地区的域名管理机构审核批准。表示主机名或服务类型的域名由归属单位或归属网络管理分配。

中国互联网信息中心（China Internet Network Information Center，CNNIC）负责顶级域名 cn 的管理，即负责中国境内的互联网域名的注册和管理，而且中国境内的单位或网络在接入 Internet 时，应向 CNNIC 申请分配 IP 地址和注册域名。

CNNIC 规定 cn 域不开放注册二级域名，二级域名统一定义。CNNIC 定义了 40 个二级域名，其中类型域名 6 个，行政区域域名 34 个。行政区域域名用汉语拼音中的两个字符表示，对应我国的省、自治区和直辖市。例如，北京市为 bj、四川省为 sc、香港特别行政区为 hk。

3. 域名解析

域名只是方便人们记忆主机名称，但不能用于在网络中定位主机，网络路由协议根据 IP 地址定位主机。使用域名访问主机时，域名会转换为 IP 地址。域名和 IP 地址之间的转换过程称为域名解析，也称 DNS 服务。域名解析由 DNS 服务器完成。通常，Internet 中的每一个子域都设有 DNS 服务器。

6.3.5　Internet 的接入方式

Internet 接入指建立用户计算机或局域网络与 Internet 的物理连接，并实现数据通信和资源共享。Internet 接入通常由 Internet 服务提供商（Internet Service Provider，ISP）提供接入服务。ISP 可分为两种：Internet 接入提供商（Internet Access Provider，IAP）和 Internet 内容提供商（Internet Content Provider，ICP），IAP 主要提供物理接入服务，ICP 主要提供信息资源服务。例如，中国电信就是 ISP，可为用户提供宽带接入服务。

Internet 有多种接入方式如下。

1.　公用电话交换网接入

公用电话交换网（Public Switched Telephone Network，PSTN）接入方式通过 PSTN 调制解调器、普通电话线将用户计算机接入 Internet，通过模拟线路完成通信。PSTN 调制解调器在用户计算机和电线之间完成数字信号和模拟信号的相互转换。PSTN 属于早期的 Internet 接入方式。

2.　非对称数字用户环路接入

非对称数字用户环路（Asymmetric Digital Subscriber Line，ADSL）接入方式通过 ADSL 调制解调器、普通电话线将用户计算机接入 Internet，通过数字线路完成通信。ADSL 上网和打电话互不影响，上网时的下载和上传速度不同，用户可独享带宽，安全可靠。

3.　综合业务数字网接入

综合业务数字网（Integrated Service Digital Network，ISDN）是一种数字电话网络国际标准，从 PSTN（Public Switched Telephone Network，公共交换电话网络）发展而来。ISDN 既可提供传统的电话服务，也可提供多种非电话服务（如 Internet 接入）。用户计算机通过 ISDN 适配器接入 ISDN，从而访问 Internet。

4.　光纤同轴电缆混合网接入

光纤同轴电缆混合网（Hybrid Fiber Coaxial，HFC）是一种结合光纤与同轴电缆的宽带接入网络，是有线电视和电话网结合的产物。用户计算机通过 Cable Modem（电缆调制解调器）接入 HFC，从而访问 Internet。

5.　局域网接入

用户计算机处于单位或小区局域网之中，使用局域网分配的账号访问 Internet。

6.　无线网络接入

用户计算机通过无线网卡接入 ISP 提供的无线网络来访问 Internet。

6.4　信息安全概述

随着计算机网络的迅速发展，当今社会已全面进入信息化时代，人们可随时随地通过手机、平板电脑或其他移动设备访问网络共享资源、与他人交换信息。人们在享受海量信息资源的同时，也面临着严峻的信息安全问题。例如，信息泄露、网络攻击、计算机病毒等。本节主要介绍信息安全概念、信息安全威胁和信息安全技术等信息安全相关的知识。

6.4.1　信息安全概念

在现代信息社会，信息已成为一种重要的社会资源。信息安全是一门涉及网络技术、通信技术、密码技术、信息安全技术、数学、信息论等多种学科的综合性学科。信息安全不仅关系到人们的日常生活，也关系到国家、社会的安全和稳定。它包括信息本身的安全和信息系统的安全。

1. 信息本身的安全

信息本身的安全指保证信息的机密性、完整性和可用性，避免意外损失或丢失信息，防止信息被窃取；保证信息传播的安全，防止和控制非法、有害信息的传播，维护社会道德、法规和国家利益。

（1）信息的机密性：非授权用户不能访问信息。

（2）信息的完整性：信息正确、完整、未被篡改。

（3）信息的可用性：保证信息随时可以使用。

常见的需要保证安全的信息如下。

（1）个人的姓名、身份证号码、住址、电话号码、照片、银行账号等个人信息。

（2）企业、事业、机关单位的商业机密、技术发明、财务数据等需要保密的信息。

（3）政府部门、科研机构、军事等单位与国家安全相关的需要保密的信息。

2. 信息系统的安全

信息系统的安全指保证存储、处理和传输信息的系统的安全，其重点是保证信息系统的正常运行，避免存储设备和传输网络发生故障、被破坏，避免系统被非法入侵。

信息系统的安全包括构成信息系统的计算机、存储设备、操作系统、应用软件、数据库、传输网络等各组成部分的安全。

6.4.2　信息安全威胁

信息安全威胁主要来自物理环境、信息系统自身缺陷及人为因素。

1. 来自物理环境的安全威胁

来自物理环境的安全威胁，主要包括自然灾害、辐射、电力系统故障等造成的自然的或意外的事故。例如，地震、火灾、水灾、雷击、静电、有害气体等对计算机系统的损害；电力系统停电、电压突变，导致系统停机、存储设备被破坏、网络传输数据丢失。

2. 因信息系统自身缺陷产生的安全威胁

信息系统自身包括硬件系统、软件系统等，这些组成部分存在的缺陷会产生安全威胁。

（1）硬件系统的安全威胁主要来自设计或质量缺陷。例如，计算机的硬盘、电源或主板芯片发生故障，导致系统崩溃、数据丢失等。

（2）软件系统包括操作系统、应用软件等，其设计缺陷、软件漏洞等容易被黑客或计算机病毒利用，为系统带来安全威胁。

3. 人为因素产生的安全威胁

人为因素主要包括内部攻击和外部攻击两大类。

（1）内部攻击指系统内部合法用户的故意或非故意行为造成的隐患或破坏。例如，内部人员非法窃取、盗卖数据；违规操作导致设备损坏、系统故障；系统密码设置简单增加系统被入侵的风险。

（2）外部攻击指来自系统外部的非法用户攻击。例如，冒用合法用户登录系统盗取或破坏数据；利用系统漏洞入侵系统。

6.4.3　信息安全技术

信息安全技术包括信息的存储、处理、使用、传输等多个环节的理论和技术。常见的信息安全技术如下。

（1）加密技术：对数据、文件、口令等机密数据进行加密，提高信息安全性。数据加密技术主要分为数据存储加密和数据传输加密。常见的加密算法有对称加密算法和非对称加密算法。

（2）入侵检测技术：信息系统存在本地和网络入侵风险，入侵检测可帮助系统快速发现威胁。

（3）防火墙技术：防火墙用于在本地网络和外部网络之间建立防御系统，仅允许安全、核准的信息进入本地网络，阻止存在威胁的信息访问和传递。

（4）系统容灾技术：可在系统遭受安全威胁或被破坏时，快速恢复系统数据和系统运行。数据备份和系统容错是系统容灾技术的主要研究内容。

6.5　计算机病毒

6.5.1　计算机病毒概述

1．计算机病毒的概念

《中华人民共和国计算机信息系统安全保护条例》对计算机病毒的定义为：计算机病毒，是指编制或者在计算机程序中插入的破坏计算机功能或者毁坏数据，影响计算机使用，并能自我复制的一组计算机指令或者程序代码。

2．计算机病毒的特点

计算机病毒具有下列特点。

（1）传染性：计算机病毒可自我复制，传染其他程序或文件。传播渠道通常包括 U 盘、网页、电子邮件等。

（2）破坏性：计算机病毒可破坏文件或数据、扰乱系统正常工作。

（3）触发性：计算机病毒往往有一定触发机制，满足触发条件时病毒程序将会运行。

（4）隐蔽性：计算机病毒往往依附于其他文件或程序，不易被发现。

（5）人为性：计算机病毒是人为编写的计算机程序代码。

（6）顽固性：部分计算机病毒一旦感染，往往不易清除。

（7）变异性：部分计算机病毒会在传播过程中传输变种，使其更难以被发现和清除。

3．计算机病毒的主要危害

计算机病毒的主要危害如下。

（1）破坏文件或数据，格式化磁盘，破坏计算机 BIOS 设置等。

（2）占用系统内存资源，导致系统运行变慢或系统崩溃。

（3）占用磁盘空间。

（4）抢占系统网络资源，造成网络阻塞或通信瘫痪。

4．计算机病毒的主要传播途径

计算机病毒的主要传播途径如下。

（1）U 盘、移动磁盘、光盘等存储设备。在存储设备之间复制文件容易传播病毒。

（2）网页。计算机病毒伪装为网页链接，点击链接时会导致计算机感染病毒。

（3）局域网。计算机病毒可通过局域网进行自我复制，感染局域网中的计算机。

（4）电子邮件。计算机病毒可伪装成电子邮件，打开邮件会导致计算机感染病毒。

（5）盗版软件。它们往往隐藏了计算机病毒，安装时会导致计算机感染病毒。

6.5.2　计算机病毒的分类

计算机病毒的种类繁多，常见的分类如下。

（1）文件型病毒：感染计算机中文件（如.com、.exe、.docx 等文件）的计算机病毒。

（2）网络型病毒：通过计算机网络传播的计算机病毒。

（3）引导型病毒：感染系统磁盘引导扇区的计算机病毒。

（4）混合型病毒：具有多种感染、传播方式的计算机病毒。

6.5.3　计算机病毒的防治

计算机病毒的危害性极大，采取预防措施是阻止病毒传播的最好方式。计算机病毒的主要预防措施如下。

（1）安装防病毒软件和防火墙，并启动实时监视功能，定期扫描系统并及时升级。

（2）不使用盗版软件或来路不明的软件。

（3）使用外部存储设备时，先使用防病毒软件检测外部存储设备是否安全。

（4）不打开来历不明的电子邮件和网页链接。

（5）发现计算机感染病毒后，应中断网络连接，避免病毒通过网络传播。

计算机病毒的传播能力往往较强，感染后应立即采取措施清除病毒，使用杀毒软件是清除病毒的最好方式。常见的杀毒软件有 360、瑞星、金山毒霸、卡巴斯基、迈克菲等。

本章小结

计算机网络已经成为人们生产、生活和社会活动中不可或缺的工具，有效促进了经济社会的发展。本章主要介绍计算机网络的基础知识、Internet 基础和信息安全等内容，包括计算机网络的定义、发展历史、功能和分类等；同时详细讲解了 Internet 的相关知识；最后介绍了信息安全概念、信息安全技术、计算机病毒等信息安全相关知识。

思考题

1. 计算机网络由哪两个部分组成？各自的作用如何？
2. 计算机网络传输介质主要有哪些？
3. 通信设备主要有哪些？各自的作用如何？
4. 计算机网络的发展大致分为哪几个阶段？
5. 计算机网络分为哪些类型？各种类型都有哪些特点？
6. OSI/RM 模型包含哪七层？每层各起什么作用？
7. TCP/IP 协议有多少层？各层有什么作用？
8. IP 地址分为几类？如何进行区分？
9. 常见的需要保证安全的信息有哪些？
10. 常见的信息安全技术有哪些？
11. 信息安全的主要威胁来源有哪些？
12. 常见的计算机病毒有哪些？
13. 计算机病毒的主要防治措施有哪些？

07 第 7 章　信息技术基础

信息技术（Information Technology，IT）一般是指在信息科学的基本原理和方法的指导下扩展人类功能的相关技术，是将传感技术、计算机技术、通信技术和控制技术等用于管理和处理信息的各种技术的总称。信息技术主要包括计算机科学、信息学、信息工程学、信息系统、信息系统审计、计算机网络、互联网、密码学和信息安全等内容。本章主要介绍信息技术的发展历史、多媒体技术基础、信息检索、新一代信息技术等内容。

7.1　信息技术发展史与国产化替代

7.1.1　信息技术发展史

信息技术发展至今，大致可分为 5 个发展阶段。

1. 第一阶段：语言的产生及发展

语言的诞生，让人类能够以前所未有的方式来思考，用完全新式的交往方式进行沟通，进而演化出了属于自己的一套社交属性，这是人类语言区别于动物语言的根本原因。

语言是人类思想交流和信息传播不可或缺的工具。信息具有很大的价值，而语言就是帮助信息分享的载体，也促进了人类的进化，满足了人类进行信息分享的要求。

2. 第二阶段：文字的出现和使用

比起单靠语言的面对面同步传输，文字的应用打破了时间和空间的限制。文字作为一种远程信息传输工具，让人类对世界的理解有了传承的力量，让古代的百姓也能够了解到天下的大事。文字的出现，主要解决了信息记录的问题。没有文字就没有历史，没有文字就没有传承，也不会有人类文明。

3. 第三阶段：印刷术的发明和使用

印刷术时代，人类社会实现的不仅是远距离传输，还有信息的大量传输。

造纸术的发明，使信息记录的成本极大降低，人们可以手抄图书将各种作品流传下去。

印刷术的发达，则解决了"量"的问题。将信息进行大量远距离传输，使承载着知识内容的书籍得以批量生产，快速流入社会。

人们通过文字和纸张实现远距离通信，各种文明相互交融，相互借鉴，相互促进，共同发展，纸和印刷术创造了古代文明的高峰。

4. 第四阶段：电话、广播和电视的使用

电话和广播实现了语音的同步远距离传输，突破了文字、距离和延时的限制，使人们通过声音直接获取即时的信息内容，并感同身受。

电话和广播在人类历史上无疑是重大突破，但随着时代的发展，它们的弊端也逐渐暴露：信息量小，媒体形式单一，主要以声音为主，文字信息也非常简短。

电视的普及标志着多媒体的诞生，它集声音、文字、图像和影像于一身，让信息实现了实时、大规模和远距离传输。更重要的是，大众有了直观感受，信息这个载体从此开始有了感情色彩。电视作为多媒体的重要载体，使信息传递的方式更加丰富、更有感情和冲击力，它的问世成为现代文明的代表之一。

5. 第五阶段：计算机和互联网的使用

计算机和互联网的出现，使信息传输达到了信息革命史上的最高水平，它有效集合了之前信息载体的所有特征：实时、远距离和多媒体，还兼具信息双向互通的优势。在此基础上，人与人之间可以用互联网进行实时、高速度、多向交互的信息交流，由此产生了很多全新的商业模式和业务模式，也极大改变了世界政治格局和人们的思维方式。

互联网可分为传统互联网和智能互联网。传统互联网的主要任务是实现高速度的信息传输；而智能互联网是一种新的信息传输体系，由移动互联、智能感应、大数据和智能学习等共同构建。智能互联网将整合移动互联、智能感应、大数据、智能学习的能力，形成一种全新的能力，这种能力能够渗透到社会生活的各个角落，影响和改变世界的发展进程。

7.1.2 国产化替代

国产化替代指用国产的产品替代国外的垄断产品，主要包括 CPU、操作系统、高端数据库和高端芯片等相关领域的产品替代。

在当今时代的大背景下，不同国家之间的竞争开始触及到更多更深的层面。要想在这场竞争中掌握优势，就需要把更多的核心技术掌握在自己手里。国产化的最根本意义在于掌握技术自主，防止国家在芯片、操作系统等关键技术领域陷入被动。因此在芯片等相关技术领域建立起由我国主导的 IT 产业生态尤为迫切，旨在通过对 IT 软硬件各个环节的重构，建立我国自主可控的 IT 产业标准和生态，逐步实现各环节的独立自主。

1. 替代以 Intel 架构为代表的 CPU

CPU 是计算机系统的核心，其重要性不言而喻。长期以来，Intel、AMD、IBM 等公司掌握着 CPU 研发和设计的核心技术。

我国 CPU 研发过程坎坷。2010 年之后，在国家集成电路产业政策和大基金投资等多重措施支持下，一大批国产 CPU 设计单位成长起来，产品覆盖了高性能计算、桌面、移动和嵌入式等主要应用场景。但在 CPU 指令集这一核心技术上，主要还是依靠国际授权和技术合作。我国迫切需要国产 CPU 来代替以 Intel 架构为代表的 CPU。

近年来，我国也涌现了诸如华为海思、北大众志、龙芯等国产化 CPU 厂商。《2018—2019 年中央国家机关信息类产品（硬件）和空调产品协议供货采购项目征求意见公告》明确增加"国产芯片服务器"类别，将龙芯、飞腾等国产 CPU 纳入采购目录。同时，要求入选中央国家机关政府采购中心招标目录的所有 PC 都必须预装国产 Linux 操作系统。

2. 替代微软的 Windows 操作系统

操作系统是计算机系统的大脑，是计算机软件的核心。Windows 操作系统占据了国内操作系统市场份额的 90%以上。

中国工程院院士倪光南指出："我们把国产开源的 Linux 操作系统加上国产的 CPU，来替代 Windows 操作系统加 Intel 架构的体系。"基于 Linux 进行二次开发，是当前我国操作系统发展的主要方向。目前，我国有十几家公司基于 Linux 二次开发了操作系统，包括银河麒麟、中标麒麟、深度、普华、中科方德、优麒麟等。

3. 替代高端数据库"IOE"

"IOE"分别指 IBM 服务器、Oracle 数据库、EMC 存储设备，从服务器到应用软件，IOE 渗透到我国的金融、通信、电力、航空等诸多重要领域。

IOE 替代的难度不亚于 CPU 和操作系统的国产化替代。以数据库为例，目前，我国开发的数据库主要有人大金仓公司的 KingbaseES 系统、达梦公司的达梦数据库、东软集团的 OpenBASE 系统、华为公司的 GaussDB、腾讯公司的 TDSQL 等。

4. 替代高端芯片

高端芯片一般是指 14 纳米及以下的芯片，在智能手机等相关领域具有广泛的应用。随着国家间竞争的加剧，我国正对高端芯片产业进行大规模投资，推动国家的相关公司进行攻关，以期尽快突破芯片方面的"卡脖子"，推动国家相关行业的迅速发展。

7.2 多媒体技术基础

多媒体技术是 20 世纪末开始兴起并得到迅速发展的一门技术，它把文字、数字、图形、图像、动画、音频和视频等集成到计算机系统中，使人们能够更加自然、更加"人性化"地使用信息。经过几十年的发展，多媒体技术已成为科技界、产业界普遍关注的热点之一，并已渗透到不同行业的多个应用领域，使社会发生日新月异的变化。

7.2.1 多媒体技术的概念

所谓媒体（Medium）是指承载信息的载体。按照 ITU-T（ITU-T for ITU Telecornmunication Standardization Sector，国际电信联盟电信标准分局）和 CCITT（International Telegraph and Telephone Consultative Committee，国际电报电话咨询委员会）建议的定义，媒体有以下 5 种：感觉媒体、表示媒体、显示媒体、存储媒体和传输媒体。感觉媒体指的是用户接触媒体的总的感觉形式，如视觉、听觉、触觉等。表示媒体指的是信息的表示形式，如图像、声音、视频、运动模式等。显示媒体（又称表现媒体）是指表现和获取信息的物理设备，如显示器、打印机、扬声器、键盘、摄像机、运动平台等。存储媒体是指存储数据的物理设备，如磁盘、光盘等。传输媒体是指传输数据的物理设备，如光缆、电缆、电磁波、交换设备等。这些媒体形式在多媒体领域中都是密切相关的。媒体的表现形式如表 7-1 所示。

表 7-1 媒体的表现形式

媒体类型	媒体特点	媒体形式	媒体实现方式
感觉媒体	人类感知环境的信息	视觉、听觉、触觉	文字、图形、声音、图像、视频等
表示媒体	信息的表示形式	计算机数据格式	图像编码、音频编码、视频编码
显示媒体	信息的表达方式	输入、输出信息	数码相机、显示器、打印机等
存储媒体	信息的存储方式	存取信息	内存、硬盘、光盘、U 盘、纸张等
传输媒体	信息的传输方式	网络传输介质	电缆、光缆、电磁波等

"多媒体"（Multimedia）从字面上理解就是"多种媒体的综合"，相关的技术也就是"怎样进行多种媒体综合的技术"，概括起来就是一种能够对多种媒体信息进行综合处理的技术。多媒体技

术可以定义为：以数字化为基础，能够对多种媒体信息进行采集、编码、存储、传输、处理和表现，综合处理多种媒体信息并使之建立起有机的逻辑联系，集成为一个系统并能具有良好交互性的技术。

7.2.2　多媒体技术的应用领域

多媒体技术的应用领域十分广泛，它不仅覆盖了计算机的应用领域，而且开拓了新的计算机应用领域。多媒体技术已广泛应用于工业、农业、商业、金融、教育、娱乐、旅游、房地产开发等领域，下面介绍其中的几个主要方面。

1. 教育与培训

多媒体技术的应用将改变传统的教学模式，使教材和学习方法发生重大变化。多媒体技术可以用声、图、文并茂的电子书代替一些文字教材，以更直观、更活跃的方式向学生展示丰富的知识，改变以往不灵活的学习和阅读方式。

2. 电子商务

通过互联网，客户可以浏览商家展示的各种产品，并获取价格表、产品说明等其他信息，从而订购他们喜欢的产品。电子商务可以极大缩短销售周期，提高销售人员的工作效率，提高客户的服务质量，降低上市、销售、管理和交付成本，形成新的优势条件。因此，多媒体技术将帮助电子商务成为社会的重要销售方式。

3. 游戏

游戏具有多媒体感官的刺激，游戏者可以通过计算机与游戏互动轻松进入角色，因此深受玩家欢迎。

4. 虚拟现实

虚拟现实是一项与多媒体技术密切相关的新技术，它通过综合应用计算机图像、模拟与仿真、传感器、显示系统等技术和设备，以模拟仿真的方式，给用户提供一个真实反映操纵对象变化与相互作用的三维图像环境所构成的虚拟世界，并通过特殊设备（如头盔和数据手套）给用户提供一个与该虚拟世界相互作用的三维交互式用户界面。

5. 工业和科学计算

多媒体技术在工业生产实时监控系统中，尤其在生产现场设备故障诊断和生产过程参数监测等方面有重大的实际应用价值。特别是在一些危险环境中，多媒体实时监控系统将发挥越来越重要的作用。

6. 医疗影像

现代先进的医疗诊断技术的共同特点是：以现代物理技术为基础，借助计算机技术，对医疗影像进行数字化和重建处理，计算机在成像过程中发挥着至关重要的作用。随着临床需求的不断提高及多媒体技术的发展，出现了新一代具有多媒体处理功能的医疗诊断系统。多媒体医疗影像系统的发展，引发了医疗领域的革命。同时，多媒体技术在网络远程诊断中也发挥着至关重要的作用。

7. 商业广告

大型商场、车站、机场、酒店等多媒体广告系统与液晶显示屏、电视墙等显示设备相结合，可以实现广告制作、商品展示等多种功能。这种广告具有丰富多彩、生动的特点，往往给人较强的视觉冲击。

8. 影视娱乐

计算机刚出现时，人们主要用它来进行数学运算和逻辑判断。后来，人们在计算机上开发了声音、图形和图像处理功能，并将娱乐功能添加到计算机系统中。随着多媒体技术的发展越来越成熟，在影视娱乐中使用多媒体技术已成为一种必然趋势。

7.2.3 常见的多媒体元素

多媒体元素是指多媒体应用中可显示给用户的媒体形式。目前常见的媒体元素主要有文本、图形、图像、音频、视频和动画等。

1. 文本

文本（Text）是指书面语言的表现形式，从文学角度看通常是具有完整、系统含义的一个句子或多个句子的组合。一个文本可以是一个句子、一个段落或者一个篇章。广义的"文本"是指由书写所固定下来的任何话语。文本现在延伸为计算机的一种文档类型，主要用于记载和储存文字信息，而不是图像、声音和格式化数据。常见的文本文档的扩展名有.txt、.doc.、.docx、.wps 等。

2. 图形

图形（Graphic）是指由外部轮廓线条构成的矢量图，包括计算机绘制的直线、圆、矩形、曲线、图表等。

图形用一组指令集合来描述图形的内容，如描述构成该图的各种图元位置维数、形状等。描述对象可任意缩放不会失真。在显示方面，图形使用专门软件将描述图形的指令转换成屏幕上的形状和颜色，适用于描述轮廓不复杂、色彩不是很丰富的对象，如几何图形、工程图纸、CAD、3D 造型软件等。

图形的编辑通常用绘图软件产生矢量图形，并对矢量图形及图元独立进行移动、缩放、旋转和扭曲等变换。其主要参数用于描述图元的位置、维数和形状的指令和参数。

3. 图像

在计算机中，图像（Image）是以数字方式记录、处理和保存的，也可以称为数字化图像。图像是指由输入设备捕捉的实际场景画面，或以数字化形式存储的任意画面，是客观对象的一种相似性的、生动性的描述或写真，是人类社会活动中最常用的信息载体。随着数字技术的不断发展和应用，现实生活中的许多信息都可以用数字形式的数据进行处理和存储，如数字图像。利用计算机可以对图像进行常规处理技术所不能实现的加工处理，还可以将它在网上传输，可以多次复制而不失真。

4. 音频

音频（Audio）是个专业术语，用作一般性描述音频范围内与声音有关的设备及其作用。人类能够听到的所有声音都称为音频，它可能包括噪声等。声音被录制以后，无论是说话声、歌声、乐器都可以通过数字音乐软件处理。影响数字声音波形质量的主要因素有 3 个，分别是采样频率、采样精度和通道数。采样频率等于波形被等分的份数，份数越多（即频率越高），声音的质量越好；采样精度越高，音质越好；单声道产生一个波形，立体声道则产生两个波形，采用立体声道的声音丰富，但存储容量大。

5. 视频

视频（Video）泛指以电信号的方式加以捕捉、记录、处理、储存、传送与重现的一系列静态影像。连续的图像变化每秒超过 24 帧（Frame）画面时，根据视觉暂留原理，看上去呈现平滑连续的视觉效果，即为视频。视频也指新兴的交流、沟通工具，是基于互联网的一种设备及软件，用户可通过视频看到对方的仪容、听到对方的声音。它是可视电话的雏形。

6. 动画

动画（Animation）的定义是以逐帧拍摄的方式组成的连续画面。动画与动画片其实是不同的概念。用到动画技术的影片，不一定是动画片，但动画片一定是动画技术形成的影片。可以说，动画是一个更大的概念，而动画片包含在动画之中。动画既是一种技术，也可以升华成艺术，而动画片更加强调的是片种，动画强调的是艺术形式。

7.2.4　多媒体计算机的硬件设备

一个功能较齐全的多媒体计算机系统从处理的流程来看包括输入设备、计算机主机、输出设备、存储设备几个部分。多媒体个人计算机系统在硬件方面，根据应用不同，构成配置可多可少，亦可高可低。多媒体计算机常见的硬件构成包括光驱、声卡、触摸屏、扫描仪、数码相机、彩色投影仪等。

1. 光驱

光驱用来读写光盘内容，也是在微机里比较常见的一个部件，如图 7-1 所示。

光驱可分为 CD-ROM 驱动器、DVD 光驱（DVD-ROM）、康宝（COMBO）、蓝光光驱（BD-ROM）和刻录机等。普通光驱可以用来读取光盘上的数据，如果是带刻录功能的光驱，还可以向可读写光盘中写入数据。

图 7-1　光驱

2. 声卡

声卡是多媒体技术中最基本的组成部分，是实现声波/数字信号相互转换的一种硬件，如图 7-2 所示。声卡从话筒中获取声音模拟信号，通过模数转换器（Analog to Digital Converter，ADC），将声波振幅信号采样转换成一串数字信号，存储到计算机中。重放时，将这些数字信号送到数模转换器（Digital to Analog Converter，DAC），以同样的采样速度还原为模拟波形，放大后送到扬声器发声，这一技术称为脉冲编码调制技术（Pulse Code Modulation，PCM）。

图 7-2　声卡

声卡的主要作用如下。

（1）录制数字音频文件。通过声卡及相应的驱动程序的控制，采集来自话筒、录音机等音源的信号，压缩后存放在计算机系统的内存或硬盘中。

（2）将硬盘或激光盘压缩的数字化音频文件还原成高质量的声音信号，放大后通过扬声器放出。

（3）对数字化音频文件进行加工，以达到某种特定的音频效果。

（4）控制音源的音量，对各种音源进行组合，实现混响器的功能。

（5）利用语言合成技术，通过声卡朗读文本信息。如读英语单词和句子、演奏音乐等。

（6）具有初步的音频识别功能，让操作者用口令指挥计算机工作。

（7）提供 MIDI（Musical Instrument Digital Interface，乐器数字化接口）功能，使计算机可以控制多台具有 MIDI 接口的电子乐器。另外，在驱动程序的作用下，声卡可以将 MIDI 格式存放的文件输出到相应的电子乐器中，发出相应的声音，使电子乐器受声卡的指挥。

3. 触摸屏

触摸屏（Touch Screen）又称为"触控屏""触控面板"，如图 7-3 所示。触摸屏本身没有显示图像的功能，是全透明的，看起来就像一块玻璃，是一种可接收触头等输入信号的感应式液晶显示装置，当触摸屏幕上的图形按钮时，屏幕上的触觉反馈系统可根据预先设置的程序驱动各种连接装置，用以取代机械式的按钮面板，并借助屏幕显示画面制造出生动的影音效果。

触摸屏是一种简单、方便、自然的人机交互方式。它赋予多媒体以崭新的面貌，是极富吸引力的全新多媒体交互设备，主要应用于公共信息的查询、工业控制、军事指挥、电子游戏、多媒体教学等。

图 7-3　触摸屏

4. 扫描仪

扫描仪是一种捕获影像的装置，作为一种光机电一体化的计算机外设产品，可将影像转换为计算机可以显示、编辑、存储和输出的数字格式，是功能很强的一种输入设备，如图 7-4 所示。衡量扫描仪的主要技术指标包括扫描分辨率、扫描色彩精度、扫描速度等。扫描仪的关键技术有镜头技术和 CCD（Charge Coupled Device，电荷耦合器件）技术，这两项技术决定了扫描分辨率的高低。

扫描仪的应用范围主要有以下几个方面。

（1）将美术图形和照片扫描结合到文件中。

（2）将印刷好的文本扫描输入文字处理软件中，免去重新打字的麻烦。

（3）将传真文件扫描输入数据库软件或文字处理软件中存储。

（4）在多媒体产品中添加图像。

（a）手持扫描仪　　　　　　　（b）平板扫描仪　　　　　　（c）安全激光扫描仪

图 7-4　各式扫描仪

5. 数码相机

如图 7-5 所示，数码相机（Digital Still Camera，DSC）是一种利用电子传感器把光学影像转换成电子数据的照相机。它是集光学、机械、电子于一体的产品，集成了影像信息的转换、存储和传输等部件，具有数字化存取模式、与计算机交互处理和实时拍摄等特点。光线通过镜头或者镜头组进入相机，通过数码相机成像元件转化为数字信号，数字信号再通过影像运算芯片储存在存储设备中。

图 7-5　数码相机

数码相机的成像元件是 CCD 或 CMOS（Complementary Metal Oxide Semiconductor，互补金属氧化物半导体），该成像元件的特点是光线通过时，能根据光线的不同转化为电子信号。数码相机的魅力不单在于其外形美观及使用方便，更多在于它所拍摄的相片质量是传统相机不能比拟的，它使得非专业用户也能拍摄出专业的效果。与传统相机相比，数码相机只需一张小小的存储卡便可存储拍摄照片，没有更换胶卷等麻烦。正因为数码相机的种种优点，使得它广受摄影爱好者的欢迎。

6. 彩色投影仪

彩色投影仪又称彩色投影机，是一种可以将图像或视频投射到幕布上的设备，可以通过不同的接口同计算机、游戏机、数码相机等连接播放相应的视频信号，如图 7-6 所示。使用彩色投影仪时，通常配有大尺寸的幕布，计算机送出的显示信息通过投影机投影到幕布上。作为计算机设备的延伸，投影仪在数字化、小型化、高亮度显示等方面具有鲜明的特点，目前广泛应用于教学、广告展示、会议、旅游等很多领域。

图 7-6 彩色投影仪

7.2.5 多媒体音频文件格式

目前较流行的音频文件有 RealAudio、WMA、WAVE、MPEG 等。

1. RealAudio 文件（.ra、.rm、ram）

RealAudio 是 RealNetworks 公司开发的一种流行音频文件格式，主要用于在低速率的广域网上实时传输音频信息，网络连接速率不同，客户端所获得的声音质量也不尽相同。用户可以使用 RealPlayer 和 RealOne Player 对符合 Real Media 技术规范的网络音频、视频资源进行实时播放，并且 Real Media 还可以根据不同的网络传输速率制定出不同的压缩比率，从而实现在低速率的网络上进行影像数据实时传送和播放。

2. WMA 文件（.wma）

WMA（Windows Media Audio）是继 MP3（Moving Picture Experts Group Audio Layer3，动态影像专家压缩标准音频层面 3）后最受欢迎的音乐格式，在压缩比和音质方面都超过了 MP3，能在较低的采样频率下产生好的音质。WMA 音质要好于 MP3，更远胜于 Real Audio，以减少数据流量但保持音质的方法来达到比 MP3 压缩率更高的目的，其压缩率一般都可以达到 1：18。WMA 格式在录制时可以对音质进行调节。同一格式，压缩率较低的音质可与 CD 媲美，压缩率较高的可用于网络广播。

3. WAVE 文件（.wav）

WAVE 是 Microsoft 公司开发的一种音频文件格式，用于保存 Windows 平台的音频信息资源，被 Windows 平台及其应用程序广泛支持，是 PC（Personal Computer，个人计算机）上流行的音频文件格式，但其文件较大，多用于存储简短的声音片段。

4. MPEG 文件（.mp1、.mp2、.mp3）

MPEG 是 Moving Pictures Experts Group 的缩写。这里的 MPEG 音频文件格式是指 MPEG 标准中的音频部分。MPEG 文件的压缩是一种有损压缩，根据压缩质量和编码复杂程度的不同可分为三层（MPEG Audio Layer 1/2/3），分别对应 MP1、MP2、MP3 这三种文件。MPEG 音频编码具有很高的压缩率，MP1 和 MP2 的压缩率分别为 4：1 和 6：1~8：1，标准的 MP3 的压缩率是 10：1。

7.2.6　多媒体图像文件格式

图像文件格式是计算机中存储图像文件的方法，包括图像的各种参数信息。不同的文件格式所包含的诸如分辨率、容量、压缩程度、颜色空间深度等信息都有很大不同，因此在存储图像文件时，选择何种格式是十分重要的。

1. BMP 格式

BMP 是英文 bitmap（位图）的简写，它是 Windows 操作系统中的标准图像文件格式，能够被多种 Windows 应用程序所支持。随着 Windows 操作系统的流行与丰富的 Windows 应用程序的开发，BMP 格式被广泛应用。这种格式的特点是包含的图像信息较丰富，几乎不进行压缩，但由此导致它表现出与生俱来的缺点：占用磁盘空间过大，限制了其在网络上的运用。

2. GIF 格式

GIF（Graphics Interchange Format，图像交互格式）的特点是压缩比高，磁盘空间占用较少，因此这种图像格式迅速得到了广泛的应用。目前 Internet 上常见的彩色动画文件多为这种格式的文件，也称为 GIF89a 格式文件。但 GIF 有个缺点，即不能存储超过 256 色的图像。尽管如此，这种格式仍在网络上广泛应用，这和 GIF 图像文件小、下载速度快、可用许多具有同样大小的图像文件组成动画等优势是分不开的。

3. JPEG 格式

JPEG（Joint Photographic Experts Group，联合图像专家组）也是常见的一种图像格式，它被命名为 "ISO/IEC10918-1"，JPEG 仅仅是一种俗称而已。JPEG 文件的扩展名为.jpg 或.jpeg，其压缩技术较先进，用有损压缩方式去除冗余的图像和彩色数据，获取极高的压缩率的同时能展现十分丰富生动的图像，换句话说，就是可以用较少的磁盘空间得到较好的图像质量。

4. PNG 格式

PNG（Portable Network Graphics，便携式网络图片）是一种新兴的网络图像格式，一开始便结合 GIF 及 JPEG 两家之长，打算一举取代这两种格式。PNG 的第一个特点是目前保证最不失真的格式，汲取了 GIF 和 JPEG 二者的优点，存储形式丰富，兼有 GIF 和 JPEG 的色彩模式。它的第二个特点是能把图像文件压缩到极限以利于网络传输，但又能保留所有与图像品质有关的信息。它的第三个特点是显示速度很快，只需下载 1/64 的图像信息就可以显示出低分辨率的预览图像。

5. PSD 格式

PSD 文件其实是 Photoshop 进行平面设计的一张 "草稿图"，它里面包含各种图层、通道、遮罩等多种设计的样稿，以便于下次打开文件时可以修改上一次的设计。在 Photoshop 所支持的各种图像格式中，PSD 文件的存取速度比其他格式的文件快很多，功能也很强大。

6. TIFF 格式

TIFF（Tag Image File Format，标签图像文件格式）是广泛使用的图像格式之一，最初是出于跨平台存储扫描图像的需要而设计的。它的特点是图像格式复杂、存储信息多。正因为它存储的图像细微层次的信息非常多，图像的质量也得以提高，故而非常有利于原稿的复制。TIFF 格式有压缩和非压缩两种形式，其中压缩形式可采用 LZW（Lempel Ziv Welch）无损压缩方案存储。

除了上述较常用的图像格式以外，还有一些其他非主流的图像格式，如 DXF（Drawing Interchange Format 或 Drawing Exchange Format）格式、WMF（Windows Metafile，图元文件）格式、EMF（Enhanced MetaFile，矢量图像）格式、FLIC（FLI/FLC，Autodesk 公司在其出品的 2D、3D 动画制作软件中采

用的动画文件格式）格式、EPS（Encapsulated Post Script，目前桌面印刷系统普遍使用的通用交换格式当中的一种综合格式）格式和 TGA（Tagged Graphics，美国 True Vision 公司为其显示卡开发的一种图像文件格式）格式等，在这里就不再一一介绍。

7.3　信息检索

7.3.1　使用搜索引擎

搜索引擎是根据用户需求，运用一定算法和特定策略，从互联网检索出特定信息反馈给用户的一种检索技术。搜索引擎的实现基于多种技术，如网络爬虫技术、检索排序技术、网页处理技术、大数据处理技术、自然语言处理技术等。典型的搜索引擎有百度、谷歌等。下面以百度为例，介绍使用搜索引擎的方法。

1. 简单搜索

在搜索框中输入关键词"网络基础"，按【Enter】键或单击"百度一下"按钮，执行搜索，页面中很快会显示关键词"网络基础"的搜索结果，如图 7-7 所示。

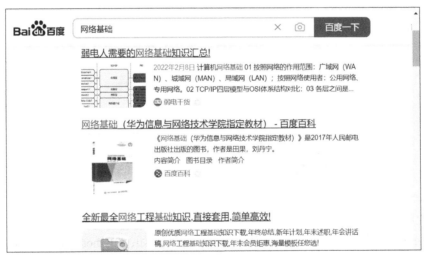

图 7-7　简单搜索

通常，搜索结果的前面几条为广告内容，百度会在网站地址后标注广告提示。

2. 使用双引号""

通常，百度会自动对关键词进行拆分，这会导致搜索结果中包含许多无用的内容。使用双引号将要搜索的关键词括起来，可执行精确搜索。例如，要精确搜索"网络基础知识入门"，可以在百度输入框中输入带引号的"网络基础知识入门"，然后单击"百度一下"按钮，如图 7-8 所示。搜索结果是带有"网络基础知识入门"关键词的精确搜索页面。

3. 使用加号"+"

在关键词前面使用加号，表示在搜索结果的网页中必须包含关键词。例如，如果要在查询的同时包含关键词"网络基础"和"选择题"的精确搜索，可在百度输入框中输入"+网络基础+选择题"，如图 7-9 所示。

图 7-8　使用双引号搜索

图 7-9　使用加号搜索

4. 使用书名号

使用书名号将关键词括起来，表示搜索影视作品或小说。例如，要搜索"三国演义"的影视作品或小说，可以在百度输入框中输入"《三国演义》"，如图 7-10 所示。

图 7-10　使用书名号搜索

5. 在指定网站内搜索

使用"site:网站域名"可限制在指定网站内搜索网页。例如，"Python site:xinhuanet.com"表示只在新华网中搜索关键词"Python"，如图 7-11 所示。

图 7-11　在指定网站内搜索

6. 在网页标题中搜索

在关键词前加上"intitle:"，表示只在网页标题中搜索关键词。例如，要在标题中搜索"网络基础知识讲座"的内容，如图 7-12 所示。

图 7-12　在网页标题中搜索

7. 精确搜索指定文件类型的文档

在百度中搜索文档时，可使用"filetype:文档格式"指定要搜索文档的文件类型。例如，"网络基础 filetype:pdf"表示搜索包含关键词"网络基础"的 PDF 文档，如图 7-13 所示。

图 7-13　精确搜索指定文件类型的文档

7.3.2　商标检索

商标是用于区别一个经营者的商品或服务和其他经营者的商品或服务的标志，每一个注册商标都指定用于某一商品或服务。

我国的商标注册和管理由国家知识产权局商标局（简称商标局）负责，2018 年 11 月，原国家工商行政管理总局商标局、商标评审委、商标审查协作中心整合为国家知识产权局商标局，是国家知识产权局所属事业单位。

商标检索即商标查询，指查询商标的注册信息，是申请商标注册的必经程序。商标局主办的中国商标网提供了商标检索功能。

在中国商标网主页中单击导航菜单栏中的"商标网上查询"链接，可打开商标查询使用说明页面，如图 7-14 所示。

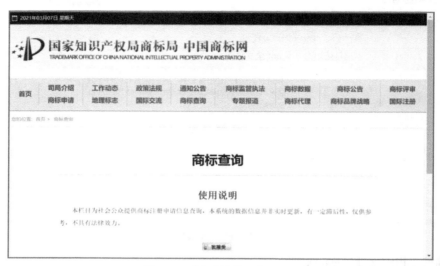

图 7-14　商标查询使用说明页面

在页面中单击"我接受"按钮，进入商标查询分类导航页面，如图 7-15 所示。

图 7-15　商标查询分类导航页面

商标检索分为商标近似查询和商标综合查询。

1. 商标近似查询

商标近似查询可按图形、文字等商标组成要素执行近似检索，查询是否有相同或近似商标。商标近似查询操作步骤如下。

（1）在商标查询分类导航页面中单击"商标近似查询"链接，打开商标近似查询页面，如图 7-16 所示。

图 7-16　商标近似查询页面

（2）在"国际分类"文本框中输入商标国际分类编号，单击文本框右侧的 🔍 按钮，打开的对话框中显示了商标国际分类列表，如图 7-17 所示。在列表中单击分类，即可将对应的商标分类编号填入"国际分类"文本框。

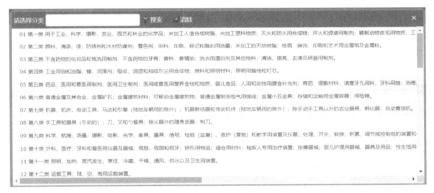

图 7-17　商标国际分类列表

（3）在"类似群"文本框中输入商标的类似群编号，多个编号用分号";"分隔。可单击文本框右侧的 🔍 按钮，打开图 7-18 所示的对话框。在列表中选中商标分类前面的复选框，单击"加入检索"按钮，即可将对应的编号填入"类似群"文本框。

图 7-18　商标的类似群

（4）在"查询方式"组中选择查询方式，默认查询方式为"汉字"，还可选择按"拼音""英文""数字""字头"或"图形"等方式查询。

（5）在"商标名称"文本框中输入要查询的商标名称包含的词语。

（6）单击"查询"按钮，执行检索操作。

图 7-19 显示了国际分类编号为 42，类似群编号为"4209;4220"，查询方式为"汉字"，商标名称为"百度"时的近似查询结果。在查询结果列表中单击"申请/注册号"或"商标名称"链接，可查看商标的详细信息，如图 7-20 所示。

图 7-19 近似查询结果

图 7-20 查看商标的详细信息

为便于统一国际商标的分类和管理，多个国家于 1957 年 6 月 15 日在法国尼斯签订了《商标注册用商品与服务国际分类尼斯协定》，简称尼斯协定。尼斯协定规定了商品与服务分类法，它将商品分为 34 大类，服务项目分为 11 大类。我国于 1988 年开始使用国际商标注册用商品分类法，在 1993 年实施商标法修改案后，也开始使用国际服务分类法。1994 年 8 月 9 日我国加入该协定。

2. 商标综合查询

商标综合查询可按国际分类、申请/注册号、商标名称、申请人名称等参数查询某一商标的有关信息。操作步骤如下。

（1）在商标查询分类导航页面中单击"商标综合查询"链接，打开商标综合查询页面，如图 7-21 所示。

图 7-21　商标综合查询页面

（2）在"国际分类"文本框中输入商标国际分类编号。可单击文本框右侧的 🔍 按钮，从打开的对话框中选择商标国际分类来输入商标分类编号。

（3）在"申请/注册号"文本框中输入商标的申请或注册编号。

（4）在"商标名称"文本框中输入要查询商标名称包含的词语。

（5）在"申请人名称（中文）"文本框中输入商标申请人的中文名称。

（6）在"申请人名称（英文）"文本框中输入商标申请人的英文名称。

（7）单击"查询"按钮执行检索操作。

图 7-22 显示了国际分类编号为 42、商标名称为"百度"时的综合查询结果。在查询结果列表中单击"申请/注册号"或"商标名称"链接，可查看商标的详细信息。

图 7-22　综合查询结果

7.4　新一代信息技术

新一代信息技术是以大数据、云计算、人工智能、量子信息、移动通信、物联网、区块链和 VR（Virtual Reality，虚拟现实）技术等为代表的新兴技术。新一代信息技术正在全球范围内引发新一轮的科技革命，并将快速转化为现实生产力，引领科技、经济和社会的高速发展。

7.4.1　大数据

大数据（Big Data）或称巨量数据，指的是所涉及的数据量规模巨大到无法使用目前的主流软件工具，在合理时间内达到获取、管理、处理并整理成帮助企业更好地进行经营决策的信息。

大数据技术的战略意义不在于掌握庞大的数据信息，而在于对这些具有意义的数据进行专业化处理。换而言之，如果把大数据比作一种产业，那么这种产业实现盈利的关键在于提高对数据的"加工能力"，即通过"加工"实现数据的"增值"。

从技术上看，大数据与云计算的关系就像一枚硬币的正反面一样密不可分。大数据必然无法用单台的计算机进行处理，必须采用分布式架构。它的特色在于对海量数据进行分布式数据挖掘。但它必须依托云计算的分布式处理、分布式数据库和云存储、虚拟化技术。

随着云时代的来临，大数据也吸引了越来越多的关注。分析师团队认为，大数据通常是指一个公司创造的大量非结构化数据和半结构化数据，这些数据在下载到关系型数据库用于分析时会花费过多的时间和金钱。大数据分析常和云计算联系到一起，因为实时的大型数据集分析需要像MapReduce（大规模数据集并行运算的编程）一样的框架来向数十、数百或甚至数千台计算机分配工作。

大数据需要特殊的技术，以有效地处理大量的容忍经过时间内的数据。适用于大数据的技术，包括大规模并行处理数据库、数据挖掘、分布式文件系统、分布式数据库、云计算平台、互联网和可扩展的存储系统。

大数据的价值体现在以下几个方面。

（1）为大量消费者提供产品或服务的企业可以利用大数据进行精准营销。

（2）做小而美模式的中小微企业可以利用大数据进行服务转型。

（3）互联网压力之下必须转型的传统企业需要与时俱进，充分利用大数据的价值。

7.4.2 云计算

云计算（Cloud Computing）是分布式计算的一种，指的是通过网络"云"将巨大的数据计算处理程序分解成无数个小程序，然后，通过多部服务器组成的系统进行处理和分析得到结果并返回给用户。云计算早期，就是简单的分布式计算，完成任务分发，并进行计算结果的合并。因而，云计算又称为网格计算。通过这项技术，可以在很短的时间内（几秒）完成对数以万计的数据的处理，从而实现强大的网络服务。

现阶段的云服务已不仅是一种分布式计算，而是分布式计算、效用计算、负载均衡、并行计算、网络存储、热备份冗杂和虚拟化等计算机技术混合演进并跃升的结果。

云计算不是一种全新的网络技术，而是一种全新的网络应用概念，是以互联网为中心，在网站上提供快速且安全的云计算服务与数据存储，让每一个使用互联网的人都可以使用网络上的庞大计算资源与数据中心。

云计算是继互联网、计算机后信息时代的又一种革新，是信息时代的一个大飞跃，未来的时代可能是云计算的时代，虽然目前有关云计算的定义很多，但概括来说，它的基本含义是一致的，即云计算具有很强的扩展性和需求性，可以为用户提供一种全新的体验，它的核心是可以将很多的计算机资源协调在一起，使用户通过网络就可以获取无限的资源，同时获取的资源不受时间和空间的限制。

实现计算机云计算需要创造一定的环境与条件，尤其是体系结构必须具备以下关键特征。第一，要求系统必须智能化，具有自治能力，减少人工作业的前提下实现自动化处理平台智能地响应要求，因此云系统应内嵌自动化技术；第二，面对变化信号或需求信号云系统要有敏捷的反应能力，所以对云计算的架构有一定的敏捷要求。与此同时，随着服务级别和增长速度的快速变化，云计算同样面临巨大挑战，而内嵌集群化技术与虚拟化技术能够应对此类变化。

云计算平台的体系结构由用户界面、服务目录、管理系统、部署工具、监控和服务器集群组成。

（1）用户界面。主要用于云用户传递信息，是双方互动的界面。

（2）服务目录。顾名思义是提供用户选择的列表。

（3）管理系统。主要对应用价值较高的资源进行管理。

（4）部署工具。能够根据用户请求对资源进行有效部署与匹配。

（5）监控。主要对云系统上的资源进行管理与控制并制定措施。

（6）服务器集群。包括虚拟服务器与物理服务器，隶属于管理系统。

7.4.3　人工智能

1. 基本概念

人工智能（Artificial Intelligence，AI）是研究使计算机模拟人的某些思维过程和智能行为的一门综合性前沿学科。目前人工智能有两种被广泛认可的定义，一种是马文·明斯基（Marvin Minsky）提出的"人工智能是一门科学，它使机器去做那些人需要通过智能来做的工作"；另一种是尼尔斯·约翰·尼尔森（Nils John Nilsson）在《人工智能》一书中提出的"人工智能是关于知识的科学——怎样表示知识以及怎样获得知识并运用知识的科学"。

1950 年，图灵（Alan Mathison Turing）在其论文《计算机器与智能》中提到了机器智能的概念，他也被称为"人工智能之父"。

2. 标志性事件

1956 年，约翰·麦卡锡（John McCarthy）、马文·明斯基、克劳德·香农（Claude Shannon）等十余位学者在美国的达特茅斯学院召开会议，会议议题包括自动计算机、如何为计算机编程使其能够使用语言、神经网络、自我改造、抽象及随机性与创造性等。这次会议使用了"人工智能"这一词语，标志着人工智能成为一个独立的研究学科。

1962 年，阿瑟·萨缪尔（Arthur Samuel）用他设计的西洋跳棋程序夺得跳棋冠军，在当时引起轰动。他提出了"机器学习"的概念，被称为"机器学习之父"。

1997 年，IBM 研制的"深蓝"计算机战胜了国际象棋世界冠军卡斯帕罗夫。

2016 年，谷歌旗下的 DeepMind 公司研制的围棋机器人 AlphaGo 战胜了围棋世界冠军李世石。

3. 人工智能研究流派

人工智能研究流派主要有符号主义流派、连接主义流派和行为主义流派。

（1）符号主义流派

符号主义流派的研究理论基础是：在符号系统中实现的功能，现实世界中就可以复现对应的功能，即计算机中可以正确实现的，在现实世界中就是正确的。谷歌在 2012 年提出的知识图谱属于符号主义流派，应用于搜索引擎；IBM 研制的智能问答系统也属于符号主义流派的应用。

（2）连接主义流派

连接主义流派的研究理论基础是：如果通过模拟人类大脑神经网络制造一台机器或实现算法，则机器就有了智能。模拟人类大脑设计的神经网络被称为人工神经网络（Artificial Neural Network，ANN）。早期的 ANN 研究曾很长一段时间陷入低谷，但近年来它掀起了一股新的热潮，各种优秀的 ANN 算法不断涌现，被广泛应用于人机对弈、机器翻译、人脸识别等领域。

（3）行为主义流派

行为主义流派的研究理论基础是：如果机器复现了人类的行为和行动，就可以认为它有了智能。波士顿动力公司研制的双足人形机器人 Atlas 是行为主义流派的典型代表。行为主义流派的研究成果被广泛应用于智能制造、无人机及无人驾驶等领域。

7.4.4　量子信息

在物理学中，量子是物理量中最小的、不可分割的基本单位。1900 年，马克斯·普朗克（Max Planck）提出了"量子"概念。20 世纪 20 年代，物理学家建立了研究微观世界基本粒子运动规律的量子力学。在量子力学中，量子信息指量子系统所带有的物理信息。量子信息技术是量子物理与信息技术相结合产生的新学科，以量子力学为基础，通过对光子、电子等微观粒子系统及其量子态进行人工观测和调控，借助量子叠加和量子纠缠等独特的物理现象，以经典理论无法实现的方式获取、传输和处理信息。

目前，量子信息技术的研究主要集中在量子通信和量子计算。

1.　量子通信

量子通信使用量子态携带信息，以量子纠缠作为信道，将量子态由 A 地传送到 B 地，从而完成信息传递。

2016 年 8 月，我国发射了世界上第一个量子科学实验卫星"墨子号"，并于 2017 年 1 月正式交付使用。2017 年，我国建成全球首条量子安全通信干线"京沪干线"，主干线长 2000 千米，沿线有 32 个中继站。2021 年 1 月，中国科学院院士潘建伟研究小组在《自然》杂志上发表了题为《一个超过 4600 千米的集成星地量子通信网络》的学术文章，该文章指出，潘建伟研究小组在"墨子号"量子通信实验卫星和"京沪干线"的基础上，实现了构建 4600 千米的量子安全通信网络，并为 150 多个用户提供服务。

2.　量子计算

量子计算是一种应用量子力学原理进行有效计算的新颖计算模式，其计算性能远超现有计算模式。

2019 年 10 月，谷歌开发出了 53 个量子比特的处理器，该处理器只用了约 200 秒就解决了经典计算机大约需要 1 万年才能完成的任务。2020 年 9 月，中国科学院院士潘建伟在公开演讲中透露，其研究团队研发的光量子计算机性能已经超过谷歌 53 个量子比特计算机的 100 万倍。

7.4.5　移动通信

移动通信指通过无线技术，在移动用户之间或移动用户与固定点用户之间进行信息传输和交换。移动通信技术的发展过程可分为 5 个阶段。

1.　第一代移动通信技术

20 世纪 80 年代诞生了第一代（First Generation，1G）移动通信技术。1G 为模拟通信，通过频率调制技术，将语音信号加载到电磁波上，载波信号发送到空中，接收设备从载波信号中还原语音信号，即可完成通话。1G 时代的主要通信工具为手提电话"大哥大"，代表生产公司为美国的摩托罗拉。

2.　第二代移动通信技术

20 世纪 90 年代出现了第二代（Second Generation，2G）移动通信技术标准。为了克服模拟通信的缺点，2G 引入了数字调频技术，在 1G 的基础上增加了数据传输服务，彩信、手机报、壁纸、铃声成为新的热门服务。诺基亚取代了摩托罗拉，成为 2G 时代的代表公司。

2G 时代的典型通信系统是全球移动通信系统（Global System for Mobile Communications，GSM）和码分多址系统（Code Division Multiple Access，CDMA）。GSM 是欧洲电信标准化协会（European Telecommunications Standards Institute，ETSI）制订的一个数字移动通信标准，其空中接口采用时分多址技术（Time Division Multiple Access，TMDA）。GSM 具有安全性高、网络容量大、手机号码资

源丰富、通话清晰、抗干扰性强、信息灵敏、通话死角少、手机耗电量低等诸多特点。CDMA 采用扩频技术，在基带信号中增加了标识基站地址的伪随机码，极大增加了信号频谱。CDMA 具有频谱利用率高、语音质量好、保密性强、掉话率低、电磁辐射小、容量大、覆盖广等诸多特点。

2G 因为采用模拟信号，存在信号容易被干扰、语音品质低、传输距离短、通话时容易串音等诸多缺点。

3. 第三代移动通信技术

21 世纪初出现了第三代（Third Generation，3G）移动通信技术标准。相比于 2G，3G 信号频带更宽、传输速度更快，手机成为多媒体终端，人们可通过手机上网、收发电子邮件、视频通话、玩游戏。触摸屏手机、海量应用（Application，App）等不断出现和更新。苹果取代了诺基亚，成为 3G 时代的代表公司。

3G 采用 CDMA 技术，主要技术标准有 CDMA2000、TD-SCDMA 和 WCDMA。

CDMA2000 是国际电信联盟（International Telecommunication Union，ITU）的 IMT-2000 标准认可的无线电接口，向后兼容 2G CDMA（也称 IS-95）。

时分同步码分多址（Time Division-Synchronous Code Division Multiple Access，TD-SCDMA）是由我国提出的无线通信国际标准，被 ITU 列为 3G 移动通信标准。

宽带码分多址（Wideband Code Division Multiple Access，WCDMA）是 GSM 的升级版本，其部分协议与 2G GSM 相同。

4. 第四代移动通信技术

第四代（Fourth Generation，4G）移动通信技术又称广带接入分布式网络，集成了 3G 和 WLAN 技术，速度更快、信号频带更宽。4G 的下行速度可达 100～150Mbit/s，当传输速度稳定在 100Mbit/s 时，每个信道的频带为 100MHz，是 3G 的 20 倍。

4G 的核心技术包括软件无线电技术、正交频分复用技术、智能天线技术、IPv6 技术等。

苹果依然是 4G 时代的代表公司，但一些新兴公司也不断出现，如华为、小米、字节跳动、滴滴、美团等。4G 时代还出现了新的移动支付方式，如支付宝、微信支付等。

4G 的速度已经很快，但它存在一个最大缺点：网络易拥塞。

5. 第五代移动通信技术

第五代（Fifth Generation，5G）移动通信技术通过加大带宽、利用毫米波、大规模多输入多输出、3D 波束成形、小基站等技术，实现了比 4G 更快的速度、更低的时延、更低的功耗和更大的带宽，可以同时连接海量设备。

2013 年 2 月，欧盟宣布加快发展 5G 技术。

2013 年 5 月，韩国三星公司宣布成功开发出 5G 核心技术。

2014 年 5 月，日本电信运营商宣布开始测试 5G 网络。

2015 年 9 月，美国移动运营商宣布从 2016 年开始试用 5G 网络。

2016 年 1 月，我国召开 5G 技术研发试验启动会。根据总体规划，我国 5G 技术研发试验将在 2016—2018 年进行，分为 5G 关键技术试验、5G 技术方案验证和 5G 系统验证三个阶段实施。

2017 年 11 月，我国确定 5G 中频频谱。正式启动 5G 技术研发试验第三阶段工作。

2018 年 2 月，华为在 MWC2018 大展上发布了首款 5G 商用芯片和基于该芯片的首款 5G 商用终端，支持全球主流 5G 频段。2018 年 8 月，奥迪与爱立信宣布，计划率先将 5G 技术用于汽车生产。2018 年 11 月，重庆首个 5G 连续覆盖试验区建设完成，5G 远程驾驶、5G 无人机、虚拟现实等多项 5G 应用同时亮相。

2019 年 6 月，中国电信、中国移动、中国联通、中国广电获得 5G 商用牌照，中国正式进入 5G

商用元年。2019 年 10 月，三大运营商公布 5G 商用套餐，并于 11 月 1 日正式上线。

5G 是跨时代的技术，它除了更极致的体验和更大的容量，还将开启物联网时代，并渗透至各个行业。5G 的典型应用场景包括云端虚拟现实（Virtual Reality，VR）/增强现实（Augmented Reality，AR）、远程驾驶、自动驾驶、智能制造、无线机器人云端控制、智能电网、远程医疗、超高清 8K 视频、云游戏、无人机、超高清/全景直播、AI 辅助智能头盔、AI 城市视频监控等。

7.4.6 物联网

物联网（Internet of Things，IoT）指"万物相连的互联网"，这意味着物联网是在互联网的基础上实现物品与物品之间的信息交换和通信。国际电信联盟将物联网定义为：通过二维码读取设备、射频识别（Radio Frequency Identification，RFID）装置、红外线感应器、全球定位系统和激光扫描器等信息传感设备，按照既定协议，把任何物品与互联网连接，进行信息交换和通信，以实现智能化识别、定位、跟踪、监控和管理的一种网络。

1. 物联网的主要特征

物联网的主要特征包括整体感知、可靠传输和智能处理。

（1）整体感知指利用 RFID、二维码、智能传感器等获取物体信息。

（2）可靠传输指通过网络实时、准确地传送物体信息。

（3）智能处理指使用各种智能技术，对物体信息进行分析处理，实现监测和智能控制。

2. 物联网的基本架构

物联网的基本架构包含感知层、网络层和应用层，如图 7-23 所示。

图 7-23　物联网的基本架构

感知层通过 RFID、传感器、摄像头、二维码、M2M 终端等各种设备，获取物体的信息，或者向物体传送控制信息。网络层通过 Internet、移动网络、WiFi、ZigBee、电力载波等多种渠道传送感知层获取的信息。应用层主要实现物联网的系统功能，为用户提供服务，如智能家居、智慧交通、智能电网、智能医疗、智能物流等。

3. 物联网技术介绍

物联网涉及多种技术领域，本节主要介绍 RFID、传感技术、M2M、二维码、ZigBee 技术。

（1）RFID

RFID 通过射频信号传送物体信息。其应用系统由传送器、接收器、微处理器和天线等部分组成。传送器、接收器、微处理器通常封装在一起，称为读写器。天线安装在读写器和电子标签中，用于传输和接收信号。电子标签包含天线和芯片，芯片用来保存物品信息。当电子标签进入感应区域时，读写器可通过天线获取电子标签芯片中的物品信息。

（2）传感技术

传感技术与计算机技术和通信技术一起被称为信息技术的三大支柱。传感技术即传感器技术，它使用传感器感知周围环境或特殊物质，获取环境或物质的相关信息。例如，使用传感器采集温度、湿度、气体浓度、光线强度等信息。

（3）M2M

M2M（Machine to Machine）指机器与机器间的信息传递。其应用系统通常包括机器、M2M 硬件、通信网络和中间件。

① M2M 硬件指提供远程通信和连网能力的部件，如传感器、调制解调器、RFID 等。

② M2M 的通信网络负责将来自机器的数据传递到指定位置，网络可以是移动互联网、Internet、局域网、ZigBee、传感器网络等。

③ M2M 中间件主要用于完成不同通信协议之间的转换，将来自通信网络的数据传递给信息处理系统。

（4）二维码

二维码也称二维条形码，在日常生活中随处可见。例如，商场中的商品使用二维码记录价格、商品类别等信息。

一维条形码通常只承载数字编码，二维码可承载数字、文字、图像等多种信息。二维码通过特定的几何图形按一定规律在平面上形成黑白分布的、记录数据信息的图形，可使用图像输入设备或光电扫描设备自动识别并读取其中的信息。

手机和移动网络的普及也推动了二维码的广泛应用。使用手机扫描二维码，可实现网页浏览、文件下载、网络支付、食品溯源等多种功能。

（5）ZigBee

ZigBee 是一种低速短距离传输的无线网络协议。其主要特点包括低功耗、低成本、低速率、近距离、短时延、容量大、安全性高、免执照频段等。

ZigBee 已成为物联网的主流技术，广泛应用于工业、农业、智能家居、智慧交通、智能物流等领域。

7.4.7 区块链

1. 区块链的定义

我国发布的《中国区块链技术和应用发展白皮书》对"区块链"进行了定义：分布式数据存储、点对点传输、共识机制、加密算法等计算机技术的新型应用模式。

区块链技术包括分布式账本、非对称加密、共识算法、智能合约等多种技术，具有去中心化、共识可信、不可篡改、可追溯等特性。比特币是区块链的一种典型应用。

区块链包括下列基本概念。

（1）交易：使分布式账本状态发生改变的操作，如添加记录、转账记录等。

（2）区块：主要由一段时间内的交易记录、标识前一区块的唯一哈希值、时间戳以及其他信息构成。

（3）链：一个个区块按时间顺序连接形成的数据链。

2. 发展过程及应用领域

2008 年 11 月 1 日，一位化名为"中本聪"（Satoshi Nakamoto）的学者发表了《比特币：一种点对点的电子现金系统》的文章，阐述了基于 P2P 网络技术、加密技术、时间戳技术、区块链技术等技术的电子现金系统的构架理念，首次提出了区块链的概念。2009 年 1 月，比特币的第一个序号为 0 的区块诞生，区块链的第一个区块被称为"创世区块"。同年同月序号为 1 的区块出现，并与序号为 0 的创世区块相连接形成了链，标志着比特币和区块链的正式诞生。

区块链发展至今，可分为 3 个阶段：区块链 1.0、区块链 2.0 和区块链 3.0。

（1）区块链1.0：应用以比特币为代表，主要技术包括分布式账本、块链式数据、梅克尔树、工作量证明等。

（2）区块链2.0：主要应用于金融或经济市场，主要技术包括智能合约、虚拟机、去中心化应用等。

（3）区块链3.0：区块链与大数据、人工智能等新技术融合，主要应用于身份认证、公证、仲裁、审计、物流、医疗、签证、投票等多种社会治理领域。

7.4.8 虚拟现实技术

虚拟现实（Virtual Reality，VR）是利用计算机系统生成一个模拟环境，提供使用者关于视觉、听觉、触觉等感官的模拟，让使用者如同身临其境，可以及时、无限制地观察模拟环境内的事物。VR技术带给体验者最深刻的感受就是身临其境，理想的模拟环境应该达到让人难辨真假的程度。图7-24和图7-25都是VR方面常用的设备。

虚拟现实是多种技术的综合，包括实时三维计算机图形技术，广角（宽视野）立体显示技术，对观察者头、眼和手的跟踪技术，以及触觉/视觉反馈、立体声、网络传输、语音输入输出技术等。人们戴上立体眼镜、数据手套等特制的传感设备，面对一种三维的模拟现实，似乎置身于一个具有三维的视觉、听觉、触觉甚至嗅觉的感觉世界，并且人与环境可以通过人的自然技能和相应的设备进行信息交互。

图7-24　智能VR眼镜

图7-25　带定位的VR设备

虚拟环境的建立是虚拟现实技术的核心内容。动态环境建模技术的目的是获取实际环境的三维数据，并根据应用的需要，利用获取的三维数据建立相应的虚拟环境模型。三维数据的获取可以采用CAD技术（有规则的环境），而更多的环境则需要采用非接触式的视觉建模技术，两者的有机结合可以有效地提高数据获取的效率。

虚拟现实应用的关键是寻找合适的场合和对象，发挥想象力和创造力。选择适当的应用对象可以大幅提高生产效率、减轻劳动强度、提高产品开发质量。为了达到这一目的，必须研究虚拟现实的开发工具。例如，虚拟现实系统开发平台、分布式虚拟现实技术等。

7.4.9 新一代信息技术促进融合发展

当前，我们正处于新一代信息技术爆发和广泛深入应用的潮流之中。传统行业受到信息技术的颠覆性影响，纷纷开启自己的转型创新之路。

5G、大数据、云计算、人工智能等新一代信息技术与传统产业融合，促使各行各业加速数字化、网络化、智能化，实现转型升级，从而推动行业信息化迈入新的阶段，呈现出新的特点。

首先，在技术发展层面，随着 5G 移动通信网络的加速部署，特别是 5G 独立组网模式的部署，将极大提升万物泛在互联和行业专业接入服务能力，开启移动通信行业差异化场景服务新时代，有力支撑行业信息化特殊差异的需求。近年来，飞速发展的区块链技术也是如此，为更多行业带来了更多的发展机遇和模式创新机会。

其次，在新型数字基础设施层面，随着新基建的提出和建设发展，新型数字基础设施将全面渗透到社会各行各业，形成车联网、工业互联网、医联网等各具特色的产业互联网基础设施，成为推动行业智能化转型的关键支撑。

最后，在社会服务方面，随着数字经济与实体经济的进一步融合以及数字化转型的不断推进，社会信息化将进入全面互联、综合集成、智慧应用的发展新阶段，全面推动社会服务智慧升级。

7.4.10　新一代计算机的发展趋势

随着计算机技术的发展，新一代计算机无论是在体系结构、工作原理，还是在器件及制造技术等方面都会出现颠覆性的变革，将会出现模糊计算机、生物计算机、光子计算机、超导计算机和量子计算机等新一代计算机。

1. 模糊计算机

模糊计算机是建立在模糊数学基础上，专门用于处理模糊、不精确信息的计算机，它除了具有一般计算机的功能外，还具有学习、思考、判断和对话的能力，可以立即辨识外界物体的形状和特征，甚至可帮助人从事复杂的脑力劳动。模糊计算机在地震灾情判断、疾病医疗诊断、发酵工程控制、交通秩序管理和海空导航巡视等方面的应用上取得了成效。

2. 生物计算机

生物计算机，也称仿生计算机，在 20 世纪 80 年代中期开始研制，其特点是采用生物芯片，由生物工程技术产生的蛋白质分子构成。在这种生物芯片中，信息以波的形式传播，运算速度比当今最新一代计算机快 10 万倍，并拥有巨大的存储能力。由于蛋白质分子能够自我组合，再生新的微型电路，使得生物计算机具有生物体的一些特点，如能发挥生物体本身的调节机能自动修复芯片发生的故障，还能模仿人脑的思考机制。

3. 光子计算机

光子计算机是用光子取代电子进行信息传递。光存储技术、光互联网、光集成器件等关键技术的突破性进展，为光子计算机的研制、开发和应用奠定了基础。2003 年 10 月，全球首枚嵌入光核心的商用向量光学处理器问世，其运算速度为 8 万亿次/秒，预示着计算机将进入光学时代。

4. 超导计算机

超导计算机是指使用超导元件器件制造的计算机。其运算速度比传统计算机快百倍以上，而电能消耗仅是传统计算机的千分之一，如果一台大中型计算机每小时耗电 10 千瓦，同类型的超导计算机只需一节干电池即可。

5. 量子计算机

量子计算机是一类遵循量子力学规律进行高速数学和逻辑运算、存储及处理量子信息的物理装置。其特点主要有运行速度较快、处理信息能力较强、应用范围较广等。2021 年，中科院量子信息重点实验室发布具有自主知识产权的量子计算机操作系统"本源司南"。同年，IBM 公司研制出了一台能运行 127 个量子比特的超导量子计算机"鹰"，这是当时全球最大的超导量子计算机。

本章小结

　　通过本章的学习，我们了解了信息技术的发展史、多媒体技术的含义、多媒体技术的应用范围、常见多媒体元素，以及多媒体计算机包含的硬件设备，多媒体的音频、视频和图像文件格式，还介绍了信息搜索的方法，最后介绍了新一代信息技术，为后面知识的学习打下良好的基础。

思考题

1. 多媒体技术的应用领域有哪些？
2. 在搜索引擎中除了简单搜索外，还可执行哪些特殊搜索功能？
3. 简述在中国知网检索文献的基本过程。
4. 人工智能研究流派主要有哪些？
5. 移动通信技术的发展可分为哪几个阶段？
6. 国产化替代主要应替代的内容有哪些？

参考文献